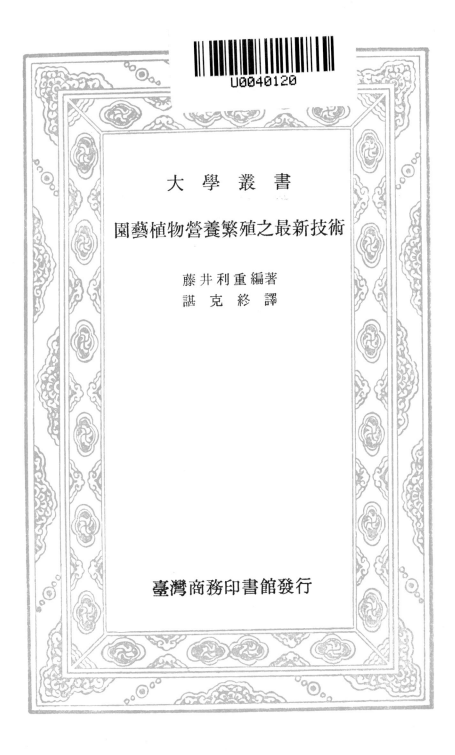

大　學　叢　書

園藝植物營養繁殖之最新技術

藤井利重編著

諶　克　終　譯

臺灣商務印書館發行

序　言

　　原書爲日本最大出版株式會社誠文堂新光社出版之「最新園藝技術」全九册中之一，名爲「園藝植物之營養繁殖」，由六位專家，分別擔任著成，其內容主題及著者大名，如次。

一章　　營養繁殖之基本問題
　　　　　　　　京都府立植物園　　　　富士原建三

二章　　插木繁殖之原理與方法
　　　　　　　　東京教育大學敎授　　　藤井利重

三章　　球根類繁殖之理論與實際
　　　　　　　　新瀉大學敎授　　　　　萩屋　薰

四章　　依莖頂培養之繁殖
　　　　　　　　香川大學敎授　　　　　狩野邦雄

五章　　接木之基礎知識與綠枝接木
　　　　　　　　大阪市大植物園　　　　庵原　遜

六章　　接木技術之問題點與其實際方法
　　　　　　　　東京教育大學敎授　　　藤井利重

七章　　分株法與壓條法
　　　　　　　　神奈川縣花卉中心
　　　　　　　　大般植物園　　　　　　脇坂　誠

　　全書內容新穎，敍述詳盡，圖片甚多，主爲說明園藝植物繁殖技術之理論的根據，爲創立植物繁殖法新天地之佳著。例如其中莖頂培養（亦可名爲生長點培養），對于農業生產，確是一種革命的繁殖新法，卽由一芽，在短短一年之間，能繁殖保有同一遺傳因子之苗木數萬株乃至數十萬株之多，自可節省購買種球、種株之勞力及費用。又莖頂培養，能使染色體倍加容易，提高生產上有價值之倍數體品種育成之能率，增加園藝植物倍數體品種，擴大栽培經營之收益。

　　又關于接木繁殖，除闡明與活着有關之癒合組織發達之速度，依樹種、接木部年齡、環境等條件而異外，對于提高接木能率，供獻甚大，同時究明綠枝接木之方法理論，能打破接木之種類及時限，並能縮短育苗之時期，又用熱處理，創傷治癒及抗病劑之利用，可獲得能使生產安定之無病苗（virus free），減少保護管理之費用，有利于生產甚大。其他優點甚多，難以枚舉，誠爲新農業時代之良書。

　　我國園藝技術，急待提高，同時正值高山地帶，需要開發之際，球根花卉類之種球生產，急需提倡與獎勵，以開拓資源而換取外匯，此種新的技術，極爲必要，不待贅述。

　　鄙人庸陋一生，轉瞬之間，不覺已虛度七十有七之歲日，自民國六十二年由台大退休後，已成爲無用之廢物，惟當此國家正在圖強，各種事業，急待建設之時，廢物豈可自棄，故不顧本著翻譯之艱難，從事此一工作，經年餘之努力，始告完成，倘能對于我國園藝研究及事業，有所裨益，則幸莫大焉。

　　又本譯述經台大園藝系馬主任溯軒之細閱及蔡教授平里博士之惠助，獲益實多，並此誌謝。

　　民國六十四年孟春　　序于台大溫州街教授宿舍

　　　　　　　　　　　　　　　　　　　諶克終

園藝植物營養繁殖之最新技術

目　　錄

第一章　營養繁殖之基本問題

第一節　前　言

　　營養繁殖法中，有種種之方法。其中接木法，首需使砧木（或台木）與接穗完全癒合，互相交換養分。分株及分球法，是使此等植物母體，具有之繁殖力更能增大其繁殖能率，爲其主要之目的。至于插木法，若不能使之形成新根，或有時若不能使之形成新芽時，則不能成爲新個體。關于插木之研究，多半爲關于此等器官之形成，並且就插穗內之生理的變化，亦曾提出不少之假說。當研究此等問題時，常用植物體之切片或組織片，爲供實驗之材料。

　　從植物之莖、葉、根之插穗，養成新個體時，使各形成不定根與不根芽，是一個重要之問題，在此，擬先就關于此點之研究成績，加以概述。

　　開寧（Kinins）、散束開寧（Cytokinins）類，常被視爲能影響器官形成之物質。Kinins　與 Cytokinins　，爲類似于能刺戟細胞分裂之開乃陳（Kinetin）物質之總稱，爲一種合成物質，復包含存在于植物體內之物質，到現在爲止，與生長素（auxin），勃激素（Gibbe-rellin）同，已有能影響于植物之生長與生理作用之多數報告。

第二節　由球根之切片繁殖

　　將球根做爲大量繁殖之材料，分割球根，使各個切片發生不定芽、不定根、成爲新個體之方法，在百合、孤挺花（Amaryllis）等之鱗片，在繁殖上，早已實用化了。但在仙客來（Cyclamen）、大岩桐等之塊莖類花卉，由球根之組織片，尚未能使之形成不定芽、不定根，在着生有芽與根之狀態下，始能採用分割球根之法而繁殖。

　　但到了1956年，買搖（Mayer）氏，將仙克來之塊莖，細切爲一邊

8mm（公厘）之立方體，探求在試驗管內繁殖之可能性。又斯地茹爾氏（Stichel 1959 年）、奧本（Okumoto）、高林（Takahayashi）（1965年）等，將買搖氏之方法，繼續研究，並推進發展，從塊莖之切片，已成功地使之形成不定根與不定芽了。以下擬就其進展概略，加以敘述。

　　關于由組織片形成器官之研究，開始于1943年，告塞賴地氏（Gautheret）、華地氏（White），其次依斯科古氏（Skoog 1948年）與茲一氏（Tsui）等，以菸草莖髓之切片，做為材料之研究，則成關于形成器官之生理的、實用的研究之第一步了。彼等對于菸草莖之切片，給與含有生長調節物質之種種物質，調查形成器官時必需之條件，但在此，則誘出生長素（auxin）與阿得寧（adenine）比之概念了。

　　阿得寧刺戟由切片形成不定芽，生長素則促進切片形成不定根。但 auxin 與 Adenine 同時給與時，為使之形成多數之不定芽，高濃度之 Adenine 甚為必要。auxin 之濃度低時，隨之 Adenine 之濃度，亦可降低。因此，對于 Adenine 濃度與 auxin 濃度之比，被推定為支配形成不定芽之條件了。換言之，Auxin/Adenine 之比低時，則生不定芽，高時，則形成不定根。促進不定芽形成之物質，除了 Adenine 外，尚有瓜寧酸（quanine acid），在氮素化合物中，除嘌呤（purine）外，效果均少。

　　由仙克來（Cyclamen）球根切片培養幼苗之方法如次（據奧本等），培養基用斯科古氏（Skoog）之無機鹽類溶液，加維他命 B_1（0.1mg/ℓ）、維他命 B_6（0.5mg/ℓ）、glycol（2.0mg/ℓ）、寒天（7g/ℓ）、糖（20g/ℓ）。調整 pH 為 5.3～5.4。將培養液注入于試驗管後，用高壓殺菌。仙客來之塊莖，則用溫水洗淨，再用漂白粉之濾液消毒後，剝去皮部，用木栓狀圓洞打孔器（Cork borer）（如圖3·41），壓入塊莖內，挖出直徑10公厘，長10公厘之圓筒形切片，放置一個切片于試驗管內之寒天培養基上，試驗管

則直立地放入于定溫箱內，培養溫度，用20°C（16小時）與10°C
（8小時）之變溫下時，對于器官之形成，極爲良好（據奧本等）。

　　當植入時，切片縱充分消毒，似乎塊莖內尚有雜菌寄生，故培養
基常常被汚染。爲防止培養基之汚染，斯地茄爾氏（Stichel），以爲
在培養基上，添加50 mg / ℓ之 Achromacin　時，效果頗佳，但用此
亦不能完全防止云。奧本等在植入前，將切片行24～48小時預措創
傷治癒（Curing）處理時，依此則能減少汚染率，已確認能提高器官
之形成率。

　　形成器官之能力，依時期而有相當之差異，反應最敏之時期，爲
七月，最低爲11～1月。此由于依組織內之生長物質及其他生理的季
節變化所引起的。

　　Mayer 氏對于此種培養基，加入種種之物質，以調查對于發芽
、生根之影響。據彼之研究結果，爲形成器官之 NAA　適宜濃度，依

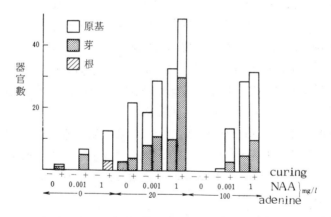

圖1.1　　NAA，adenine，curing 對于器官形
　　　　成之影響（培養100日）（奧本，高林，1965）

各器官而各異，在0.005～0.2 mg / ℓ之NAA 濃度下，能促進不定
根之發生，在2.0～10 mg / ℓ 之濃度下，能促進癒合作用之發生。

　　依NAA　處理，爲形成此等器官之適宜濃度，對于一個之組織，若欲使之形成芽、根兩器官，差不多是不可能的。又阿得寧（adenine）與

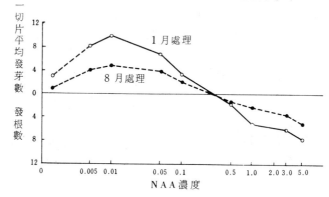

圖 1·2　NAA 對于器官形成之影響（Stichel，1959）

瓜寧酸（guanine acid）　，對于不定芽之形成，爲有效的物質，但不能誘引生根。反之，用菸草之芽切片，做試驗時，組合生長調節物質給與時，則能使由一個切片，同時形成根與芽。

　　　以後斯地茹爾氏（Stichel）　與奧本氏等，用仙克來之切片試驗時，亦成功地使之菱芽生根了。將此等結果，依買搖氏（Mayer）　之實驗結果，簡單綜合起來敍述時，則如次。

　　1. NAA　用 0·005〜0·1 mg／ℓ　之溶液，能促進不定芽之形成。最適之濃度，爲 0·01 mg／ℓ　。0·5〜10·0 mg／ℓ 之濃度溶液，能促進生根。在此，用 0·3〜0·5 mg／ℓ 之濃度時，則有使之形成兩種器官之可能。

　　2. 瓜寧酸（guanine）　、阿得寧（adenine）　、菸精酸（nicotinic acid）　三種物質，不論用何種處理，均能有效地促進不定芽之形成，但無促進生根之效。依前兩種物質，所形成之不定芽中，有 1〜2 個芽特別肥大。又縱將二種物質，配合處理，亦只能形成芽而已。

3. NAA 中加入瓜寧酸、阿得寧、菸精酸，配合處理時，則依 NAA 之濃度，形成芽或形成根，瓜寧酸等之物質，僅不過有增加形成器官之數的效果而已。

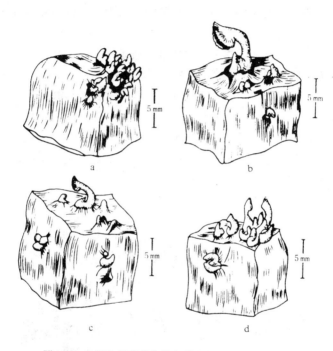

圖 1.3　各種生長調節物質與發芽（ Stichel 1959 ）
a: NAA　　b: guanine
c: adenine　d: 菸精酸

從以上事實，我們可以明白，NAA 為支配形成芽及根之重要的物質。關于芽之形成，從將瓜寧酸等物質，行種種之配合，亦不能使切片確實形成芽及根。因此，其次應考慮者，為依處理，先誘起芽之形成或根之形成的方法。

4. 用 NAA 或瓜寧酸處理，使切片生根後，縱將此移至含有誘起不定芽之物質的培養基上，亦不能形成芽。此由于依最初之處理，為

切片所吸收之 NAA ，在實驗期間中，未能降低至誘起發生不定芽的
濃度之故。據奧本氏等之實驗結果云，將切片浸漬于 NAA／mg／ℓ之
溶液後，再放入于培養基上時，僅見到生根，但有芽形成甚遲之事，
此時可視切片中 NAA 之濃度，在實驗期間中，已低至發芽適宜濃度
之故。

　5. 先使切片發芽，其次將此移至含有促進生根物質之培養基上時
，能誘起生根之物質，則為 NAA ，但將此移至含有 NAA 3～5 mg
／ℓ 之培養基上時，則促進生根甚顯。但已生成之不定芽，則依此種
處理而受害，不久則枯死了。因此，為保護已形成之不定芽，在誘發
芽之第二培養基上，想試試與 NAA 同時加入瓜寧酸、阿得寧等，能
得如何之結果？此時， NAA 之抑制發芽之效果，已減少，使不定芽
與不定根，同時發生，應可以成功。

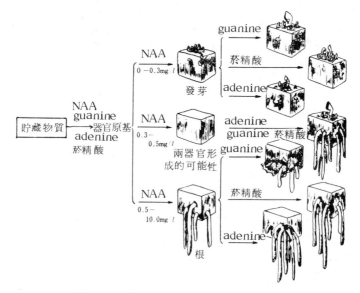

圖1.4　由仙克來球根之切片形成器官之模式圖
（ Stichel, 1959 ）

　　從以上之實驗結果，做爲使仙客來球根之切片，發生不定芽、不定根之過程，斯地茄爾氏（ Stichel ），當繪出其經過，如圖 1‧4 之模式圖。仙克來之球根，依時期及其他外在的、內在的條件及其組織內種種貯藏物質之含量而有異，因此，切片調整後之反應程度亦異。其次用 NAA ，瓜寧、阿得寧等處理時，則生形成器官初階段之原基，但此等物質之中，完全僅依 NAA 決定形成器官之方向， NAA 依高濃度，誘起根之發生，依低濃度，則誘起芽之發生。阿得寧、瓜寧等，則刺戟此等分化器官之發達。

　　在此成爲問題者，爲依斯科古氏（ Skoog ） 等所行菸草切片之結果與上述仙客來切片之結果的比較。斯科古氏等，唱導 auxin （生長素）與阿得寧（ adenine ） 之間，有相對的量關係，即 adenine　　比 auxin　　多時，則形成不定芽云。反之，斯地茄爾氏，唱導僅 auxin （此時指 NAA）有分化芽或根之選擇能力， adenine　僅有誘起原基之能力，此二種物質，完全爲不同之物質云。此恐爲對照植物之生理的性質及其他有異之故，故有再詳細檢討之必要。

　　做爲由組織片使之形成芽與根兩種器官之一種手段，斯地茄爾氏，曾介紹有依接木之方法。即在分別之培地（培養基）上，先使一切片形成不定芽，其他之一切片，形成不定根，然後將各切片平滑切斷，使有芽之部與有根之部接合，用線縛合，在傷口處，塗上羊毛脂（ lanolin ）　，接着後之切片，埋植于泥炭（ peat ） 與砂之混合用土中時，則能繼續生長。芽經過 4～5 星期後，能成長至 4～5 公分長，根亦能充分發育。據斯地茄爾氏云，在移植至前記之培養基之方法，全栽培期間，爲 1¾ 年，在接木之方法上，爲 1½ 年。

　　上所敍者，爲用仙客來切片繁殖之結果，但買搖氏（ mayer ） ，亦曾調查天竺葵（ Geranium ）用器官形成新苗之可能性。據買搖氏云，對于切片，給與 NAA 時，在 $0.005～0.8 mg/\ell$ 之範圍內，能形成癒合組織，在其上再生出根來。生根爲在 NAA 之 $0.1 mg/\ell$ 之下，成爲最高值。然與仙客來異，在 NAA 之任何濃度下，則沒有看到形成不定芽。又阿得寧、阿得諾辛（adenosine）、瓜寧等，對于形成不定芽，均無效果，對于形成不定芽，縱並用 NAA ，亦未看到不定芽之形成。

　　auxin 　或 adenine 等，對于菸草、仙客來、天竺葵莖等切片，顯示各有獨特之反應，在園藝上，其中仙客來，對于營養繁殖，有實用化之可能。此類的研究，依再深入的追求，縱對于需要營養繁殖之其他種類，將來亦有利用之可能。

第三節　葉插繁殖

　　依葉插繁殖之方法，自古早已實用了，關于依此種方法，繁殖可能之種類，哈單曼氏（Hagemann 1932）　，曾詳細調查過。葉插爲繁殖重要手段之一，而就中莖短不能用莖繁殖之種類，葉插繁殖，則成爲重要之繁殖方法了。現在依葉插之繁殖法者，有苦苣苔科之 Saint-poulia （非洲菫）, Gloxinia （大岩桐），秋海棠屬之 Begonia Rex（勒克士）及其他， peperomia, Bryophyllum 等，一般均用葉插繁殖。此外，園藝植物或有特殊用途之植物，不能枝插時，或欲大量繁殖時，亦常用葉插法繁殖。

　　葉插法，一般用有葉片或有柄之葉片，除了一部之特例外，葉自身沒有芽或沒有生長點。因此，與帶有莖之一部及帶有葉片之葉插法，根本並不相同，不能不使葉片發生不定根，同時不能使葉片發生不定芽。

　　關于插木生根之研究報告，非常之多，但關于隨插木形成不定芽之葉插繁殖的研究頗少。但自斯科古氏（Skoog）等發表由菸草之組織，形成器官之研究發表以來，在葉或根之切片上，形成器官之研究，已從新的度角開始了。因此，擬就關于葉插繁殖之最近研究，加以解說。

一、葉插繁殖與溫度及日長

　　關于這方面之研究，有郎喬氏（Rünger），海得氏（Heide）等，以聖誕秋海棠（Christmas begonia）爲實驗材料之一連串實驗。聖誕秋海棠，縱在第二次大戰前，栽培亦多，但在戰後，在歐洲再用花盆開始栽培，在日本，從數年前始開始栽培。此種植物，在短日條件下，開花被促進，營養生長有被抑制之性質，在短日下，依插木繁殖時，則形成不定芽，很快就可以開花。又在夏季，用葉插繁殖時，雖能生根，但不易發芽。郎喬氏（Rünger 1957, 1959）關于開花，將持有性質之聖誕秋海棠（Christmas begonia），有效地，舉行葉插繁殖方法的實驗了。

表 1-1　種種期間之短日對于葉插不定芽形成之影響

（Rünger 1957）

秋海棠品種名	日　長　處　理	不定芽形成%	平均不定芽數	花芽形成　%
馬利拿 (Marina)	實驗終了爲止長日	79	2.6	—
	短日 20 日間後長日	68	2.6	—
	40　〃	85	2.3	—
	60　〃	91	2.9	5
	80　〃	80	2.9	27
	實驗終了爲止短日	79	0.7	100
康卡藍地 (Con Curret)	實驗終了爲止長日	91	2.7	—
	短日 20 日間後長日	89	2.0	—
	40　〃	81	2.3	—
	60　〃	86	2.1	11
	80　〃	88	2.1	17
	實驗終了爲止短日	88	0.9	100

即先在葉插後，在種種期間之短日條件下，培育插木，以後移至長日之實驗下，在此實驗，短日之日數，對于發芽率，沒有影響，不定芽之發生，則被長日促進了。又在插木後 60 日間之短日處理下，形成之不定芽，則成爲花芽，而隨短日期間之增加，花芽亦增多了。反之，在插木後，置于種種期間之長日下時，以後再移至短日下之實驗，在 40 日以下之長日下，不定芽均變爲花芽，在 60 日以上之長日下放置後，置于短日下者，花芽之形成率，則低下了。聖誕秋海棠，在良好之條件下，行插木時，經 15～20 日，已知其不定根、不定芽，則開始分化了。但從以上之結果，可知不定芽分化後之長日，持有不定芽是否分爲花芽之決定權了。

反之，關于日長，海得氏（Heide 1964）所行試驗之結果，顯示短日條件有利，甚爲明顯。海得氏曾就插穗採取前之母株與插穗中之溫度、日長，施行了詳細之實驗。據其結果，對于母株，給與之短日日數，愈多時，由此採取之插穗不定芽數，發芽%則愈增，又插木之日長，亦以採用短日處理者，成績較佳。

海得氏，在以後之實驗中（1965），就插木中之日長，再行詳細調查，確認 8、10 小時之日長，比 16 或 24 小時之日長，對于不定芽之形成，有效。據郎喬氏（Rünger 1957）之研究結果，使不定芽形成花芽之短日的限界日長，爲 12·5 小時。克立斯脫非仙氏（Kristoffersen 1955）曾以聖誕秋海棠（Christmas begonia）之葉插，在長日下所行的結果較好，但此爲由于考慮比在短日條件下，使旺盛形成不定芽之利益，在短日下，不定芽有早期開花之不利之故。

日長能影響于不定芽之形成，雖已明白了，但此由在長日下，縱使光能減少，並無影響。又在短日之暗期中，給與 4 小時以上之光中斷時，不定芽之形成，則被抑制（2 小時之光中斷下，並無影響）。由此可推知其與短日植物同，持有同樣之生理的反應。

關于溫度，郎喬氏（Rünger 1959），曾觀察到 20～25°C 之溫度，對于生根最佳，置于 15°C 下時，生根則遲，置于 10°C 下時，

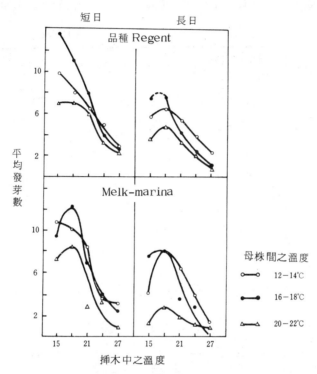

圖 1.5　母株之溫度與插木之日長，氣溫對于不定芽形成
之影響　(Heide, 1964)

則完全不生根了。 15～20°C 之溫度，對于不定芽之形成最佳，尤
其插木後，在 40 日內，效果最為明顯。高溫足以抑制發芽，葉插後
，置于 30°C 下者，以後縱移置于適溫下，則不能見到不定芽之形成
。從以上之事實，可知關于溫度，在葉插之初期，極為重要。海得氏
(Heide 1964) ，亦得到同樣之結果。關于插木中之溫度，在低溫下
，發芽雖晚，但不定芽之數，在 15～21°C 之範圍內，最良，用較此
為高之溫度插木時，則能抑制發芽。又將母株培養于 12～18°C 之溫
度下，將由此採集之葉，插木時，比由高溫下培養之母株，採取之葉

表 1-2　　日長、光能對于葉插之不定芽、根形成之影響

（ Heide 1965 ）

處理	日長	一日平均盧克士 （ lux　光之單位）	發率%	平均芽數	平均根數	根　長 （ cm ）
A	24	72,000	49.1	5.3	12.1	8.0
B	24	12,000	49.6	5.6	10.1	9.8
C	24	32,000	67.9	6.2	10.0	9.1
D	16	48,000	65.4	5.8	10.3	9.3
E	16	8,000	66.5	5.5	8.4	7.8
F	—	25,000	82.7	9.5	8.0	9.5
G	10	25,000	83.2	10.3	9.0	7.3
H	8	24,000	85.0	9.4	8.1	7.0

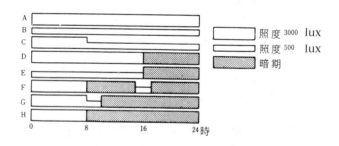

，在不定芽之形成上，亦甚有效（圖1‧5 ）。

　　綜合以上各成績觀察時，在實驗方面，通過母株，插木中之短日條件，對于不定芽之形成，顯示有良好之結果，關于溫度方面，當母株生育時期，以12～18°C為佳，當插木時期中，以15～21°C為宜。但如前所述，從實驗栽培上說，將母株在短日下，培養時，雖易開

表 1-3　高溫（ 30°C ）對于插木形成不定芽或發達之影響

(Rünger, 1959)

插木中之溫度	第一期,30°C*		第二期30°C *		期間中,等溫度 *	
	發芽%	平均芽數	發芽%	平均芽數	發芽%	平均芽數
15°C	14.7	1.3	74.3	3.2	71.8	3.0
20	0	—	72.2	3.8	76.2	2.8
25	0	—	54.3	1.5	68.0	2.3
30	0	—	—	—	0	

註：　*第一期 30°C 由插木後 20 日間，置于 30°C 下，以後置于原來之溫度中。

　　　第二期 30°C 由插木後，40 日間，置于 30°C 下，其前後，移置于原來之溫度下。

　　　期間中，等溫度無變溫，從插木開始，置于等溫下者。

花，但採取之葉數，則減少，插木期間中之短日，可使不定芽早日開花，其後之育苗，則被抑制，故其結果，並不理想。關于此點，郎喬氏（ Rünger ）之方法，被認為實際有利之方法，

　　用聖誕秋海棠（ christmas begonia ）之試驗，所得上述之結果，是否能適用于其他植物，頗有問題。但最少對于秋海棠（ begonia ）之二種（ Marina 與 Concurrent ）被認為有同樣之結果。就秋海棠說（ 據麓、富士原、井上等 1966 ）先將母株于長日、短日及 20°C、30°C 等組合條件下，培養一個月，以後從此等母株，採取葉片，在 20°C、30°C 之條件下（ 日長為秋季之短日 ），施行插木了。其結果，如表 1-4 所示。

表 1-4 母株之溫度、日長及插木之溫度對于秋海
棠之葉插發芽之影響

（麓、富士原、井上 1966）

母株之 溫度 日長	插木 之溫度	插木後之日數 15　20　25　30				平均芽數	
						24日	40日
20°C-L	20°C					0.7	7.8
	30					2.1	3.6
20°C-S	20					0.9	12.4
	30					6.4	9.1
30°C-L	20					2.5	11.4
	30					6.0	8.3
30°C-S	20					2.7	16.5
	30					7.7	11.6

L＝長日　　S＝短日

　　從在 30°C 或在短日條件下，培養之母株採取之葉，插木時，其
不定芽之形成，已被刺激了。關于插木中之溫度，在 30°C 下者，發
芽早，但從不定芽之數說，在 20°C 下者，則多。關于插木中之日長
，且舉行另外之實驗，即在短日下者，得到良好之結果，甚爲明顯。
此結果，除了母株之溫度外，與海得氏（Heide）之結果相同，關于
Christmas begonia 與秋海棠之母株，在溫度之影響有差異之事，由
于兩種之生育適溫有異，也未可知。秋海棠，依江差氏（1958）之研
究，關於珠芽形成，已確知其爲短日性植物。縱在吾人之實驗，在短
日條件下，行葉插時，所形成之不定芽，均已成爲珠芽了。

　　又 Begonia erythrophylla 爲短日性植物，在多季開花，但據就
葉插期間之溫度、日長，調查之實驗的結果（麓、富士原、未發表）
，在 20°C 下者，比在 30°C 下者，亦形成多數之不定芽。又在短日

下者，比在長日下者，結果良好。以上三種之 bengonia ，均爲對于短日處理，有反應之種類，又此等品種，均在短日條件下，葉插時，不定芽之形成被刺激了，但此等品種之間，是否有甚麼生理的關連性麼？或對于植物之日長反應無關，關于葉插，一般短日，對于不定芽之形成，能有效地作用麼？此恐爲今後之課題了。關于此事，容後再敍。

二、葉插繁殖與生長調節物質

用葉片插木時，則容易生根之例，素爲人所知，依 auxin （生長素）處理時，生根則被促進。生根一般發生于葉柄之基部，若將葉脈切斷時，在切斷部，則生根，依此恐由于生長調節物質，集積于該部之故。在葉插繁殖上，施行 auxin 處理時，生根則被促進，但發芽則被抑制。關于此種理由，則如在仙克來之營養繁殖處所云，從 auxin 與開寧（kinins）之比的關連，可以瞭解高濃度之 auxin ，能招致促進生根，抑制發芽了。

關于葉插繁殖上，生長調節物質之功用的新研究，開始于普拉冒氏（plummer）及賴倭坡爾得氏（Leopold）。彼等以 Saintpaulia （非洲菫）爲供試材料，將葉柄之基部，浸漬于阿得寧（adenine），開乃陣（kinetin）之種種濃度的溶液中，24 小時，以調查其不定芽之形成。結果知道生根現象，依開乃陣之處理，被抑制了，依阿得寧之處理，生根稍有被促進之現象。關于不定芽之形成，被認爲阿得寧，開乃陣兩者，均有促進之效果。就中開乃陣之效果特著。即用其 25 ppm 之溶液處理時，則顯示有 110 % 之效果。阿得寧之有效，由瓦茲氏（wirth 1960），用此處理 Begonia Rex ，亦認爲有效。瓦茲氏，將葉之切片，行無菌栽培，在培地（培養基）內，加入種種濃度之阿得寧，觀察其不定芽之形成狀態，但結果知道 30 mg／ℓ 之濃度者，顯示發芽率最大，達無處理區之 2.5 倍多，就此以上之濃度者，顯示其不定芽之發達，被抑制了。

關于開乃陣（Kinetin）與其他新開寧（Kinins）類的功效，海得

氏（Heide 1905），曾做過詳細之研究。彼用聖誕秋海棠（Christmas
begonia）之 Regent　品種，為供試之材料，將葉柄基部，浸漬于
開乃陣與 NAA 種種濃度組合混合之水溶液中，24 小時後，施行插
木。結果如圖 1·6 所示，但要略之如次。

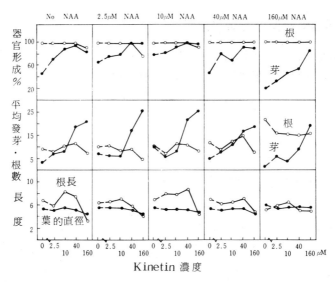

圖 1.6　Kinetin 與 NAA 對于 Christmas　begonia
葉插之影響（Heide, 1965）

(1)Kinetin　之濃度高時，不定芽之形成則被促進。

(2)NAA　在低濃度時，不定芽之形成，則稍被促進，但在高濃度
　　時，不定芽之形成則被抑制。

(3)NAA　之低濃度與 Kinetin 之高濃度組合時，Kinetin　之效果
　　，則可增強。

(4)高濃度之 Kinetin 能抑制生根，高濃度之 NAA　，能增強生根
　　。

開乃陣刺激不定芽形成之效果大，從用 160 μM 之開乃陣濃度處

理，比無處理者，有 5 倍以上之不定芽，被促進之事看來，甚為明顯。

據加入插木中之溫度條件之另外之實驗的結果觀察時，高溫能抑制不定芽之形成，但依給與開乃陣，其抑制的效果，則被抵消了。從此事推斷時，在高溫期，行聖誕秋海棠葉插時，若使用 Kinetin 時，發芽則有提高之可能性。但用開乃陣處理時，生根有被抑制之事發生，故不能實用。因此，做為不抑制生根，使發芽促進之方法，為預先對于使之生根之葉插個體，給與開寧（Kinins），但依此，生根之問題，雖已解決，但刺激不定芽形成之效果則減，故此法不能稱為成功之法。

開乃陣（Kinetin）之促進不定芽形成之效果，須羅多爾夫氏（Schraudolf）、來尼地氏（Reinert）在 1959 年，麓及富士原二氏，在 1967 年，亦用秋海棠為供試材料，確實證實了。

海得氏亦曾用新開寧如 6-benzylaminopurine, 6-benzylamino-9-（tetrahydro-2-pyrryl）- purine 試驗過，此等試藥，比開乃陣，更有數倍之活性，縱在高溫時期，認為曾發生多數之不定芽了。又用此等物質處理時，不單葉柄之基部，達到葉柄之上部為止，亦看到形成不定芽了。在葉插時，不定芽形成于葉柄基部之事，為一般所熟知，但前述之開寧（Kinins），則有紊亂不定芽形成之極性性質的性能。此種現象，Schraudolf, Reinert 二氏，亦曾報告過依開乃陣處理時，看到過。在 Begonia 以外之種類，亦發生過（據麓、富士原）。

將葉之切片行插木時，依 Kinetin 之處理，在葉面全部上，亦有不定芽均被形成之事，Kinetin 紊亂極性之事，在插木以外之處理，亦曾發生過。

據威克孫與泰曼二氏（Wickson, Thimann 1958）之研究，豌豆頂芽優性的性質，依給與 Kinetin 之事則被破壞，側芽則開始生長。又將頂芽切除，給予 IAA 時，頂芽優性之現象，則仍能繼續維持，但縱在此種場合，若給與 Kinetin 時，則打勝 IAA 之效果，側芽則仍舊能早先發生。同樣之事，在紫蘇、矢車菊之試驗上，亦能看到，即對于植物之頂部，每日給與 Kinetin 之水溶液時，側芽則開始活動，或助長側枝之發達。由以上之事實，可以推論頂芽優勢，爲依 auxin 與 Kinins 狀物質之相互作用所引起的。全葉插上，Kinetin 之處理，有紊亂不定芽形成之向基部性質之事，顯示與前述之頂芽優性的情形，有相同之傾向，auxin 與 Kinetin 之關係，被暗示出來了。

　　關于開寧（Kinins）處理，更有趣者，爲在葉插繁殖可能性少之種類，已能使之形成不定芽了。

　　海得氏對于 begonia Hiemalis 葉插繁殖困難之品種B×president ，施行 6-benzylaminopurine （6苯甲胺嘌呤）之水溶液處理，在無處理區，120 葉中，僅一葉發芽了。但在處理區，則有100％之發芽。秋海棠類，縱用不能葉插之種類葉插，間有形成不定芽的，海得氏之試驗結果，深值得注意。B×argentea-guttata ，葉插後，經2～3月後，有時時發芽之種類，但依 Benzylaminopurine （苯甲胺嘌呤）之處理，由葉柄之切片，亦能容易使之形成不定芽（據麓、富士原，長村未發表）。

　　在葉插時，能刺激不定芽形成之另一種物質中，尚有 TIBA，TIBA 爲 anti-auxin （抑制生長物質）之一種，具有減弱 auxin 活性功用之作用。TIBA 持有妨碍 auxin 之移動的功效，依實驗被證明了。

　　但著者等，依對于葉片，用 TIBA 處理後，體內 auxin 之移動、分布，則被擾亂，其結果，則影響于不定芽之形成，由于有此種想法，再行重覆實驗了。據重覆實驗的結果，數種秋海棠之中，僅對于 B. erythrophylla 種，用 TIBA 0·1％之羊毛脂軟膏（lanolin paste）處理後，不定芽之形成，被促進了，但對于其他秋海棠之種類，則無效果或受到抑制了。但將 TIBA 與 Kinetin 併用時，Kinetin 之發芽促進的效果，再被提高了。

　　表1-5，爲其一例。

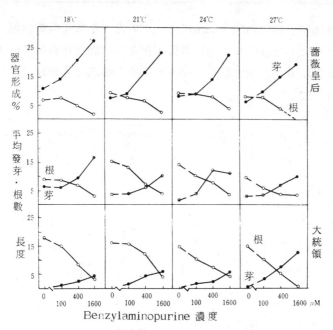

圖1.7　Benzylaminopurine（苯甲胺嘌呤對溫度之影響）

（Heide, 1965）

表1-5　將 Kinetin 與 TIBA 或 IAA組合液處理時葉切片
之發芽情形

（麓、富士原　1967 ）

	IAA 1 ppm	TIBA			
		0	1	5	25 ppm
Kinetin　　0	—	1.0	1.1	1.0	1.0
5	1.1	1.0	1.0	1.0	1.5
25 ppm	1.0	1.4	4.2	4.5	1.7

註：表中之數字，爲一切片之平均芽數。

三、生根與發芽之關係

　　在葉插繁殖上，當不定芽發芽前，先生根之事，常多，然而此種
關係，不一定一般均是如斯。不生根而先形成不定芽之事亦有。在秋

海棠之葉插時，依開乃陣（Kinetin）　之處理，不論生根被抑制，而不定芽之形成，常被促進。此種事情，復在不用調節物質的時候，發芽比生根早之事，往往會發生。此事顯示不定芽之形成與根之存在之間，沒有關連之性。

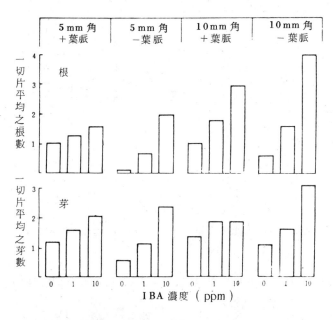

圖1.8　　IBA 對于 peperomia 葉之切片插木（5mm 或 10mm 角）之影響　　（Harris, Hart, 1964）

上所述者，爲就秋海棠屬植物試驗之結果，但對于其他植物，是否如此麼？哈利斯氏與哈地氏（Harris, Hart 1964）曾云，在 peperomia 不定根形成時，根之存在，甚爲必要。用 peperomia　葉之切片（10×10 mm）插木時，生根開始後，經過10～20 日，始生出不定芽。對于此種葉之切片，行 IBA（Indole butyric acid）處理時，能刺激生根後，同時不定芽之數，亦增多了。反之，用開乃陣處理時，生根則被抑制，同時發芽亦被抑制了。

又根原體發生後（葉插後第八日），縱給與 Kinetin ，發芽則早已不能抑制了。其結果，縱依不斷地除去已形成之根的操作，不定芽之形成，仍被抑制，由此可註。

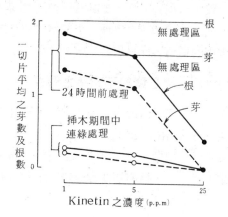

圖1.9　Kinetin 對于 peperomia 葉切片之發育及
生根之影響　（ Harris, Hart, 1964 ）

以前，溫地氏（Went）曾就芽之形成、發達，設立假說云：在根形成之物質，假定爲 Caulocaline ，在葉形成之物質，假定名爲 auxin ，依此兩種物質的作用，芽之發達則被促進，此種說明，適合于 peperomia （葵胡椒、胡椒科之植物）植物，但在秋海棠屬植物，則不能適合。關于秋海棠，開乃陣（Kinetin），爲代表在根形成之發芽促進物質（即所謂 Caulocaline），用 Kinetin 處理時，縱根尚未存在，而有能發芽的想法。以此爲根據，可舉出 Kinetin 能在根形成之報告頗多。

又對于 peperomia ，給與高濃度之開乃陣時，縱不生根，能形成不定芽之事，則成爲以上說明之根據了。

此種假說，是否正確？則不能不待今後之研究解答了。但如前所述，在秋海棠，縱不用開乃陣處理，不生根而能發芽之事，則可說很難解說了。

　　在實際上，當葉插時，隨不定芽之形成，不能不生根。縱依解剖
上之觀察，不定芽與根之間，依維管束連結後，芽始開始正常生長，
又在葉中之蛋白質，核酸合成上，根具有重要之功用（據 Mothers
等 1958 ），因此，依開乃陣之處理，縱能增加發芽之芽數，若生根
太遲時，則無實用的價值，此點則爲今後之問題。

四、由Bryophyllum屬之葉緣不定芽之形成

　　Bryophyllum　　（又名 Kalen choe　屬即琉球景天屬），在葉緣
上，形成着生芽（epiphyllous bud ），依此方法繁殖之事，爲一般所
知之植物。在葉之分化初期，葉之原基，即已被形成了。此種葉胚，
以休眠狀態，存于葉緣中，給與某種條件時，休眠則被打破而開始生
長。故與前述之秋海棠、帛帛羅朱亞 （peperomia）等，基本上性質
則不相同。

　　植物之頂芽優勢之現象，爲依頂芽之存在，呈休眠的狀態，但布
利奧飛拉母（ 琉球景天屬）（ Bryophyllum）之葉胚，縱呈休眠的狀態
，我想與此相同，莖之芽的存在，亦爲其原因。故在布利奧飛拉母之
多數種類，葉從母株切離後，由芽之支配，被解放，葉胚則開始生長
。但在某一種種類，葉附着于母株，有葉胚仍舊可以開始生長的。

　　1. K. daigremontiana　與 K. tubiflora　葉胚之活動支配于日長
，葉縱依舊附着于母株，若將此置于長日條件下時，葉胚則開始發育
。此後，後者，在高溫下時，縱在短日條件下，葉胚則開始生長，但
前者，不論溫度之如何，不在長日條件下，則不能開始生長。

　　2. Bryophyllum calycinum　與 B. crenatam 葉變老時，或相當長
之時期葉接觸于濕土時，或浸于水中時，則形成着生芽。

　　在一般之植物，頂芽被切斷或頂芽成爲花芽時，頂芽優勢，則被
破壞，側芽則開始生長，但關于此事，由于 auxin 有支配的功用之故。
將頂芽切斷，給與 auxin 時，側芽並沒有發達。反之，對于持有頂芽

之莖，給與抑制生長素（ant-auxin）之 TIBA 時，側芽開始發達。
此亦適合于 Bryophyllum 葉胚之發育現象。對于 K. daigremontiana
，給與 IAA 時，葉胚之發育，則被抑制，給與 TIBA 時，則被促
進（據 Vardar, Acarer 1957）。

關于 Bryophyllum 葉胚之發達，可知由于如上之性質，但 Kin-
etin 對此亦有影響。在 B. Calycinum，將附着于植物體之葉，
縱僅浸漬于 6-benzylamino-purine 之水溶液一分鐘，能充分促進着
生葉之發達的報告亦有（Heide, 1965）。此時，開寧（Kinine）之
影響，僅限于處理之葉，對于反對側之葉，則未能影響。又對于由母
株切離之葉，用 NAA 處理時，着生芽之發達，則被抑制了。

K. daigremontiana，如前所述，在短日之下時，着生芽則不發
達，但對于此葉，給與開寧（Kinins）時，着生芽則開始生長。

表 1-6 苯甲胺嘌呤（BA）對于 Bryophyllum calycinum
葉生長之影響

（Heide 1965)

處　　　理	BA 濃度 ppm	着 生 芽 數		葉　　　長 （cm）		
		處理葉	反對葉	處理葉	反對葉	差
僅一側之葉處理	0	0	0	13.0	12.9	0.1
	20	16.2	0	14.5	13.5	1.0
	80	18.7	0	14.3	13.0	1.3
	320	19.1	0	15.1	13.4	1.7
兩側葉之處理	0	0	—	—	—	—
	20	11.2	—	—	—	—
	80	16.9	—	—	—	—
	320	18.5	—	—	—	—

註：本種之葉爲對生，BA 之處理，施于一側或兩側。植物不摘心。

表 1-7　NAA　對于用花盤培養之 Bryophylla calycinum 葉片之着生芽、根形成之影響　（Heide 1965）

NAA 濃度	一葉平均芽數	一葉平均根數	芽　　長	根　　長
0 ppm	16.2	128.2	13.4mm	18.9mm
1	7.8	180.0	4.4	4.1
10	2.0	175.0	1.2	2.5
100	0	199.0	—	1.0

註：將具有葉胚之葉緣，切爲 2 cm 長，培養于花盤內。

表 1-8　苯甲胺嘌呤對于 K. daigremontian 之着生芽形成之影響　（Heide 1965）

處理法	BA濃度 ppm	着 生 芽 數		生　　長（公分）			草　高 cm
		處理葉	反對葉	處理葉	反對葉	差	
僅處理一側之葉	0	0	0	13.8	13.9	-0.1	17.7
	20	34.7	0	15.2	14.2	1.0	17.3
	80	42.7	0	14.4	12.9	1.5	16.1
	320	47.2	0	16.0	14.1	1.8	17.0
處理兩側之葉	0	0	—	14.6	—	—	19.6
	20	44.7	—	15.1	—	—	15.3
	80	45.6	—	16.0	—	—	16.5
	320	46.3	—	14.5	—	—	15.4
長日下對照之植物	—	44.4	—	12.7	—	—	24.0

註：除對照植物外，植物體初置于着生芽非誘起條件之短日下。

　　如上所述，開寧（Kinins），由于抑制着生芽發達之頂芽的存在，打勝 auxin 或日長，促進着生芽之生長，但此與依前述之威克孫氏與泰曼氏（Wickson, Thimann 1958）之頂芽優勢與 auxin, kinins 之關係，爲同樣之結果，auxin 與 Kinins 之相互作用，則不能不成爲問題了。

　　關于 Bryophyllum ，仍有一個有興趣之事，爲開花與着生芽發達之關係。將 Bryophyllum daigremontiana ，在非誘起着生芽之條件（短日）下，對于葉，用 Kinetin 處理時，葉胚則開始發達。這個 Kinetin 之效果，僅限于處理之葉，對于反對側之葉，則無影響。在另一面，此植物，被認爲爲一種長短日植物，在繼續短日下，則不開花，但用勃激素 Gibberellin 處理時，則能正常開花，換言之，勃激素能改換爲其初之長日，在着生芽之發達上，Kinetin 雖能代理長日，但關于開花，縱用能改換長日之 Gibberellin 給于葉，但着生芽，並未開始發達。

　　從以上之事實，可知日長之作用，對于着生芽之發達及開花，雖能同樣發生，但此二種之現象，暗示是經過不同之生化學反應而顯出的。此事與前述之秋海棠不定芽形成與日長關係同，深有興趣，但不定芽之誘起、分化（秋海棠）與發達或休眠打破（Bryophyllum），經過則不一樣，也許不能做爲同一問題議論。

第四節　根插繁殖

　　由根繁殖之事，在園藝上甚少，但關于器官之形成，在植物生理學上，曾看到有數個之研究。從根能再生新個體之植物甚多，其數超過 200 種之多。其繁殖之方法，依種類而異，某種種類，在附着于母株之根上，形成吸枝，有些種類，其根被傷害時，在傷害部份，着生不定芽。此等生枝，依分株之方法，可以繁殖。但不依此種自然增殖之方法，將根剪斷，使由剪下之根，發生不定芽之方法，稱爲根插。在園藝上，爲一般用得最多之方法。能用根插繁殖之種類，有毛氈苔、芍藥、日本櫻草、海棠、柿、梨等。

　　根插時，不定芽之形成與生根，均戎問題。在根之切片上，不定芽形成之位置，依種類而異，但可分爲由切斷面之癒合組織生根的（如牛舌草 anchusa），有生于切片基部附近的（如黑樹莓　Black berry），有從切片之任何部分生根的（樹莓）等種。此外，有從元來之切片生根後，再從新植物之基部生根的，又依種類不同，有不定芽形成後，不生根的亦有。

　　關于根插時，auxin （生長素）之效用，已有數篇之研究報告發表過。野生苦苣（chicory），蒲公英之根，有極性，根插時，在其形態的基部（近莖之部分），形成不定芽，在末端（根之尖部附近），形成不定根，縱將插穗倒插時，亦是一樣，並不生變化（據 Warmke, Warmke 1950）。

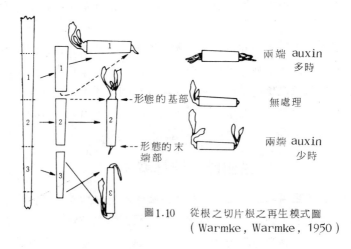

圖1.10　　從根之切片根之再生模式圖
（ Warmke, Warmke, 1950 ）

　　根之切片，具有此種性質，可以想像組織內之 auxin 濃度，在切片之兩端，不一之故。在切片內，auxin 向尖端移行，蓄積後，則促進生根，反之，在基部，auxin 成爲低濃度，則至于不定芽被形成的狀態。在其他植物之葉插時，給與 auxin ，則能抑制不定芽之形成，被認爲結果不良。此與前述之葉插及培養組織片相同，縱從 auxin 與 Kinins 之比說，亦不相宜。開乃陣（Kinetin）能刺激根插時之不定芽形成，僅在根插時，能顯出之現象（據 Danck wardt-Lillieström, 1957）　，縱對于西洋旋花，開乃陣亦能促進不定芽之形成。此時不定芽之發生位置，雖不一定，但依開乃陣之處理，多數之不定芽，則至于形成于根之末端部。

又開乃陣之影響，將根之切片，放置于照明下時，則顯出甚著。在照明下，側根之形成及伸長，依開乃陣之處理而被抑制，但在暗黑下時，則相反，見到其伸長，有被促進之傾向。

如以上所述，可知 auxin, kinins 等之生長調節物質，對于由根、莖、葉片或球根組織片之器官形成，持有重要之功用，故希望以此爲基礎，繼續發展下去。

（富士原健三）

參考文獻

1) Danckwardt-Lillieström, C. 1957: Kinetin-induced shoot forma-
   tion from isolated roots of Isatis tinctoria. Physiol. Plant.
   10 : 794.

2) 麓，富士原。井上。1966：葉ざしに關する研究（第2報）：シ
   ュウカイドウの葉ざしの發根，發芽におよぼす溫度，日長の影響
   。園藝學會。昭和41年度春季大會研究發表要旨。

3) 麓，富士原。1967：同上（第3報）：ベゴニフの葉ざしの發根，
   發芽におよぼす TIBA, KINETIN の影響。園藝學會昭和42年度春
   季大會研究發表要旨。

4) Harris, G. P. and Hart, E. M. H. 1964: Regeneration from leaf
   squares of Peperomia sandersii A. DC.: a relationship between
   rooting and budding. Ann. Bot. N. S. 28:509.

5) Heide, O. M. 1962: Interaction of night temperature and day-
   length in flowering of Begonia x cheimantha Everett. Physiol.
   Plant. 15:729.

6) Heide. O. M. 1964: Effects of light and temperature on the reg-
   eneration ability of begonia leaf cuttings. Physiol. Plant. 17:789.

7) Heide, O. M. 1965: Effects of 6-benzylamino-purine and 1-
   naphthalene-acetic acid on the epiphyllous bud formation in
   Bryophyllum. Planta 67 : 281.

8) Heide. O. M. 1965: Photoperiodic effects on the regeneration
   ability of Begonia leaf cuttings. Physiol. Plant. 18 : 185.

9) Heide, O. M. 1965: Interaction of temperature, auxins and kinis
   in the regeneration ability of Begonia leaf cuttings. Pysiol. Plant.
   18 : 891.

10) Hudson, J. P. 1956 : Increasing plants from roots. Gardn.
    Chron. 139 : 528, 654.

11) Lagerstedt, H. B. 1967 : Propagation of begonias from leaf disks.
    Hortscience 2 : 20.

12) Lee, T. T. and Skoog, F. 1965: Effects of substituted phenols

on bud formation and growth of tobacco tissue cultures. Physiol.
Plant. 18 : 386.

13) Miller, C. O. 1961: Kinetin and related compounds in plant growth. Ann. Rev. Plant Physiol. 12 : 395.

14) Mayer, L. 1956 : Wachstum und Organbildung an in vitor kultivierten Segmenten von Pelargonium zonale und Cyclamen persicum. Planta 47 : 401.

15) Miller, C. and Skoog, F. 1953: Chemical control of bud formation in tabacco segments. Amer. J. Bot. 40 : 768.

16) Murashige, T. 1964: Analysis of the inhibition of organ formation in tobacco tissue culture by gibberellin. Physiol. Plant. 17 : 636.

17) Morton, J. P. and Boll, W. G. 1954 : Callus and shoot formation from tomato roots in vitro. Science 119 : 220.

18) Plummer, T. H. and Leopold, A. C. 1957 : Chemical treatment for bud formation in Saintpaulia. Proc. Amer. Soc. Hort. Sci. 70 : 442.

19) Rünger, W. 1957 : Untersuchung über den Einfluss verschieded langer Kurztag Perioden nach dem Schnitt der Blattstecklinge auf die Entwicklung der adventiven Triebe von Begonia 'Konkurrent' und 'Marina'. Gartenbauwiss. 22 : 352.

20) Rünger, W. 1957: Über die Triebentwicklung der Blattstecklinge von Begonia 'Konkurrent' and 'Marina' Ibid. 22 : 358.

21) Rünger, W. 1959 : Über den Einfluss der Temperatur und der Tageslänge auf die Bildung und Entwicklung der Adventivwurzeln und triebe an Blattstecklingen von Begonia 'Konkurrent' und 'Marina' Ibid. 21 : 472.

22) Schraudolf, H. and Reinert, J. 1959: Interaction of plant growth regulators in regeneration process. Nature 184 : 465.

23) Skoog, F. and Miller, C. O. 1948: Chemical control of growth and bud formation in tobacco stem segments and callus cultured in vitor. Amer J. Bot. 35 : 782.

24) Stichel, E. 1959 : Gleichzeitig Induktion von Sprossen und Wurzeln an in vitro kultivierten Gewebestücken von Cyclamen persicum. Planta 53 : 293.

25) Torrey, J. P. 1958 : Endogenous bud and root formation by isolated roots of Convolvulus grown in vitro. Plant Physiol. *33* : 258.

26) Warmke, H. E. and Warmke, G. L. 1950 : The role of auxin in the differentiation of root and shoot primordia from root cuttings of Taraxacum and Cichorium. Amer. J. Bot. 37 : 272.

27) Wickson, M. and Thimann, K. V. 1958 : The antagonism of auxin and kinetin in apical dominance. Physiol. Plant. 11 : 62.

28) Wirth, K. 1960 : Experimentelle Beeinflussung der Organbildung an in vitro kultivierten Blattstücken von Begonia rex. Planta 54 : 265.

第二章　插木繁殖之原理與方法

第一節　插木繁殖與植物之再生作用

一、插木繁殖之意義：

插木為將希望繁殖植物體之一部，如葉、枝、根等植物體，從母株切下，將此插植于插床，人為地養成獨立個體之方法。切下來之一部植物體，稱為插穗。插穗依插木能再生各個欠缺之部，成為完全之一個新個體。

有用植物，依插木方法，能達到繁殖之目的的，頗多。依插木容易生根，以後之生育亦佳之植物；又不容易獲得種子，而且想用接木法繁殖時，又不能獲得適當台木之植物等；多用插木繁殖。

因此，插木繁殖，與實生繁殖（種子繁殖）及接木繁殖，為植物重要之繁殖方法。

插木繁殖之優點：

1. 能獲得與母本持有同一遺傳因子之新個體。
2. 比之實生苗、生育、開花及結果均早。
3. 技術簡單，而且活着容易，一時能繁殖多數之苗。

插木繁殖之缺點：

1. 較實生苗及接木苗，具有淺根性之性質，壽命較短。
2. 植物中，有依插木活着困難的。

二、植物之再生作用與插木：

植物體，受到某種之損傷時，其附近則生出恢復損傷之組織，此種現象，稱為恢復（Restitution），形成新器官，即生出不定芽或不定根時，稱為再生作用（Regeneration）。此種現象，是由于植物之一種相關作用（Correlation）而生的。插木即利用此種植物體之再生作用，人爲的增殖植物個體之一種繁殖方法。

插木之再生，在插穗之基部生根，由上部展開發芽。此爲一般所熟知，由植物之極性所引起的。瓦起氏（Vöchthng 1878）曾用絹柳（Salix vininalis）爲供試之材料，將其枝倒懸之，確證由此所生之芽及根，能保持正常之極性。但自生長素（auxin）之研究進步後，現在亦能證明，依生長素之處理，亦可使極性發生變化。

關于植物體受到損傷時，癒合組織之形成，哈別蘭地氏（G. Haberlandt 1921），曾云，受到損傷之細胞，生出某種物質，此物質，名爲創傷荷爾蒙（Wound·Hormone）。依此創傷荷爾蒙，給與周圍之細胞，刺戟細胞分裂之故，從此以後，依博那氏（Bonner），英吉利氏（English 1938, 1939）等，將四季豆之莢，附以傷害時，由此提出使細胞分裂旺盛被稱爲 Traumatin Säure 之物質了。但名爲插木生根之再生作用，不僅由于此種創傷荷爾蒙的作用，此外形成于葉、芽，貯藏于植物體中之荷爾蒙與貯藏物質等多數物質，亦有關係。

依插木形成不定根時，到被切斷之插穗生根爲止，首先在插穗基部之切斷面，依切斷傷創之刺戟，其附近之細胞，則引起木栓層化（Suberin），形成很薄之薄膜。其次傷口附近之形成層，則開始活動，於是癒合木栓、癒合組織，則被形成了。癒合組織，全由生活細胞所形成，但由分裂組織之形成層，分化特著。與此種變化，同時在插穗內，或在葉與芽內，亦會發生。又在插木中，形成之支配生根之物質，從篩部下降而達莖內，爲了再生，則開始生長素（auxin）之活性化，以提高插穗內之物質代謝，促進以內鞘或形成層爲中心組織之細胞分裂，誘起根源體之形成。

三、關于生根之物質

1.生長素（auxin）與生根物質

插木之生根，即被剪下植物體之一部，在其下端形成不定根之現象，支配于何種物質之問題，自古以來，即已進行種種之實驗了。而且到現在為止，被考慮之此種生根物質，不是由于單一之物質，而是由于多種之物質（ co-factor ）存在，而且此種物質，互相均有關係，此事似乎為多數人之意見。而參與此種生根之物質中，有一個具有重要功用者，則為荷爾蒙狀之物質。此等物質，主在葉與芽中合成，而向插穗之基部移行，並依引起細胞分裂，形成根源體云。

　　事實上，觀察休眠枝插木時初生根的發生狀態時，到了芽展開時，則能看到在展開葉之某側切口上，生出根來。又筆者等，在松葉牡丹之插木實驗中，松葉牡丹在八月插木時，經 4 ～ 5 日，即可看到有多數之插穗生根了。但採集插穗後，即刻將葉全部摘去，將莖插于水中時，根則差不多完全不發生。但着葉之插穗，不摘葉放置時，經過一定時間後，將葉摘去之莖，插于水中時，着葉放置之時間，愈長，看到根之發生則愈早，而根量則愈多（ 如圖 2·1 ）。

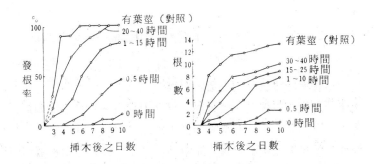

圖 2.1　採取插穗後到摘葉為止之時間與生根（松葉牡丹）

　　從此等之事實觀察時，可知松葉牡丹之葉中，存有生根物質，插穗切斷後，生根物質，同時則從葉向莖移行。然而由插穗之葉使生根物質，向莖移行，縱經過充分之時間，將葉摘去之插穗，用此插木時，較之有葉之插穗，可以看到根量亦劣，生根之時間亦遲。此由于有葉之插穗，縱在插于水中之時間內，生根物質，在葉內，亦能多少形成之故。

　　又調查葉數與生根之關係時，可知生根隨葉之枚數而異（如表 2‧8）。岩波，三橋氏等（ 1961　），同樣，用松葉牡丹爲材料，就生根物質及其移動，做了以下之實驗。

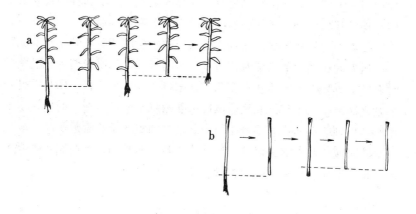

圖 2.2　有葉之莖與無葉之莖生根之差異（岩波、三橋）

莖之切斷（點線）在由下端一公分之處，剪下。

　　將有葉之插穗及摘去葉之插穗插于水中，使之生根，其次將生根之插穗，由切口剪去一公分長，再插于水中。以後反覆如斯插之，其結果，則如圖 2‧2。有葉之插穗，當然會生根，無葉之莖，其初已有由葉向莖移動之生根物質，亦看到生根了。但將莖之基部切去後，從第二囘起，有葉之插穗，雖再能生根，但無葉之插穗，完全看不到再生根了。又調查葉之存在與生根之關係時，可知將莖一側之葉摘去之插穗，僅有葉之側生根，無葉之側，完全不生根或生極少之根而已。此事顯示由葉移行之生根物質；僅能向莖之一方下降，很難向橫移行。岩波，三橋氏等並云：生根物質，隨由莖下降，在長時間之後，恐怕漸次亦可向其周圍組織移行。彼等爲證明生根物質下降，一次使有葉之插穗生根，並將基部一公分切去後，在莖之下部，插入錫箔，再插入水中，使之生根。其結果，則如圖2‧3。將錫箔插入于莖之途中

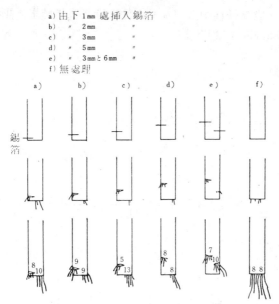

a) 由下 1mm 處插入錫箔
b) 〃 2mm 〃
c) 〃 3mm 〃
d) 〃 5mm 〃
e) 〃 3mm と 6mm 〃
f) 無處理

圖 2.3 插入錫箔于莖中時之生根狀態（松葉牡丹）（岩波、三橋）
上段：爲示錫箔之位置，中段：第六日之狀態，下段：第
七日之生根狀態（數字爲從各處之側面生出根之個數）

時，一定在錫箔之上部生根，從基部之切口，完全認爲沒有生根。此
種事實，顯示生根必要之物質，沿莖向下移動，甚爲明顯。此種物質
之移動，恐怕僅由上向下移動，向左右不易移動。

　　此種事實，可證實生根物質，確在葉或芽內，被形成，並向插穗
之莖移行，能誘起不定根之形成。但此種生根物質，到底是何種物質
？其本質尙未明白。到現在爲止，關于此種生根之物質，被舉出來中
之一個，爲生長素（auxin），生根時，其活性則提高，又依因朵爾醋
酸（IAA），奈乙酸（NAA），因朵爾酪酸（IBA）等合成生長素（
 auxin），能促進生根，從此種事實看來，auxin 之作用，爲誘起不
定根之原基之重要一因素，甚爲明顯。筆者等用溲疏插木，從插木起

到生根為止，調查插穗中之 IAA 活性之消長，其結果，則如圖2.4
之棒線（Histgran）之所示。

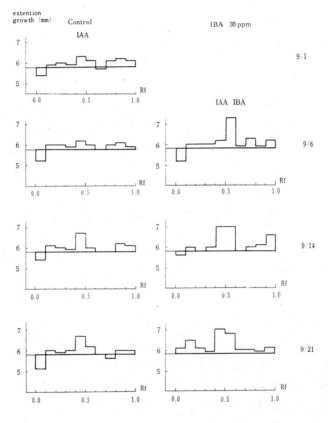

圖2.4　由洩疏莖挿木起到生根為止之 auxin 之消長
（抽出之 methanol，據 avena 伸長試驗）。

　　換言之，插穗莖中之 IAA 活性，在插穗切斷後，則增高，並被
認為在根源體形成前後，顯示最高。又施行 IBA 處理，生根非常被
促進之插穗內之 IAA 活性，亦顯出同樣之傾向，但比無處理時，似

乎顯示有稍高之活性。此恐爲是已吸收 IBA 之影響。在棒狀曲線中，Rf 0.6 之山頂，顯出依處理被吸收之 IBA。比自然 auxin 被認爲有相當高之活性。此外在生根快之松葉牡丹，在廿四小時後，在插穗內，IAA 之活性，增高了，又在生根被促進之黃化處理之木蓮黃化部，亦被認爲在生根前，IAA 之活性，亦增高了。而且在此等場合，到了充分生根時，被認爲 IAA 共通在插穗內，有減少之傾向。

如斯當根源體被形成之前後，插穗內 IAA 之活性增高之事，在生根作用上，IAA 縱不成爲誘引根源體之直接作用，在提高插穗內爲再生作用之物質代謝上，具有重要之功用。但在松葉牡丹用水插時，將葉即刻摘去之莖，差不多沒有生根。但縱在此莖中，IAA 雖稍遲一點，亦認爲有增加之傾向。如斯，可知 IAA 之活性亦增高了，不論對于生根，縱有充分之貯藏物質，完全沒有看到生根之事，在生根作用上，IAA 雖爲重要之一要因，但此外，若無具有由葉向莖移行之物質有重要功效之其他要因時，則不能誘起生根。

奧敦氏（Odom），喀平道氏（carpenter）（1965）等，曾調查草本植物插木之內生 auxin 之消長，曾指出根之形成或生根之速度，與插木基部之酸性 auxin 的蓄積或存在，是相平行的。

布衣連氏（Bouillene），溫地氏（Went）等，曾創立了下記假說：生根時，需要發生于植物體內之自然荷爾蒙與其他參與根形成之類似荷爾蒙物質，此等物質，名爲生根素（Rhizocaline）。換言之，此種 Rhizocaline 物質，在子葉之內部，復依日光之作用，生成于葉中，下降後，能增強荷爾蒙之作用，促進生根作用。

又科柏氏（Cooper 1935）等，曾說明當檸檬之插木時，將用異性生長素（Heterauxin）處理一次生根之插穗基部浸漬部剪去，再用 heteroauxin 處理時，則不再生根，此種現象，由于用荷爾蒙處理枝之基部時，葉莖中之 Rhizocaline（生根素）則下降，集積于基部，能提高 heteroauxin 之作用，但將此部剪去時，下降之 Rhizocaline

，則損失了，因此，縱再行處理，亦不能生根了云。當此種檸檬之挿木，所看到之依 auxin 再度處理，完全不生效果，或生根極劣之事實，爲一般所知的。當不定根發生時，除了 auxin 以外，依 Rhizocaline 學說，具有代表重要功效之物質，亦有關係。例如維他命類（Vitamins）等，自溫地氏（Went）之研究以來，曾論及在根之生長時，極少量之 Vitamin，極爲必要。皮爾斯氏（Pearse）曾云：Vitamin B₁，對于生根，雖無直接促進之效果，但可使生根後之生育旺盛。

又希其科克氏（Hitchcock），旣冒曼氏（Zimmerman）等 1939 年曾云：B1 對于植物自身不能補給 Vitamin B₁ 之植物有效。西沙氏（Shisa）亦認爲 B₁ 對于阿薩姆茶之生根，甚爲必要。又促進生根之其他物質，尚有 biotin, denine, arginine，碳水化合物，氮素化合物等，此外關係于此種生根之物質，是否爲其他荷爾蒙狀物質？或爲酵素及其他物質？此種問題，恐爲今後之重要研究之諜題了。

2.貯藏物質

當挿木生根時，auxin 等之外，碳水化物，氮素化合物等營養物質之必要性，早爲學者所指出。在休眠枝挿木時，新芽萌出而生根，但此時，多量之貯藏養分則被消耗。因此，挿穗中，貯藏豐富之貯藏養分，甚爲必要。縱在實際挿木時，挿穗多在挿木前，營養狀態良好之多季，被剪下貯藏，到了春季，始行挿木。

到現在爲止，關于碳水化物（C），氮素（N）等二要素，自克拉烏斯（Kraus）與克賴必爾氏（Kraybill）等于 1918 年就番茄報告 C／N率與生根之關係以來，C／N率高時，能促進生根之事，達維斯氏（Davis 1931），卡爾馬氏（Calma）與利茄氏（Richey 1931），斯他林氏（Starring 1923），志佐氏（1928）等，均報告過。斯他林氏曾說明行綠枝挿木時，挿穗中含有之碳水化物多時，對于生根則有利，挿穗中之C／N率，爲挿木生根良否之指標，又此種狀態，復依細胞膜之肥厚及木栓化程度，可以推察出來云。

表 2-1　　插穗之大小與生根（一區 10 枝全部生根）

	7 克穗	14 克穗
平均根長	9・63 公分	27・02 公分
最長根長	14・3　公分	13・6　公分
平均根量（風乾物）	10・11 公絲	14・66 公絲
最多生根數	9　　枝	18　　枝
平均根數	3・66 枝	6・90 枝
新梢風乾物量	85・75 公絲	145・62 公絲
新根灰分	2・26 公絲	6・18 公絲

　　累得氏（Reide 1924）云：C／N 率高，為插穗之良好條件，對于母體，光線宜充分照射。但在近年，單用 C／N 率談論生根之人甚少，反以指摘像澱粉含量之碳水化物絕對量多者，為生根之良好條件的研究者，漸多。當然，碳水化物之絕對量多之事，C／N 率當然亦高。

　　筆者曾在亞歷山卓葡萄（Muscat of Alexandria）之一芽插時，比較 7 克與 14 克重之插穗的結果，則如表 2-1。從初期生根量說，插穗大之 14 克者，比 7 克大者，約大二倍，此種結果，在秋海棠（begonia），亦是如斯。插穗之重量大者，可以想到隨之貯藏養分之絕對量亦多。

　　博必廖夫氏（Bobilioff）曾用巴西橡樹（大戟科，Hevea brasiliensis）為供試之材料，在插穗採集三週前，將枝緊縛，所得到的插穗，認為生根性甚優，此由於緊縛部之上部肥大，當插穗之再生，必需之養分，蓄積於此之故。又澱粉多量存在之事，顯示能增大初期生根的研究，自溫克氏（Winker）以來，已有多數報告發表了。但相反地，就一個枝條觀察時，C／N 中之 N，在尖端多，C 在基部多，然而基部生根好麼？並不一定如斯。

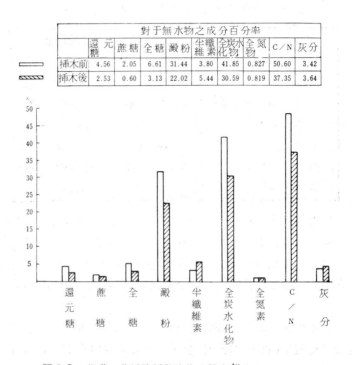

| 對于無水物之成分百分率 | | | | | | | | | |
	還元糖	蔗糖	全糖	澱粉	半纖維素	全炭水化物	全氮物	C／N	灰分
插木前	4.56	2.05	6.61	31.44	3.80	41.85	0.827	50.60	3.42
插木後	2.53	0.60	3.13	22.02	5.44	30.59	0.819	37.35	3.64

圖 2.5　葡萄一芽插時插穗貯養分量之變化。

　　近于尖端部分之生根數，高的時候亦多，又就母株之年齡觀察時，年齡愈大時，C／N 率則愈高，但較之幼齡之樹，生根性劣，極爲普通。

　　又當選擇插穗，亦常用本年生之枝，少有用先年生之枝或老枝。坂口氏等（ 1951 ），當無刺洋槐插木時，曾調查其 C／N 率與生根之關係，並報告插穗之含氮量，在插木可能之期間內，比插木困難之期間內遙多。從此點觀察時，僅從枝條之 C／N 率，加以討論，是無道理的，恐怕能給與大影響之貯藏養分和枝條之熟度等及其他之要因，亦不能不合起來加以考察。又老枝與母枝之年齡增大時，生根物質

之形成則劣，此或由于生根阻礙物的蓄積，亦有可能。塚本氏（1949
），曾調查單寧含量與生根之關係，並指出澱粉含量高，單寧含量少
之紫陽花、木槿、水蠟樹、連翹等樹，生根容易，相反地，澱粉含量
低，單寧含量高之楸樹等植物，有生根不良之傾向。

　　喀利孫氏（Carison）就薔薇研究的結果，亦得到同樣之結論。
筆者等，曾比較有促進生根效果之黃化處理枝與一般之枝，並認爲黃
化處理枝之黃化部，所含單寧之量少。但單寧是否成爲生根不良之原
因，尙未明白。又大山氏（1962），指出插穗中，存有生根阻害之
物質，此物質能抑制生根作用，依除去此等物質，能增進生根困難樹
種之生根云。

　　關于無機養分，做爲一個器官之形成，在生根時，當然必要的。
但在不定根之形成上，何種微量要素是必要的？尙未明白。

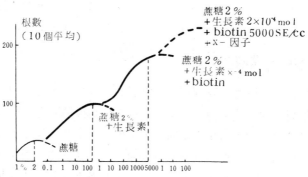

圖 2.6　制限因子之相互關係對于豌豆之黃化莖上之生根的作用。

　　溫地氏（Went），泰曼氏（Thimann）等（1937）認爲關于根
之形成，有種種之物質存在着，就此等物質相互間有關係之事，曾用
豌豆之黃化莖，舉行試驗，將各要素相互作用之關係，用模式圖做了

次之說明。卽先用蔗糖處理插穗時，用1％至2％液處理時，根之數
則增加，但再用高濃度之液處理時，根數則減少。其次在此蔗糖液中
，加入生長荷爾蒙處理時，根之數則增加，再將濃度提高處理時，根
之數，雖再增加，但不久則低下了。此外加入 biotin 處理時，亦有
同樣之傾向。結局關于根之形成之物質，在某種程度之範圍內，根之
數，雖與濃度成比例而增加，但此等物質，並不是單獨能發生功用的
，而是相互關係始能發生效果的。而且此等物質以外，尚有重要之因
素存在，並云舉例說，生根素（ Rhizocaline ）等，爲Ｘ因子，也未可
知。

　　如斯，關于生根之物質，尚有以 auxin 爲首，與種種共同因素
（ Cofactor ） 存在的。同時，破壞或阻害此等因素之功用的物質之存
在，亦是事實。一般 Polyphenol, chlorogen 酸等，有抑制 ＩＡＡ 功
用之作用。因此，插木生根之難易，我想是依此等重要之共同因素
（ Co-factor ），阻害物質的存在及量的關係等而決定的。

四、植物之種類與再生能力

　　植物之再生力，依種類及品種而異，此爲一般所周知之事。例如
縱就果樹之繁殖觀察時，如柿、核桃等，用枝插時，差不多沒有生根
之可能，栗、桃、梅等，亦屬于生根困難之部類。反之，如葡萄、無
花果、醋栗等，爲極爲容易活著之種類。又如茶花，縱在同一種類，
有如乙女爲極易生根之種類，復有如黑色茶花、戶伴等生根力弱小的
亦有。但生根不能之柿、核桃；若用根插時，地上部則容易再生。如
斯可知插木繁殖之難易，不單依植物之種類而異，縱在同一植物，在
品種間，亦有不同。此外，生根之難易，復依插木之時期，母株之年
齡，從母株採取之部位等，而存在的。

　　從到現在爲止之研究，縱用 auxin 及其他生根促進之物質處理
，尚有認爲生根困難之植物。例舉之，則如表2-2。

表 2-2　研究者報告縱用　IBA　及其他處理而生根困難之植物

（　）內爲研究者名

Acer rufinerve limbatum
　(Tincker)
Azalea calendulacea
　(Yerkes)
Azalea indica
　(Watkins)
Azalea japonica
　(Yerkes)
Azalea mollis
　(Yerkes)
Camellia japonica alba plena
　(Watkins)
Camellia sasanqua
　(Watkins)
Carya pecan
　(Stoutemyer)
Chimonantus fragrans
　(Tincker)
Cornus florida
　(Kiplinger) (Yerkes)
Cornus florida
　ruburum (Kiplinger)
Ginkgo biloba
　(Kiplinger)
Ilex crenata
　(Hitchcock & Zimmerman)

Ilex glabra
　(Kiplinger)
Ilex opaca
　(Hitchcock & Zimmerman)
Kalmia latifolia myrtifolia
　(Tinker)
Kolkwizitzia amabilis
　(Yerkes) (Kiplinger)
Lagerstroemia indica
　(Watkins)
Magnolia grandiflora
　(Watkins)
Magnolia Kobus
　borealis (Yerkes)
Magnolia liliflora
　(Yerkes)
Malus var. Eleyi
　(Yerkes)
Pittosporum dalli
　(Tinker)
Podocarpus nagi
　(Watkins)
Polygonum paniculatum
　(Tinker)
Prunus triloba plena flore
　(Yerkes)

Robinia pseudoacacia rectissima
　(Stoutmyer)
Syringa emodi
　(Kirkpatrick)
Syringa hanryi
　(Kirkpatrick)
Syinga josikaea
　(Kirkpatrick)
Syringa persica
　(Kirkpatrick)
Syringa tomentosa
　(Kirkpatrick)
Syringa Villosa
　(Kirkpatrick)
Syringa vulgaris varieties
　(Kirk) (Oliver)
Tsuga canadensis
　(Hitchcock & Zimmerman)
　(Yerkes)
Vitis rotundifolia
　(Terkes)

　　又齋藤氏（ 1950 ）曾就多數之植物，調查其能與不能，其結果
，則如表 2-3。據此表觀察時，依科、屬，差不多任何種類，有插木
容易者，反之，亦有完全不能依插木繁殖者。如斯，生根不能或非常
困難之種類，其生根不能之原因，有屬于遺傳的性質的，有在插穗內
，支配生根之物質，差不多不能形成的，或由于有阻害生根之物質存
在。因此，此等要因，若能研究出來時，現在被視爲插木不可能之植
物，可以說其可能性，是可以期待的。

五、根源體之發現與其發達

　　觀察依插木生根之發生起源時，有從節部或節間生根之定位根
（ morphological roots ） 與一般發生于插穗基部斷面之不定根（ ad-

表 2-3 樹木之科別插木不能表（病藤 1950 ）
悉含容易種之科

科	屬	代　表　種
廣　葉　樹		
Salicaceae	Popolus	木棉
	Salix	柳
Moraceae	Morus	四照花
	Broussonetia	構
Saxifragaceae	Deutzia	溲疏
	Hydrangea	糊溲疏
Spiraeaceae	Spiraea	繡線菊
Cydnyaceae	Eriobotrya	枇杷
	Malus	棠梨
	Photinia	扇骨木
	Cydonia	榠樝
Rosaceae	Kerria	山吹
	Rosa	野薔薇
Amygdalaceae	Prunus	櫻
Elaeagnaceae	Elaeagnus	木半夏
Daphneaceae	Daphne	瑞香
	Edgeworthia	山椏
Araliaceae	Fatsia	八角金盤
	Kalopanax	刺楸
	Cornus	水木
	Aucuba	青木
Oleaceae	Fraxinus	梣
Caprifoliaceae	Sambucus	接骨木
針　葉　樹		
Cupressaceae	Thujopsis	羅漢柏
	Chamaecyparis	檜
	Thuja	黑檜
	Jnniperus	檜柏
	Taxodium	落葉松

科	屬	代　表　種
廣　葉　樹		
Myricaceae	Myrica	山桃
Juglandae	Juglans	核桃
Betulaceae	Carpinus	熊四手
	Betula	白樺
	Alnus	夜叉五倍子
Fagaceae	Fagus	山毛欅
	Castanea	栗
	Quercus	樫
Ulmaceae	Ulmus	楡
	Celtis	榎
	Amphananthe	樸樹
	Zelkowa	欅
Magnoliaceae	Magnolia	厚朴
	Liliodendron	百合樹
	Illicum	八角㡿香
針　葉　樹		
Pinaceae	Abies	樅
	Tsuga	栂
	Larix	中國松
	Pinus	黑松

ventitious roots）等二種。即定位根爲由原存于枝梢內之根原始組織所生的，若沒有此種組織之植物，由節部或節間生根時，可視爲一種不定根。

關于插木生根之解部學的研究，較之關于插木應用方面之研究，少得很多。但在 1800 年，已經有人研究了。法國之布恰地氏（Bouchardt） 1841 年，認出根源體之存在，命名爲 Rhizogen 以後，法國之特卡爾氏（Te'rcul 1846 ），曾就草本類之生根，舉行調查，指出多數之根基，由維管束之側面發生，根在發生前，有始源體存在着，將此假稱爲始源體（primordia） 了。其後，勒買爾氏（Remaire 1848），曾就草本類；凡地罕氏（Van Tieghem） 與杜利奧地氏（Douliot） 曾就維管束植物之不定根形成，加以調查，強調根由內鞘發生了。又凡地罕氏等並以由內鞘以外生成之根，均爲遲生根之基礎。到了 1900 年代，德國之馮克賴維尼茲氏（Von Gravenits 1913) 年），曾就柳屬植物，白楊屬植物，約二十種，研究過，認爲其中有八種植物，枝內有始源體（primordia） ，並指出既存之始源體，在灌木類存在的多，喬木性之植物中，存在的少，能插木之植物中，始源體不一定存在。凡德賴克氏（Van Des Lek 1924 年）曾用紅醋栗（Ribes ）、柳（salix）、白楊（populus）、葡萄等，爲材料，施行調查，並云 Ribes nigrum 根從節部發生的，比由節間發生的爲多，在 3 公分長之間，認爲有卅六個根源體形成了。將此名爲根胚（Root Germ ）。而且看到此種根胚，存于沿葉跡由中心柱離開之線上，有時亦發生于皮目之下。凡德賴克氏並云：此種根胚，雖能成爲插木可能性之第一條件，但並不能確定凡是有根胚的植物均能生根。

施溫固氏（ Swingle 1927 ）云：潛在的根源體，與葉隙、枝隙及第一次髓線相關連而發生的。

喀利孫氏（ Carison 1927 ）在彩葉草（Coleus）之插木，認爲根是從維管束間之內鞘發達而成的，根之根基，由數個細胞開始發生，在其初分裂細胞之數，雖增多了，但細胞之小，仍舊是原樣，沒有增大,以後各細胞之大小,則與分裂同時,增大成為分裂細胞云。

佐藤氏(1930)其初依解剖學的觀察針葉樹之生根,報告在杉,由插穗之切口及癒合組織生根了。康納得氏(Connard 1931)曾觀察松葉牡丹(portulaca)不定根之形成,並云大部分之根,在髓線之管束間形成層之附近生成,形成層附近之細胞,形成根之內部,內鞘形成根之外部。喀利孫氏(Carison 1933),強調薔薇之生根,由維管束之內部與葉跡均有關連。克拉克氏(Clark 1931),曾述及根之

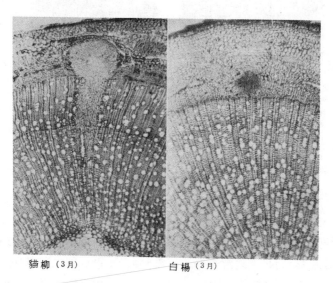

貓柳 (3月)　　　　白楊 (3月)

圖2.7　枝中看到既存之根源體 (町田)

根基,由芽之分開之隙間發達的。蘇茲氏(Sudds 1934, 1935),曾報告樹莓不定根之發生,由葉跡、枝跡、葉隙、枝隙、髓、癒合組織發達的。斯脫停遙氏(Stoutemyer 1937),曾云關于由癒合組織之根的發生,與癒合組織內發生之初生木質部,有關係。巴南氏(Bannan 1941, 1942),就針葉樹,從事研究,斯滑地賴氏(Swartley

1943），就連翹（Forsythia）之不定根發生云：由芽發生之根，是由前形成層之外側分裂組織發達的，由莖所生之根，是由葉跡兩側之形成層篩部發生的。戶田氏（ 1948 ），曾就由柾之莖與癒合組織之生根云：此種生根，是由髓線與其附近，開始發達的。喀利孫氏（ Carlson 1950 ），曾將柳樹潛在的根基生出的位置，依量調查過，並報

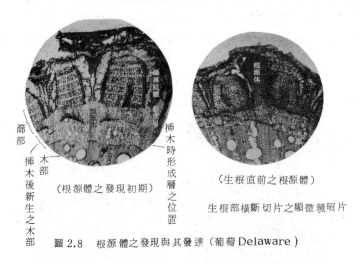

（根源體之發現初期）　　（生根直前之根源體）

生根部橫斷切片之顯微鏡照片

圖 2.8　　根源體之發現與其發達（葡萄 Delaware ）

告云：有 60 ％從葉痕左右生出的，有 20 ％從腋芽上或枝上生出的，其餘的則由副芽之左右生出的。佐藤氏 1956 年，曾用針葉樹 24 屬 30 種為材料，行插木之解剖學的研究，並云：就根基之發現及發達、髓線、切口附近之葉跡、枝跡、芽、未分化之柔組織，癒合組織等，均有關係。筆者等（ 1955 ），曾觀察葡萄休眠枝插木時，根源體之發達過程，發見在射出髓與形成層之交叉外側部份，有根源體，此根源體突出篩部內髓線而發達的（圖 2.8 ）。

　　如上所述，不定根之發生部分，依植物之種類而有種種的不同。不定根之形成，在以形成層為中心與此鄰接之未分化之細胞中亦有，與髓線，關係極密，有在插木後，形成之癒合組織之中分化的。生根

之部份，在切口附近處發生的多，與葉跡、枝跡、皮目之部分、節部
等，關係的場合甚多。

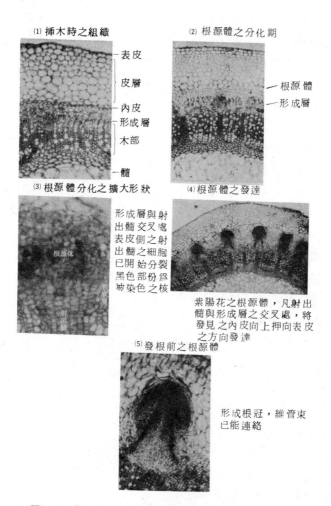

圖 2.9　紫陽花根源體之形成與其發達過程（町田）

六、插穗之蒸散

在戶外行綠枝插時，插木後之當初，特別爲防止插穗之枯萎，需要充分灌水，或其他極力抑制蒸散之管理。此由于無根之插穗，已失去蒸散與吸水之平衡，容易枯萎之故。插木後，到生根爲止，插穗之蒸散，到底呈何種狀態？了解此種插穗之蒸散情形，從插木管理方面觀察時，甚爲必要。

佐藤、福原二氏，用杉、赤松、柾木爲試驗之材料，從插木後，到生根爲止之間，插穗如何蒸發，曾調查過，並發表有報告。

蒸散作用，一般在插木後，暫時甚高，以後則漸次減低，經過一星期後，比有根者，還要稍低。又似乎爲旁證此事，插木後，暫時之間，插穗之蒸散量與氣孔之展開一日中之變化幅度，較有根者甚大。又蒸散量與氣孔之展開，在午前中，特別大，到了午後，則急速減少云。插木當初之插穗，呈不穩定之狀態，並受外界環境之影響甚大（如圖 2·10、11 ）。町田氏，曾就紫陽花、菊、聖誕紅等插穗之蒸散，調查過，知道插木當初受外氣溫之影響特著，顯示蒸散量高。

又將此放入近于 100% 之濕室內時，蒸散作用，則被抑制甚著。

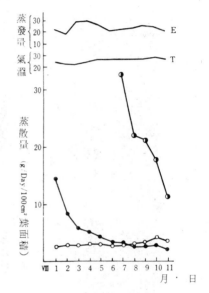

○　對照
●　插穗 7 月 31 日　　插木
◐　插穗 8 月 6 日　　插木
E　蒸發量
T　氣溫

圖 2.10　柾木插穗之蒸散量之插木後之變化
（佐藤、福原）

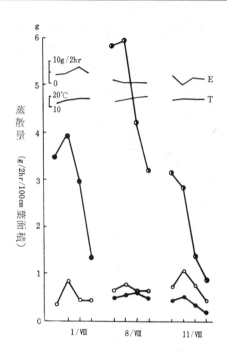

圖 2.11　柾木挿穗蒸散量之日變化（佐藤、福原）

將此再放入于普通狀態下時，認爲蒸散仍舊異常增高。

　　在挿木之生根時，被挿木之挿穗，到生根爲止，保持其不失去活性，繼續生存，甚爲重要。爲保持活力，從挿木時起，保持挿穗之蒸散與吸水之平衡，甚爲必要。從此種觀點說，充分了解各挿穗之蒸散與吸水之水分關係，在實際挿木之管理上，則不能不加以注意了。

　　在挿木困難樹種之中，由于此種蒸散與吸水之平衡，不易保持，活着不良之種類，不少。例如木犀在一般戶外之挿床，行挿木時，不論如何細心管理，總是易枯的。但若在有噴霧裝置之挿床，濕度高之條件下，給與能抑制挿穗之蒸散之條件時，甚易安全活着。此由于蒸散量大而吸水能力劣之故，不能保持水分之平衡，因之而枯死了。在此種樹種，到插穗之蒸散安定爲止，施行極力抑制蒸散之管理，甚爲必要。縱在一般之管理上，尤其在插木後，暫時之間，需要努力維持插床之濕度，縱在戶外之插床上，爲保持濕度，需要增加灌水之囘數，或在日中，噴霧于葉面，或用塑膠布覆蓋，以提高插床之濕度，注意此類管理，甚爲重要。

第二節　插木之種類

一、插木之類別

插木依供繁殖用之植物學的器官，分爲根插、枝插及葉插，其中再依所用枝條之情況，使用休眠枝插木者，名爲休眠枝插，使用生育中之枝插木者，名爲綠枝插。又依插木之技術的方法，再可分爲種種名稱之插木。例如在插木之方法上，有斜插、垂直插，深層插等種。

葉插 …… { 全葉插（Entire-leaf cutting）
Leaf-cutting　　 片葉插（Divide-leaf cutting）

枝插
Stem C.
{
一芽插（Eye C.）
長梢插（Long Stem C.）　{ 普通法（Comon C.）
竿插 Simple C. …… 割　插（Cleft C.）
踵插 Heel C.　　　　　　球　插（Earth boll C.）
倒丁字形插（Mallet C.）
斜插 Oblique C.
垂直插 Vertical C.
船底插 Bend C.
休眠枝插 Dormant C.
綠枝插 Green wood C.
}

根插（Root C.）. { 軟枝插 Soft wood C.
　　　　　　　　 硬枝插 Hard wood C.

果實插（Fruit C.）

在插穗之削法上，有踵插、倒丁字形插等，在葉插上，有全葉插，片葉插，此外，尚有附帶莖之部分的葉芽插（leaf-bud cutting）。田中諭一郎氏，曾做如次之分類。

草本植物之插木，一般稱爲插芽，但敢說無區別之必要。插木之樹，不僅指木質化之莖而已，古時，草本植物之插木，亦稱插木。

在美國，插木，均稱 Cutting，依插穗之種類，則添加使用部之名，如稱葉插（leaf cutting），莖插（Stem cutting）。

二、枝插

枝插者，爲用植物之枝條爲插穗時之插木，並依使用之枝條種類，分爲綠枝插與休眠枝插二種。

1.綠枝插

用發育中之枝，行插木時，稱爲綠枝插。其中用草本植物之綠枝插者，稱爲軟材插，用如茶花、木犀等之木本性植物之綠枝插者，稱爲硬材插。

又依使用枝之部分，用枝生長中生長機能旺盛之莖尖插木者，稱爲天插。用主枝之腋芽插木者，稱爲腋芽插。前者當沒有花芽之時期，插木時，活着則易。

2.休眠枝插

用休眠期中之枝條插木者，稱爲休眠枝插。從葉落期起，到翌年萌芽前爲止，插穗含貯藏養分亦多，爲營養狀態良好時期之插木適期。但當實驗時，除嚴寒之時期外，在秋季插木者，稱爲秋插，在春季插木者，稱爲春插。春插時，先將插穗剪下貯藏之，至春季始插。

休眠枝插木時，用節芽多枝長之枝插木者，稱爲長梢插。用僅有一芽之枝插木者，稱爲一芽插。長梢插爲休眠枝插木中，最普通之方法。即將插穗修整爲 10～20 公分長，用垂直插或斜插法插之。此外，尚有用 0.8～1.5 公尺長之插穗，深深插入插床中者，稱爲深層插（圖 2.15）。

用一芽插之法者，有葡萄、無花果及草本類再生力旺盛者用之。

又當穗木少時，因此法一次可得多數之苗木，而活着後，生育亦佳，當最貴重植物之增殖時，極爲便利。一般一芽帶一節，斜插之，不行水平插，插時，使芽微露于地面，淺覆以土。又行一芽插時，插床之條件，需要良好。

表2-4　　落葉植物之穗木貯藏時期與插木時期

種　　　　　　類	插穗採取時間	插　木　時　期
	月　旬　月　旬	月　旬　月　旬
紫陽花	2・下～3・上	3・中～3・下
無花果	1・下～2	3・上～　中
溲疏	2・上～　中	3・中～　下
大手毬	1・下～2・中	2・中～　下
檉柳	1・下～2・中	2・下～3・中
麻葉繡球	1・下～2・下	3・中～　下
石榴	3・上～　中	3・上～　中
櫻花	3・上～　中中	3・上～　中
紫薇（百日紅）	3・上～　中	3・上～　中
醋栗	3・上～　中	3・上～　中
篠懸木（platanus）	2・上～　中	3・中～　下
葡萄	1　～2	3・上～　中
白楊類	2・上～　中	2・下～3・下
瑞木類	1・下～2・中	3・中～　下
木槿	2・上～　中	3・上～　下
木蓮	2・上～　中	3・中
柳	2・中～　下	3・中～3・下
棣棠花（山吹）	3・上～　中	3・上～　中
雪柳	1・上～　下	3・上～　中
連翹	1・下～2・中	3・上～　下

3.插木之方法

關于挿木之方法，如挿穗之採取，挿穗切口之切斷，及挿床之挿法等，均需注意改善，有種種之挿木方法（圖2.12）。

挿穗之切口 挿穗切口之切斷方法，有直角切斷，斜切，兩面斜切，劈開等法。切口在柔軟易腐之草本類，多用銳利之剃刀，行直角切斷。在木本植物，多用斜切及兩面斜切，而少有用直角切斷之法，似乎用斜切等法，活着亦易。表2-5，爲用柾木爲材料所得之實驗成績。但仍以用兩面斜切之法，結果稍佳。如斯，切口之切斷，以兩面切法比直角切法，較佳。

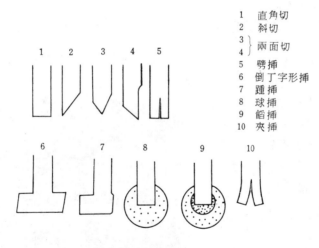

```
1   直角切
2   斜切
3 ⎫
4 ⎭ 兩面切
5   劈挿
6   倒丁字形挿
7   踵挿
8   球挿
9   餡挿
10  夾挿
```

圖 2.12　挿穗切口之切法

其理由，不外切斷面大，各與床土之接觸面亦大之故。一面由于癒合組織形成後，對于挿穗之水分吸收，有利，傷口大，刺戟亦隨之而大之故。又斜切及兩面切時，生根多，在尖端樹皮之部分，看到初生根，此由于下降之生根物質，集中于此部，故生根被促進了。

此外，挿穗之切口上，有附帶一部先年生枝之法，有呈踵狀之踵

表 2-5　切口之切法與生根

切口處理	供試個體數	生根率	平均一枝之生根數	平均一枝之生根長度	平均一枝之根重(乾物)
直角切法	20	45%	2.3 個	1.0 公分	1.0 公絲
斜切法	20	80	6.5	2.6	3.8
兩面切法	20	80	7.7	4.0	4.3

插法，有呈倒丁字形之倒丁字插。由于本年生之枝，容易腐敗，所用之方法。有一部花卉，用此得到良好的結果，用于夏季綠枝插之法。杜開氏（Tukey），布拉斯氏（Brase）等，對于榲桲，用踵插之法，得到良好之結果。

球插法　球插法爲將粘質土之心土，晒乾粉碎，用篩篩過，加入少量之水，熟練爲帶粘性土，將此依插穗之大小，練爲適當大之粘土球，將插穗基部，插入于土球中，再將此埋植于插床之法（圖 2·13）。

圖 2·13　球插法

此法對于容易枯萎之植物的插木，甚爲有效。又切口爲心土所包圍，即在普通之土中，亦可插木。此法容易活着之理由，不外切口爲無菌之心土所包，插木後，切口與床土密着良好，土球由周圍蓄積水分，能獲得適當之水分。此外，尚有球插之別法，粘土球中，再放入川砂插者，名爲餡插法。

圖 2·14 爲表示從球插法，與一般之插木法，從插木起到生根爲止之插穗之水分含量的變化，顯然可以看出球插之插穗內水分之消失

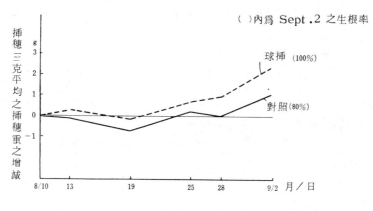

圖 2.14　從插木起到生根爲止插穗重之變化（町田）
（朝鮮連翹）

較少。此外，當甘藷插木時，依插穗之插植方法，有斜插、水平插，改良水平插及船底插等種。

深層插　深層插之特徵，爲一公尺上下之長插穗，深深插入地中，在短期內，養成插木苗之方法。

在苗木促成上，頗爲優良，但若欲一時養成多數之苗時，則需要很大之母株，甚不經濟。由此法容易活着之理由，爲插于地下一公尺之無菌狀態的心土中，切口位于地層深處，地溫之變化少，縱在多季，亦能保持 10°C 之地溫，在夏季能保持 20°C 之地溫，而因插穗

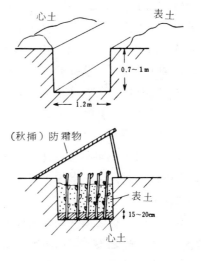

圖 2.15　深層插

長，與床土接觸之面積寬，僅在插木時，灌以水時，則能長久保持適
宜之濕度（圖 2‧15 ）。

插木時期，在溫帶地方，落葉植物之插木，以從 10 月上旬起，到
11 月落葉後之間，插木爲適期，常綠植物中之濶葉樹、針葉樹， 以
在新葉展開前之 3 、4 月前後，插木爲宜，新梢之插木，以在新梢將
木質化之 6 ，七月前後，施行插木爲妥。

插木之要點，爲在地下水太高之處不宜，選擇未曾深耕之場所，
掘寬 1‧2 公尺，深 0‧7～ 1 公尺，長 5～6 公尺之穴，並將掘出之心
土與表土，分別置于左右二側。掘穴之深度，春插、夏插宜淺，秋插
宜深。插穗，在柾木、珊瑚樹，宜採受陽光充足之部份之枝，剪定爲
0‧5～1‧5 公尺長，在春、夏插時，可稍短，在秋季可稍長。插穗上
之葉，在春插、夏插時，可將基部 ⅓ 之葉摘去，在秋插時，可將基部
⅔ 之葉摘去。插穗基部之切口，則先施行兩面切削。插法爲將準備好
之插穗，以 15 公分之間隔，插于準備好之插穴中，先放入心土 20
公分上下，踏緊，插好後，充分灌水，然後將剩餘之土，輕輕放入。
春插時，將掘出之上，填入約½深，秋插時，填土至地表爲止。插木
後之管理，在春插、夏插時，可在插床上， 1‧5 公尺高處，設立遮陰
簾，僅在乾燥時，施行灌水。秋插時，在嚴寒期，宜設備防霜物。掘
苗時期，在春插、夏插，約經 60～70 日，即可將苗掘出。在秋插時
，須至翌年 4 月前後，始可將苗掘出。掘苗時期太遲時，由基至上部
，則生出根來，不可不加以注意。促進生根之方法，可用 NAA, IBA
等之 auxin　處理之，效果亦高。

三、葉插

葉插即用原株之葉，爲插穗插木之方法。其中可分爲用全葉之全
葉插，與用一枚之葉，切爲多數片之葉片插，又用帶葉柄之葉插時，
則極易生根。一般葉插，多用于再生力旺盛之草本類植物，溫室植物
之繁殖。此外尚有用鱗片插木之特殊鱗片插及葉帶一部之莖的葉片插
等法。

全葉插木　　用全葉插木者，有秋海棠之一種 begonia rex 、錫蘭景天草、 kodakala 景天草、佩佩羅密阿（peperɕmia sandersii）等。

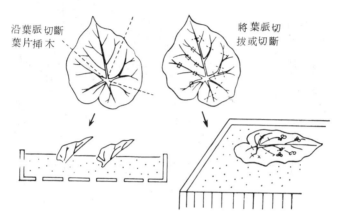

沿葉脈切斷　葉片插木

將葉脈切拔或切斷

圖 2.16　Begonia Rex 之葉插。

在 begonia rex 之葉插，則如圖 2.16 ，各處用小刀切入，或切一窗孔後，使葉裏充分接觸于床面，並充分灌水。使葉不乾燥時，在葉脈之部份，則容易生根發芽，將生根發芽之部分，移植于盆內。錫蘭景天草，能在母體上，自然生根，再生力甚強。將生育中之葉，採下，插伏于床上時，則由葉緣生根發芽出來，將此剪下，移植于有肥料成分之小盆，卽可獲得良好之新株。

葉片插木　　用葉之一片插木者，有虎尾蘭、蟹足仙人掌類，南非蘆薈（Aloe），賴克斯秋海棠（begonia Rex）等。如虎尾蘭葉身長者，可切爲 7～8 公分長，將此斜插于插床，如斯可由葉片之下部，生根發芽出來。但有斑紋之品種，若用此法繁殖時，斑紋則至于消失，故不能不用分株法繁殖了。賴克斯秋海棠，用全葉插木，亦能生根，用葉片插木，亦能生根。此時可沿葉脈，切爲扇狀，斜插之，（如圖 2.16 ）。

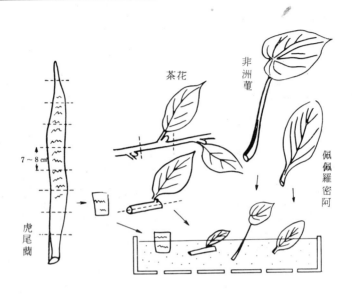

圖 2.17　　葉插之種類

葉芽插　　葉芽插為葉一枚，附着葉芽及莖之一部插木之法。可說是屬于葉插及枝插之中間插法。此方法，比枝插，由僅少之母體，一次能獲得多數個體，並有活着率亦高之優點。但依插穗之種類，有新梢發生不良者，到達一定之大，有需要時間頗長的。能用葉芽插木之種類，有菊花、達理花、阿飛蘭脫拉、印度橡膠樹、薔薇之台木、紫陽花、伊多蘭來、茶花、柾木、茶、柑橘類等。從來主用于常綠濶葉樹之繁殖（圖 2‧19 ）。

　　葉芽插之方法，插穗須具有確實之腋芽外，並需帶有一葉與少許之莖，附帶之莖，可在芽上附近切斷，芽下稍長留。如斯切斷時，活着亦良，生根亦多。一般附着之莖長，約以 3 公分上下為宜。而且莖之下半部剪去後，生根則易。插入之深度，雖依葉之大小而異，但約以葉長⅓埋于床土中為宜。葉不可太重，以葉裏觸接于床土為可。又在如葉大之印度橡膠樹，為抑制葉之蒸散量，可將葉捲起，插于床土

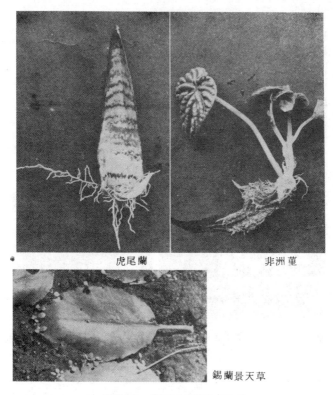

虎尾蘭　　　　　非洲菫

錫蘭景天草

圖 2.18　葉插之發芽生根狀態

後，宜設立支柱支之。此法比枝插生育常遲，故爲早日使之生根，可施行生長素（ auxin ）　處理（圖2·20 ）。

　　鱗片插　　當球根類之繁殖時，有用種子、木子、珠芽、分球、分株等繁殖之法。但不生種子之品種，爲維持其系統，不等待其自然分球，而欲多量繁殖時，如在百合、孤挺花（Amaryllis）等，常用鱗片插木，以行繁殖。

四、根插

　　說到插木繁殖，一般總是想到枝插及葉插，但用枝插或葉插，縱

圖 2.19　茶花之葉芽插（3 月　　圖 2.20　印度橡膠樹之葉芽插
插，5 月下旬之狀態）

難活着之植物，有用根插容易活着的。例如柿之插木，若用普通之方
法插木時，完全不能生根，但若用根插時，則容易活着。

　　根插爲將根剪爲 5～10 公分之長，用斜插或水平插，使之發生不
定芽及根之方法。一般用根插時，根愈大，其再生力則愈強。芍藥之
根，近于根頭之部分，發芽力旺盛。但在豆柿，除了極端之細根外，
根之大小與地上部再生之間，並無重大之影響。插床無異于一般之插
床。僅插穗之根，忌乾燥，需要注意。爲防止乾燥，床面用水苔覆蓋
，努力維持床土之濕度時，甚爲有效。

　　一般能用根插繁殖之種類，如次。

　　柿、棠梨、圓葉海棠、梨、核桃、醋栗、藤、木瓜、雪柳、臘梅

、美國海紅豆（豆科）、芍藥、牡丹、白楊、柳、桐、琉璃菊（stok-
esia）、非洲菊、日本櫻草等。

第三節　生根作用與必需條件

植物中，有生根容易的，有生根困難的。此種再生力之差異，自是由于遺傳因子之不同，所顯出之現象。但直接的原因，由于各各植物保有之內在的要因之差異。又在同一之植物，依挿床之條件如何，有容易活着的，有不易活着的。此爲由于受到外在的要因影響之故。挿木之生根，受到充分這樣內在的及外在的要因之充分滿足後，始能生根良好。茲就此等諸要素，敍之如次。

一、內在的要因

1.根源體之存否與生根之關係

植物中，普通在生長之枝條中，有形成根源體之植物與沒有形成根源體之植物兩種。枝條中，具有根源體之植物，多爲 Salix　屬（柳屬）、Populus 屬（白楊屬）、Cornus alba（茱萸屬）、Ribes nigrum（醋栗屬）、Mallus　屬（苹果屬）之植物。此種既存之根源體，多存于灌木類之植物。

但縱在 Salix 屬、Populus 屬之同屬植物中，如 Salix Caprea, populus alba，沒有根源體之植物，亦有，而且此等既存之根源體，在組織中，存在于初射出髓與形成屬交叉附近之細胞處，成爲一種分裂細胞團，在苹果之品種中，一般在節部之葉跡左右直下部，有時在節間部，形成有根源體。又苹果之根源體，經過一年以上時，則完全成爲木質化，而失去其分裂機能，對于環境之變化，則不生反應了。

觀察比較一般植物之生根時，枝條內保有此種根源體之植物，容易生根的多。此由于被挿木時，稱爲根源體之分裂細胞，已發達了，只要挿于挿床時，即刻能引起細胞之分裂，增殖細胞，至于生根了。圖2‧21，爲春季挿木之白楊屬植物之挿木，但首先既存之根源體，

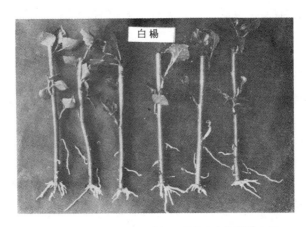

圖 2.21   由節間所生之根，爲既存之根源體之根，
首先萌出，由基部所生之根爲插木後所生
之不定根（白楊）（町田）

經過一星期生根，然後由基部生出不定根。

　　然而縱屬于同屬之植物，若系統不同時，有沒有形成根源體之植
物。此由于內在的要因不同之故。又如苹果樹，枝條內雖具有根源體
，但行插木繁殖時，亦不易生根。又相反地，枝條中，雖未見有根源
體之形成，但容易生根的亦極多。形成根源體之事，對于生根，極爲
有利，此種樹種，由于先天的再生力強。但枝條中，沒有根源體，亦
不能斷定其生根甚難。

2.癒合組織之形成與生根

　　關于癒合組織（Callus）形成與生根之關係，以前納地氏（Kni-
ght 1926）、希皮氏（Shippy 1930）等，認爲有關係了，但既冒曼氏
（Zimmerman 1925）、卡地斯氏（Curtis）等，認爲沒有關係。在現
在被認爲無直接之關係。鳥潟氏（ 1962 ）等，曾調查溫度對于插木
之生根與癒合組織形成之影響，並云：癒合組織形成與根之發生，是
平行的，爲一種獨立的現象。栗插木時，癒合組織之形成，異常發達
，但生根極難。又一般差不多沒有形成癒合組織，而容易生根的亦不

少。從此種情形觀察時，可以說癒合組織之形成，與生根無直接之關係。然而從挿穗吸水之點說，癒合組織之形成，有利于挿穗之吸水，毫無可疑。當綠枝挿木時，在挿木之當初，挿穗在生理上，極不安定，挿穗之吸水，爲保持蒸散之平衡，維持挿穗之活力上，甚爲重要。從挿木起，到生根爲止之間，挿穗之蒸散，其初受外界氣溫之影響甚大，但以後則漸趨安定，此時檢查挿穗之切口時，則能見到癒合組織之形成，而且看到挿穗發達之癒合組織與床土，甚爲密着。町田氏（未發表），曾就多種之樹木，調查挿木後，挿穗之組織的變化。在挿穗切口之癒合組織形成上，此癒合組織由切口之分裂組織及生活細胞，分化後，不久分化癒傷木質部，並與挿穗之通道組織，至于保持連絡了。

此外，在挿穗之皮目上，形成癒合組織而特別肥大者，有朝鮮連翹、醋栗等，又在表皮上，生龜裂，在皮層中，生出破生細胞間隙，在間隙中，形成癒合組織的，有無花果、桃、金雀兒（豆科灌木·C. scoparius）等。又尚有在木質部中，形成癒合組織的，這樣形成癒合組織，對于生根，雖無直接之影響，在生根過程中，對于吸水及生根部之組織，提高其通氣性，甚爲有利。又維持挿穗之活力上，我想自有間接的影響。

3.貯藏物質

挿穗中之貯藏養分，對于挿木之生根，有關係之事，前已敍過，一般用爲挿穗之枝條，多爲充實之枝條，此爲表示貯藏物質含量亦多之意。

筆者等，曾就柾木之葉芽挿之實驗，調查從芽起下部之莖長與生根之關係，其結果，則如表2-6。

卽莖長愈長，生根量則愈多。此由于存于葉中之生根物質下降，與莖中之貯藏物質，共同作用，形成根源體而生根之故（圖2·22）。

挿穗上生有花芽，對于生根，不是好的條件。巴爾孚氏（Balfour）曾云：用秋海棠挿木時，用近于花之莖挿木時，雖能優先開花，但

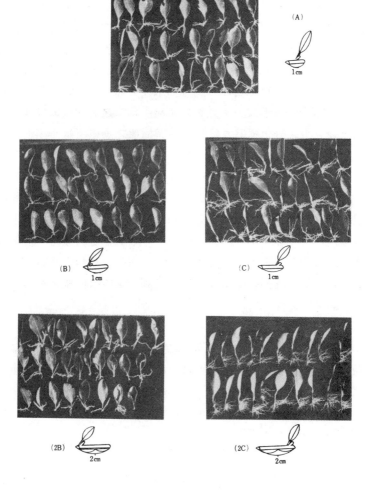

圖 2.22　柾木之葉挿時葉芽之位置與生根

表 2-6　　葉芽插時葉芽之位置與生根（一區 28 枝）

試　　　　　驗　　　　　區	生存之插穗	左內生根者	生根率	插穗一個平均重	同乾物重
A 型（對照區）	27	27	96.4	30.0^{mg}	5.35^{mg}
C 型（下方 1 cm）	27	27	96.4	60.2	12.46
B 型（上方 1 cm）	26	21	75.0	14.9	2.58
2 C 型（下方 2cm）	28	28	100.0	98.3	18.55
2 2 B（上方 2cm）	28	24	85.7	17.3	3.48

生根則遲，故花芽之存在，在插木上，並非良好之條件。烏西奇氏
（Woycicki）　亦云：用大埋花、天竺葵、紫陽花、釣浮草等插木時，
花芽之存在，則有碍生根之作用。此外，奧洛克氏（O'rourke）、杜
開氏（Tukey）等 1931 年，亦認爲有同樣之結果。

　　換言之，開花時，需要消耗相當多之養分，因此，生根必需之養
分，則被迫減少之故。尤其當葉插時，插木後，縱能生根，但新梢不
伸長，沒有成爲苗木之價值。故選擇沒有花芽之枝插木，甚爲必要。
一般花芽比葉芽爲大，而芽尖呈圓形的多，容易區別。但用生育時期
之枝插木，亦有困難之時，在此時候，新梢着生花當時，則以早日除
去爲有利。

　　關于生根物質，如 2－1－3 項所述，以　auxin　爲首，以及澱
粉、阿爾吉寧（arginine）、必奧陣（Biotin）、維他命（Vitamin）
及其他種種之物質，均被認爲有關係了。因此，多含此等物質時，可
以說對于生根，甚爲有利。又同時有阻害生根之物質存在。故獲得不
含阻害生根之物質，甚爲必要。因此，從幼齡母株，採集插穗，或施
行黃化處理，或積極施行除去阻碍物質之處理，甚爲有效。

4.母株之年齡

　　採取插穗時，縱爲同一之樹種，從幼樹採取之插穗，常比從老樹
採取之插穗，生根良好，此爲一般所周知的。

　　梨之砧木，常用山梨之實生苗，但接木後，將剪下之實生苗上部，剪爲 15 公分長，插木時，甚易活着，翌年再可供台木之用。但若用一般之枝梢插木時，其活着率極低。山路氏（Yamaji），曾就 4 年生與 45 年生之橙皮五葉松，用 IBA 處理後，插木的結果，並報告云：4 年生之生根率，爲 95％，但 45 年生者，僅不過 10％而已。

　　又尾崎氏（1959 年），曾用阿列布（Olive）接木過，並報告云：由一年生之母株，採取插穗插木者，有 100％生根了，但從 2 年生之母株採取插穗插木者，其生根率，則降至 50％。又就貝塚伊吹（松科之植物）施行插木試驗的結果，從 2～3 年生之幼樹，採取之插穗插木時，已生根了，但從成樹採取之插穗插木者，生根甚劣云。遙克斯氏（Yerkes），就苹果之根插，認爲一年生之根，比老根發芽生根良好。此外，母株之樹齡，能影響于生根者，有杉、赤松、苹果等。

　　這樣，由幼小之母株，採取之插穗，生根性優良之理由，可以想像到一爲由于插穗內含有貯藏養分之不同，一由于插穗內，是否存有阻碍生根之物質。小笠原氏，關于赤松之不定根形成，曾調查樹齡與插穗內之生長調節物質之關係，認爲生長促進物質，隨樹齡之增大而減少，而生長阻碍物質，則隨樹齡之增大而增加，隨母樹年齡之增大，插穗之生根性則低下者，則由于此等事有關係之故。在森林方面，常以插木苗爲母株，採其枝施行插木，稱此爲再插木。

5.插穗之熟度

　　插穗之熟度，與母株之樹齡同，對于插穗之生根，有很大的影響。一般在春季行休眠枝插木時，差不多，不論爲何種植物，多用先年生之枝，爲插穗，少有用老枝的。又在秋季插木時，亦以用本年生之枝梢插木爲可。用老枝插木者，有南天、柳樹、龍血樹（Dracaena 屬）等，特殊之植物，再生力旺盛之植物。由春到夏之時期中，插木者，多用該年伸長之新梢。皐月類（azalea石南科）、杜鵑屬之植物，一般多在梅雨期，插木。插穗多從新梢稍稍木質化之枝採取。又茶花之夏挿，以在新梢完成木質化之八月上旬，爲挿木之適期。挿木適期，單從枝梢內貯藏養分之關係，考察時，務以選新梢生育後期之枝爲佳。但從依細胞分裂所生根源體之分化狀態說，以選組織尚未木化，分化機能旺盛之時期，挿木爲可。但若用太嫩軟之新梢，在夏季高溫時期，挿木時，挿穗則易枯萎，並易腐敗。因此，宜依各樹之種類，並考慮挿床等之條件，決定挿木之時期，夏季常綠植物行挿木時，以新梢稍堅，從7月中旬到8月上旬爲止之期間，挿木爲適。此時期，爲枝梢之營養條件亦相當充實之時期。

6.挿穗之葉面積

帶葉之挿穗，其葉中，存有支配生根之物質，因此，挿穗之葉面積大者，對于生根作用，自有很大之利益。然而從無根之挿穗立場說，葉面積大者，同時蒸散量亦大，因此，挿穗則易枯死。故當實際挿木時，應依樹之種類，需使之保持吸水與蒸散之平衡，以限制挿穗之葉數或葉面積。在常綠樹挿木時，一般用10～15公分長之挿穗，應限制葉數爲2～4枚。但再生力強，而葉小之柾木、瑞香（瑞香科）等挿木時，以留7～8枚之葉爲可。又若有噴霧裝置，或挿床能保持高濕度時，以再留存較多之葉數，則生根自易。筆者等，曾將松葉牡丹、在三角盆中，施行水挿，調查挿穗上之葉數，與生根之關係，得到如次之結果。

即在挿木4日後，葉數15、20、30枚區，有100％生根了。在第10日，保有5枚以上之葉之區，有100％生根了。生根量及葉數，亦增多了，並顯示依挿木後之日數，其生根量，增多了。

卡爾馬氏（Calma）、利克氏（Rickey）等1930年，曾用彩葉草（Coleus）之葉挿，結果認爲留存最大葉面積之挿穗者，顯示有最大之生根量。此外，埃斯抱地氏（Espert）、羅夫氏（Roof）等1930年，亦得到同樣之結果。結局，可知挿穗葉面積之決定，支配于蒸散量與吸水量之平衡問題甚大。

又在挿床維持高濕度，能抑制蒸散之環境條件下，使挿穗保留某

表2-7 松葉牡丹之水插時插穗上之葉數與生根率之關係

葉數（枚） ＼ 插木後之日數	3	4	5	6	7	8	9	10日
0	0%	0%	0%	10%	15%	20%	20%	20%
1	0	10	30	30	—	50	50	50
5	20	70	75	85	—	85	95	100
10	55	95	100					
15	60	100						
20	60	100						
30 枚以上	65	95	100					

表2-8 松葉牡丹水插時插穗上之葉數與生根量之關係

葉數（枚） ＼ 插木後之日數	5	8	10
	公分	公分	公分
0	0.0	1.5	2.0
1	2.5	4.5	5.0
5	4.7	7.3	7.9
10	7.2	10.0	10.8
15	9.0	11.3	11.7
20	8.9	11.5	11.8
30 以上	9.3	11.2	11.6

種程度多量之葉面積，對于促進生根，自甚有利。

7.插穗之大小

關于插穗之大小，自古即爲一般所注意，用休眠枝條插木時，一般以15～20公分長，爲最適，納地氏（Knight 1926）等云：以5～7.6公分長爲可，希其科克氏（Hitch Cock），旣冒曼氏（Zimmerman）1942年，曾報云：五月苹果綠枝插木時，以10～18公分長爲良。在日本，草本類之插穗，以用7～10公分長；落葉樹木休眠枝之插穗，以用 15～20 公分長，常綠濶葉樹木之插穗，以用10～15公分長者，極爲普通。但亦有以非常長之插穗，爲優良之特例者。例如加尼氏（Garner），曾云：木棉（Kapok tree）插木時，插穗愈長，效果則愈高，即以18英吋以上7英尺之長，粗2.5英吋之插穗，深深插入于土中時，效果甚高。飯島等（1952），曾用一公尺上下長之徒長枝爲插穗，施行深插，得到很好之成績。插穗之大小，單由貯藏物質考慮時，插穗愈大，葉數多時，成績則愈良。但插穗太長時，插入土中自益深，故生根部之通氣性則劣，生根亦愈遲。因此，插穗之長短，一般以20公分之長，爲限界。

8.插穗之部位

　　就一個枝條上之部位說，以從何部採取插穗爲佳？此與枝之熟度同，均有關係。若用休眠枝插木時，枝從尖端起，愈至基部，木質化之程度，則愈增，除尖端未充實之部分外，均可用爲接穗之用。又用綠枝插木時，一般用尖端之部及其下之部，但其中，有尖端容易枯萎，用下部爲插穗的，亦有。在實際上，帶頂芽插木者，有杉、檜、羅漢松、皐月、瑞香、梔子、木犀、茶花、月桂樹等。

　　在草本類，有菊、天竺葵、木春菊等，多用枝尖部之枝插木。一般其他之植物，不用頂芽而用有側芽之枝爲插穗而插木。

　　柾木、滿天星、柳、木棉、菊、聖誕紅等植物，不論頂芽之枝，或有側芽之枝插木，並無大差。但生根之良否，依枝條之部分有異者，如麻葉繡球，雪柳等，多用基部爲插穗。

二、外在的要因

1.溫度

　　溫度，爲插木環境之要素，此時需注意插床外之溫度與插床內之溫度。一般插木時，以頭寒足熱爲可。換言之，插床之外溫，比生育之適溫，以稍低爲宜，此爲需要抑制地上部之發育。因爲在充分生根前，地上部生長時，對于生根有不良之影響。一般生根床內之適溫，多以15°～25℃為宜。但在熱帶植物插木時，則以較稍高之溫度為適，多以20°～25℃為宜。但其中，對于赤松之插木，尚有以25°～30℃為佳之報告。

2.床土之水分

保有適當之保水力，為插木用土條件之一。又維持床土內之水分，復與通氣性有關，因此，用土需有保水力外，復需有良好之通氣性，為插木用土必具之條件。此為插穗為防止枯萎，需有適當之水分補給之故。故行綠枝插木時，需用排水佳良之床上，並需依灌水保持適度之土壤水分。此種管理之良否，影響于活着甚大。又插穗在插木當初，與暫時形成癒合組織于切口時，床土中之水分需要度不一樣，即在插木當初，插穗之蒸散旺盛，易受氣溫之影響，頗不安定，在特別容易枯萎之植物，有用保水力稍大之床土，或依多次灌水，努力保持土壤水分之必要。

3.空中濕度

行綠枝插木之管理中，維持插床上之高濕度，與維持床土內之適溫，對于插木之生根，均為重要之條件。此為保持無根插穗之吸水與蒸散之平衡上，換言之，為防止依插穗枯萎之活力低下上，甚為必要。在戶外插木，施行遮陰之目的，不是為遮斷日光，而是抑制蒸散。最近在日本普及噴霧之裝置，能人工造成極良之條件，到現今為止，活着不易之插木，已成為活着容易了。對于一般之插床，多次撒水于葉面，或用塑膠布覆蓋插床，或在床土面上，舖上水苔，此類管理，無非為努力維持床內之濕度，在插床管理，極為重要。

4.光

支配生根之物質，為由光合成所得之副產物。因此，所用之插穗，以從光線充分之母株，採取最佳。又用有葉之插穗插木時，在插木後，使之充分獲得光線，以獲得生根之物質時，自易得到良好之結果。但若使插木後之插穗，照射于強光下時，同時則可促進蒸散作用，引起插穗之枯萎，結局可減少插穗之活力，有害于生根。因此，在實際上，宜用竹簾，或寒冷紗等，遮斷一部之光線，抑制其蒸散爲佳。

　　阿部及渡邊氏（　1967　）等，曾就多數之花卉，調查光合成之特性，並云：差不多之觀葉植物，用 5-20K lux 之光，均能達到飽和之值。從此事觀察時，可知在實際上，也許不需要很強之日光。

　　關于日長與生根之關係，依種類而異，有在長日條件下，被促進的，有在短日條件下，被促進的。

　　石川氏（　1966　）曾報告云：杉、赤松之插木，在短日條件下，生根快速，但插穗之生育，在長日條件下，較佳。

5.氧氣

　　就根之發育，森田氏（　1951　），曾用果樹之實生苗，做過試驗，並云：土壤中之氧氣濃度，若有6～7％時，則能正常發育。

　　大島氏（　1954　年）曾用桑之實生苗，做供試之材料，在種種之氧氣濃度下，調查新根之發生狀態，並報告云：氧氣之濃度，到了5％以下時，根之發育則被阻害，普通植物之生根及生長時，需要5～10％ 之氧氣濃度。插木之生根，與此等場合有異，爲在莖中形成不定根，當然氧氣濃度之要求度自異。筆者等，曾用薔薇及葡萄爲供試之材料，用種種之氧氣濃度，施行插木的結果，則如表2-9，以21％區，生根率爲極佳。在0％區，完全沒有生根，在2％區，僅能生少量之根，並隨氧氣濃度之增高，顯示有良好之結果。由以上之結果觀察時，從插木之莖生根，與苗木之新根發生，不一，可知插木之莖的生根，需要高濃度之氧氣。但在21％以上之氧氣濃度下，所行之試驗，並沒有認爲有被促進之情形。

　　通氣性良好之事，爲插床之必要條件，此不外爲提高床土中之氧素濃度之故。又在休眠枝插木時，預先充分耕鋤床土，以提高通氣性，甚爲必要。床土若過于濕潤時，則有使生根遲延之事，此與其說是水分本身之害，不如說是床土通氣不良之妥當。

6.pH

　　插床之氫離子（ion）濃度，能影響于插木之生根，此爲一般所知的。

　在酸性土壤中，生長良好的，有杜鵑類，喜好弱酸性土壤的植物，有茶花、山茶花。此等植物，用插木插于酸性土壤之鹿沼土時，能獲良好之結果。此由于好酸性土壤之植物，所用之床土，亦以用酸性土壤爲佳之故。

　如斯可知插床之 pH ，嚴格的說，依樹種，其最適之濃度，亦依種類而異。恰得威克氏（ Chadwick 1936 ） 云：石南屬（ Rhododend-ron ） 插木時，在土壤 pH 3.6～4.0下，能形成優良之根系。高木氏，曾就木棉屬之數種植物，調查床土之 pH 與生根之關係，知道在 pH 6.0～7.8之下，生根量最大。關于白楊（ populus alba）、莫尼風拉、圓葉柳、在 pH 7.8下，關于西門多羅，在 pH 6.0下，生根率最佳。並指摘在 pH 2.4～4.2下，根之生長情形，比在 pH 6.0～7.8下爲劣。並報告云：木棉屬植物之插木，生根良好之 pH 範圍，爲由弱酸性～強鹼性。並就多數之植物，研究的結果，在與木棉屬約相同之 pH 範圍下，生根佳良云。

表 2-9　插床之氫素濃度與生根（ 葡萄 ）

| | 插木個數 | 生根枝數 | 平　均　根　重 | | 平均根數 | 平均根長 |
			生 體 重	乾 物 重		
標準區	6	6	51.5mg	11.3mg	5.3	16.6cm
O_2 10%	8	7	23.3	5.4	2.5	8.2
5	8	4	17.3	3.1	0.8	2.8
2	8	2	1.4	0.4	0.4	0.7
0	8	0	─	─	─	─

第四節　插床及設備

一、插床之條件與準備

　插床之條件，如前節所述，外在的條件，需要充分良好，換言之，需要用通氣性良好之清潔床土，床土內之溫度，宜保持 20°～ 25°C 之適溫，床上空氣，宜維持充足之濕度，以保持挿穗之蒸散與吸水之平衡等，施行周到之管理，甚爲必要。但在戶外挿木時，欲準備此種條件，極爲困難，挿床之準備與挿木後之管理如何，影響于活着甚大。因此，盡量注意床土之準備，努力維持此等條件，甚爲必要。爲準備良好之挿床，若有底熱裝置及噴霧設備時，自甚佳良，但此時，依樹種不同，決定噴霧之間隔及選擇床土及管理，甚爲必要。

二、挿木用土之種類與特徵

爲使挿木繁殖成功，挿木具有內在的要因，與挿木環境要素之良否，對于挿木之成功，有很大的影響。其中挿木用土，爲重要因子之一。挿木用土，依挿穗植物之種類，挿穗之成熟度，挿木時期及挿木管理等，區別爲種種之用土。又將用土混合使用時，亦有效果良好之時候。一般被用爲用土之材料，有川砂、石英砂，不含有機物之赤土、鹿沼土、黑雲母土（Vermiculite）、眞珠岩土（perlite）、泥炭（peat）、水苔等，此等材料，做爲一種床土之條件，需有通氣性，並有適度之保水力。而且以排水佳良，不含肥料分，有機酸及雜菌之清潔用土爲佳。此爲由于無根之挿穗，置于高溫多濕之狀態下，需要防止挿穗切口之腐敗，爲使無根之挿穗吸水，對于挿穗之生根部分，有充分給與氧素之必要之故。其次擬將各種材料之特徵，分別加以敍述，如次。

川砂

川砂爲一般最易獲得之一種用土。其特性爲通氣性及排水性均佳。因此，在戶外用此挿木時，往往容易乾燥。在挿木後之管理上，比其他用土，有注意增加灌水之次數，或在白天加以噴霧，或施行遮陰的必要。

關于川砂，有以河川之上流爲由母岩花崗岩所成之川砂爲佳。市上販賣之川砂中，有含有機物的不少，故使用前，以用水洗淨爲可。

船越、篠原氏等，曾用秋海棠、柾木、絲杉、水蠟樹等挿穗挿于

5mm到0‧25mm 以下之砂粒插床時，發見插于0‧25mm 以下之
細砂中者，成績最佳。又可可阿（Cocoa ）插木時，用海岸之粗砂，
以直徑0‧5～1mm 大者爲佳之報告亦有。筆者等行葡萄插木實驗時

眞珠岩土

川砂

圖2.23　　發根（IBA 25ppm 24 時間處理，噴霧底熱
　　　　　20°C，May21-June21 ）

，知道用直徑1‧5～3mm 者，成績最佳。又川砂，由于其生成過程
，粒子角，均被磨滅，而且微粒細砂，比較含量多，此種川砂，以將
細微之粒篩去爲可。

石英砂

石英砂，爲花崗岩依風化作用分解所成之砂，比川砂含有機質及
無機鹽類少，掘出後，可以馬上利用。排水作用，與川砂同，頗爲良

好。可以使用多次，又在噴霧裝置下，做爲充分維持空中濕度之床土，排水良好之石英砂，常常被利用。

赤土

赤土在日本關東地方，一般稱爲黑土，其表土之下層爲火山灰土。做爲插木之用土時，多用從來未被耕作之心土。掘出後之土，使之風化後，用篩篩過，以用直徑 1～5mm 大者爲佳。較此細小者，排水及通風則不良，不適于做插木床土之用。篩後所剩之球狀土，一般爲使床土排水佳良，將此鋪入于床土之下層。

赤土之特性，爲土粒含有水分，保水力大，而通氣亦佳，土性爲弱酸性。但灌水過多時，則易過濕，需要注意。每次用過一次後，需改換新的心土。

鹿沼土

鹿沼土爲日本栃木縣鹿沼縣地方所產之火山性之土。較之赤土，圓粒性發達，保水性及排水性均優，爲酸性土壤。使用時，不用打碎，甚爲便利。好酸性土壤之杜鵑花，對于弱酸性甚強之茶花、山茶花等，用此土插木時，極爲適宜。又與其他之土混用時，效果亦高。

黑雲母土（Vermiculite）

黑雲母土，原爲一種建築材料，爲將蛭石用高熱燒成的，沒有混入土壤菌或虫卵之憂，保水性、通氣性均優，故常利用爲插床之床土。質輕而搬運便利。然反覆使用時，則老化，粒子則細，而失去原有之特性。此爲本土之缺點。故做爲插木之用土時，以用稍低之溫度燒成的爲宜。

眞珠岩土（perlite）

眞珠岩土，亦是一種建築材料，但質甚輕，保水性、排水性優良。一般多用 1～3mm 大之粒子所成的，乾燥時，則容易浮動，需要注意。混入水苔用時，頗有效果。

水苔（moss）

水苔在保水力之點，沒有其他之床土，能比得上的，但依塡充之

法，有過乾或過濕之事發生，需要注意。石斛蘭、接骨木（忍冬科）
等，插木時，常用此物。

泥炭（peat）

泥炭爲濕地植物分解所形成的，團粒組織，比赤土更不會遭到破
壞，而富于保水性及排水性。一般做爲用土，多與其他用土混合，少
有單用的。適于草本類之彩葉草，秋海棠等之插木用。希其科克氏（
Hithoock 1926，1928），就 46 屬，96 種之植物，舉行插木試驗，用
泥炭與砂同量混合之床土插木者，除 5 種外，均得到最高之成績。埃
斯抱地氏與羅夫氏（Espert and Roof 1931）等，曾用秋、冬之休眠枝
插木，其床土，以炭渣、砂、泥炭及泥炭與砂等量配合者爲床土，認
爲前者成績優良之理由，由于能影響于土壤酸度之故。

此外，供爲床土之材料者，特殊的爲可可椰子之纖維（coco nut
fibre）、木炭等之研究。如上所述，有種種之床土被用了。但園藝
植物之繁殖，在栽培上，並不是僅能生根即可，爲獲得均一之苗，移
植傷害少，育成根群充分發達之苗，甚爲必要。因此，插木之用土，
應依樹種，加以選擇。但非常活着容易之苗，使用手邊容易獲得的材
料自可。但插木後之管理，則不可不依床土之種類爲之。又如有噴霧
裝置之插床，床土容易呈過濕之狀態時，自以選排水佳良通氣佳良之
用土爲佳。

表 2-10　　插木床 對于插木活着之影響（塚本、富士原）

a、茶花之插木

土　　　　　壤	生根個數	未生根個數	枯死個數	生根%
赤　土（粗粒）	9	1	10	45
赤　土（微細）	22	3	15	55
赤土＋黑雲母土	12	0	29	30
黑　雲　母　土	17	0	23	43
砂	14	0	26	35
鹿　沼　土	2	1	37	5

b、皐月之插木

土　　　　　　壤	生根個數	未生根個數	枯死個數	生根％
赤　　　土（粗粒）	12	5	43	20
赤　　　土（微細）	28	6	26	40
赤土（微）＋黑雲母土（粗）	30	7	23	50
黑　雲　母　土（粗）	38	10	12	63
黑 雲 母 土（微細）	33	11	16	55
砂＋黑雲母土（粗）	53	2	5	89
砂	37	10	13	62
鹿　　沼　　土	0	0	60	0

　　在一般慣行的插木，據塚本、富士原等（ 1958 ）之實驗結果（表2-10），赤土區，顯示有良好之結果。但筆者等所行之寒茶花，用噴霧裝置的插床插木時，赤土（微細）區，活着不良，在保水性及通氣性良好之鹿沼土， 1cm－1.5cm 赤土區，顯示結果佳良。此事說明，在高濕度之條件下，通氣性佳良，比其他條件，更爲重要。黑雲母土之第二年用者，土粒被壓潰，由于通氣性惡化，故成績不佳。

　　又使用一次之床土，再使用時，則有病源菌等，混入之危險。尤其葉炎病菌（Botrytis），腐敗病菌（Fusarium），對于高溫多濕之插床插穗，最易侵害。因此，再使用過一次之用土時，有充分將用土洗淨，並加以消毒後，使用的必要。用土之消毒方法，與一般之用土同，可用燒土，蒸氣消毒，燻蒸等法，消毒之。

　　燒土　　燒土即用大鐵板，其上放置用土，由其下燒熱之法。預先將用土，使之濕潤，蒸燒之。若用土不多時，將鼓形之瓦缸，縱鋸爲兩半，用此燒土亦可。

　　蒸氣消毒　　用蒸氣消毒，效力大，但專用之設備，需費亦多。又用簡單之設備時，則難徹底，一般用150°～160°C，蒸30分鐘卽可。

表2-11　床土對于噴霧繁殖床筆茶茶花挿木生根之影響（町田、藤井 1967）

床　　土	調查個體數	枯死率	生根率	一個平均生根個數	一個平均根長	一個平均根重 生體重	一個平均根重 乾物重	備考
鹿　沼　土	10	0	100%	12.6cm	26.4cm	181cm	35cm	
赤土（粗）	10	0	100	11.0	26.0	170	35	直徑約 1－1.5cm 者
赤土（細）	10	0	10	0.7	0.3	—	—	2mm 以下者
真珠岩土	10	0	50	0.9	0.8	3	—	
黑雲母母土(1)	10	0	70	5.4	5.9	36	9	第2年者
黑雲母母土(2)	10	0	60	6.8	15.9	74	19	新者
水　　苔	10	0	10	0.1	0.1	—	—	
川　砂(1)	10	0	10	0.7	1.8	10	—	3.66－5.66mm 乙粒 大者
川　砂(2)	10	0	30	2.3	2.9	17	—	1.68－2.66mm 乙粒 大者
川砂＋泥炭	10	0	90	8.5	14.2	116	24	等量混合者

表2-12　各挿床之孔隙量與水分之關係（靜岡農試圍研）

供試用土	使用方法	真比重	假比重	全孔隙量	非毛管孔隙量	最大容水量	圃場容水量	透水性
真珠岩（perlite）	單用	0.68	0.13	80.9%	11.2%	536.2%	493.9%	113.8ᶜᶜ
	與水苔混用	0.62	0.11	82.3	7.5	680.0	472.4	26.0
黑雲母土 vermiculite	單用	1.56	0.36	76.9	6.9	194.5	144.1	390.0
	與水苔混用	1.46	0.34	76.6	4.7	202.7	155.2	196.0
鹿沼土	單用	1.97	0.33	83.3	20.0	191.9	160.7	38.0
	與水苔混用	1.86	0.29	84.4	12.3	248.5	207.2	35.0
川砂	單用	2.57	1.17	54.5	22.0	19.2	4.4	158.0
	與水苔混用	2.11	1.05	50.2	11.0	37.3	14.5	62.0
赤土	單用	2.88	1.24	56.9	8.4	45.9	29.7	1.0
	與水苔混用	2.66	1.05	60.5	6.5	51.4	41.1	3.5

註：表內之水量為一分鐘通過 100 C.C. 土壤中之水量。

燻蒸　　燻蒸劑，有 Chlorpikrin, methylbromide 等，燻蒸時，用木框圍上，將乾燥之土，堆積 30 公分高，每 30 公分平方，做一15公分大之洞穴，每穴注入 5 公克之 chlorpikrin 液。用土塡穴，不使氣體逃散。其上用塑膠布覆蓋，周圍亦需防止氣體之漏出，堆上土。消毒後，約經 20 日，任其放置于該地。以後則將土撒開，使氣體充分消失後用之。

三、插床之種類與做法

插木時，依繁殖植物之種類，活着之難易，目的及量，有戶外露地插床、木框床、盆或箱床、玻璃室床及設置噴霧之繁殖床等種。

1.盆插與箱插

少數之插木，或貴重植物之插木等，又利用插木條件之良好場地時，用盆插或箱插，極爲便利。

盆插用之盆，以用直徑 45 公分上下大之素燒盆爲可。盆底可放入小砂粒，以利排水，其上可放入床土插木。此種插木器具，適于草本類及柾木，要黐（ photinia glaba maxim. ）、皐月杜鵑（ Azaleas ）、羅漢柏等小型植物之插木。對于插穗大之植物，則不適宜。

盆插，從盆之移動及管理之點說，極爲便利圖 2·24 。

箱插，可利用盛魚等之空箱，此時，可將箱中之污物及鹽，充分洗淨用之。若反覆多次插木時，可製成插木專用之箱，並可依插木材料，做成適宜之大即可。一般若想到移動插木箱時，則以做爲 35～50 公分大，15 公分深者，使用時，極爲便利。爲使排水佳良，箱底每隔 7～8 公分，可做一直徑 1·5 公分大之孔洞。做成後之插木箱，宜塗以防腐劑，此時，宜使用材充分吸收。又塗布防腐劑後，若即刻使用時，插穗則有受藥害之虞，以充分乾燥後，使用爲可。床土，如前所敍盆插同，床底先放入小砂粒，然後將床土放入其上。箱插及盆插之利點，爲能自由移動至良好環境之處。因此，由春到夏之插木，以選溫度低之半陰地，設置插床爲可（圖 2·24 ）。 在大阪細河附近

圖2.24　置于半陰地水槽上之盆插，
（上）爲置于建築物陰下之
盆插，盆插之近傍有畦（右）

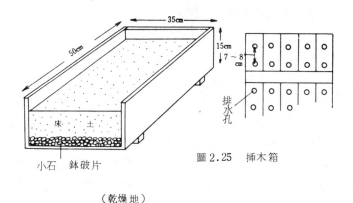

圖2.25　插木箱

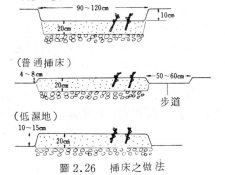

圖2.26　插床之做法

之繁殖地帶，常利用水槽之上，河川之邊緣及田畦之半陰地，專門用盆插繁殖。

2.露地之插床

在戶外之露地插木，尤其落葉樹木春插之插床，在此時期，溫度亦不高，故選擇陽光充足之溫暖場所，甚爲重要。在插木容易活着之種類，可在戶外之圃地插木。

由春到秋之綠枝插木時，由于插穗有葉，極易枯萎。因此，插木場地，以選半陰地插木，或用竹簾等物，做成半陰狀態之插床插之。此時，插床依土地乾燥狀態，宜適宜調節插床之高度。插床比播種床，更需要排水良好，若無特別困難時，爲使床底排水佳良，床底宜墊入未通過篩子之小土塊，其上再鋪上床土。一般多整成高15公分，寬1公尺上下，向東西方向之插床。其上，再設立一公尺高遮陰之竹簾，或爲避免南西之强光，設立傾斜之竹簾之棚。又在簾下，再用塑膠布或合成纖維布覆蓋，以抑制插穗之蒸散，甚爲有效。爲此，覆蓋成半圓形地洞狀時，頗佳（圖2‧26）。

塑膠布之利用　當插木時，防止插木當初插穗之枯萎，爲非常重要之管理。以前，或爲限制葉之面積，或爲提高插床之濕度，或用灌水、噴霧、遮日等法，曾努力防止插穗之枯萎了。此點，用塑膠布，或合成纖維布，覆蓋插床，以提高濕度，抑制蒸散，甚爲有效。而且光線能通過，故對于插穗之生根，極爲有利。但用此等材料覆蓋時，床內之溫度，則易昇高，是其缺點。但在容易枯萎之樹種，縱床溫多少昇高，用塑膠布覆蓋，在防止插穗之枯萎上，仍屬有效。此時，設立插床時，務需注意避免直射光線，選半日陰之地，甚爲必要。用塑膠布覆蓋時，在戶外之插床，宜用地洞式覆蓋，在木框之插木，宜用屋頂式覆蓋，如斯在管理上，對于插木充分一次灌水時，以後，並不需要常常灌水，管理甚爲簡便。在葉面積大，容易枯萎之樹種，甚爲有效。

3.木框（frame）

　　木框之框，其大以 1 m × 1·5～2 m 爲宜，木框之高，前面以 20公分，後面45公分上下者，使用方便。又爲生根適溫以下之時期之插木，設備底熱時，則甚爲有效。又單用木框保溫，尙未充分，在木框之上，再用塑膠布覆蓋時，則更爲有效。

　　　底溫裝置（bottom heat）　附設農業用電纜（cable）,以恒溫裝置（thermostat），調節床上之溫度爲20°～25℃。依照一般之方法，每3·3平方公尺之面積，使用250～500 W之燈光，卽可。

　　4.繁殖室　一次若欲繁殖多數之苗木時，縱從經濟的利用，考察時，以設立繁殖專用之溫室爲佳（圖2·27），又利用溫室之一部，亦可。插床設于加溫管之上，插床之下，宜用銅板或鋅板爲底，並設立底溫裝置，使床溫比室溫保持高2～3℃之溫度。床壁（bench）用木板圍之，內裝

圖2.27　繁殖用溫室

置農用電纜。插床做成能用玻璃蓋之木框狀。此外，若能設備在夏季繁殖用之噴霧裝置時，則更爲理想。

四、噴霧（mist）繁殖裝置

　　關于適于插木生根之環境要素，已如前所述，但溫度、濕度及日光，影響于生根甚大。換言之，在插穗之葉中，存有支配生根之物質。而且此等物質，可視爲光合成之副產物。因此，當實際插木時，總希望插穗帶有多數之葉，而在充足之光線下插床，插穗仍不失去活力。對此，插床上，有維持高濕度之必要。爲滿足斯種條件所想出的方法，卽噴霧之裝置。換言之，當夏季高溫之時期，常採用分裂機能比較高之幼枝爲插穗，用高壓噴霧于插床，以霧包圍插穗，抑制蒸散之噴霧，爲使插木生根之有效方法。在充足之光線下，插床面，插穗自

身自易保持較低之溫度，蒸散則被抑制，因此，挿穗容易枯萎，活着困難者，終至于其活着率被促進甚著了。但在初期，由于噴霧裝置，自動制御裝置不佳，在連續噴霧上，常生障害。但到了現在，由于已有種種之控制噴霧裝置，能繼續自動噴霧，故收效甚大。

關于依噴霧裝置促進生根之效果的研究，已有很多之報告。但哈地曼氏（Hartman）、布魯克斯氏（Brooks）等，1958年，為促進生根，會用黃化處理， auxin 處理，組合 IBA 400 ppm ，給與底溫等良好之條件，獲得了很大的效果。

1.構造

構造如圖2‧28所示，主要部，由利用水壓之抽水機關係，噴水嘴及自動控制裝置等所成。

a、抽水機關係　水槽、濾過器、抽水機、發動機、100平方公尺之面積內，用3 Kg之壓力，即可充分噴霧。

b、噴嘴　噴出之霧，以微細者為佳。故有種種之噴嘴。現在使用最多的噴嘴，為彎曲式 deflection 及內振式 vibra-intype。噴嘴有通過挿床之下部，裝置于直立導管之尖端的，有在挿床之上部，裝置于誘導管上的。裝置于挿床上面的，每當噴霧時，若有水滴滴下時，則有影響于生根不良而不經濟。在現在似乎直立形之噴霧裝置，似乎好些。噴水嘴裝置之間隔，依水壓而定，但一般多以一公尺之間隔為適。

c、控制裝置　有壓力槽、電磁瓣、壓力開關、電子葉、或計時器（timer）等，此依壓力開關，而噴霧壓力減少時，噴霧則停止，控制噴霧之自動控制之裝置中，也有很多之種類。

2.自動控制裝置

在日本現在使用的，有電子葉式的及計時器式的二種：

a、電子葉式　本方式，為將絕緣體包裹兩種電極之電子葉，放置于挿床上，依噴霧所成之水滴，附着于此種電子葉，生成水膜時，電流則流動，水分蒸發後，水膜消失時，電流則斷，此為依給電控

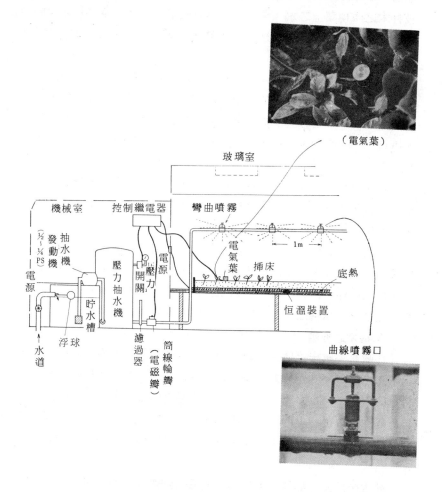

（電氣葉）

玻璃室

機械室　　控制繼電器　　彎曲噴霧

（½~¼ PS）

抽水機

發動機

電源

壓力抽水機

壓力開關

電源

壓力

電氣葉　　插床

1m

底熱

恒溫裝置

貯水槽

浮球

水道

濾過器

筒線輪瓣（電磁瓣）

曲線噴霧口

圖 2.28　噴霧裝置（電氣葉式）

制器（controlrelay），發動電磁瓣，誘起噴霧工作的作用。換言之，被插木之插穗葉上之水，蒸散時，霧則被噴出了。噴霧之繼續與間斷，是由于將電氣葉之位置，置于容易遇到之處，或相反之處，因此，可使之發生變化。

　　b、計時式　　即利用計時器，決定噴霧之斷續間隔之方法。此為依樹種之特性，能決定噴霧斷續之間隔，故甚為便利。試舉一噴霧間隔之一例說，在夏天，插木之當初，晴天之日，每隔10～15分鐘，噴霧10～20秒，在雨天之日，每隔15分鐘，噴霧5～10秒，即可。

　　c、耐酸合金棒式（monel metal bar）　　此為將耐酸合金棒二個，平行置于插床上，其間依噴霧形成水膜時，電流則通，電磁瓣則閉，水膜消失時，則開始噴霧之方式。

　　在此種噴霧裝置下，縱在直射日光下插木，葉溫並不如斯昇高，由葉面亦能吸收水分，故能避免插穗之枯萎，亦不失去其活力，做為插木床之條件，甚為理想。又為保持插床之適溫，附設底熱裝置的頗多。此為幫助插穗之生根，常常使插床之溫度，保持適溫之故。

3.插木之要領

　　在噴霧繁殖床之插木，縱採用自動控制裝置，依插木之樹種，決定噴霧之斷續，甚為重要。葉面蒸發甚激，容易枯萎之種類，宜將噴霧之間隔縮短，反之，對于活着比較容易之種類，噴霧之間隔宜長。但噴霧在必要之程度內，以少噴為佳。過長之噴霧，能引起插穗內養分之溶脫，形成軟弱之根，結果則容易受到植傷，故不能不加以注意。

　　插木床設置之場地，有戶外，遮陰之圍壁中，塑膠屋、玻璃室內等。繁殖植物之特性，宜依活着之難易選擇之。若無妨碍時，以在玻璃室內，設置為佳。

　　噴霧所用之水，池川之水，往往混有水藻等物，足以阻塞噴嘴，硬水常有石灰分，阻塞噴嘴，使床土變為鹼性時，則甚不相宜。因此，一般多將水貯藏于水槽中用之。

　　用土，使用噴霧裝置時，總難免容易過濕，故以選擇排水優良之床土爲可。在日本，多用石英砂、黑雲母岩土（vermiculite）、泥炭苔（peatmoss）等爲床土。在美國，則多用粗砂，混入泥炭，用之，據聞效果甚佳。

　　插穗，在一般慣行的插木時，爲防止依蒸散，所引起之水分缺乏，插穗上之葉，以限定爲3～4枚，穗長，亦以10公分前後爲適當。此爲考慮插穗之枯萎所定的。利用噴霧裝置時，插穗之經濟性，亦不能不加考慮。葉數多時，生根性亦隨之而增高，以後之生育亦佳，在栽培條件上，甚爲有利。表2-13，圖2·19，是用菊花爲插木之材料，所得之成績，其中小者，爲以前一般所用之插穗與大插穗，生根之狀態。但大型插穗生根優良，甚爲明顯。

圖2.29　噴霧插插穗之大小與生根

表 2-13　噴霧插插穗之大小與生根

試驗區	調查個體數	生根個體數	生根率	一穗平均生根數	一穗平均根重		摘　　　要
					生體重	乾物重	
A　區	10	9	90%	15.7 個	0.06g	3 mg	插穗葉 5 枚 7 cm 長
B　區	10	10	100	47.5	0.4	36mg	插穗葉 10 枚 14 cm 長

註：5 月 21 挿，6 月 7 日調查。

　　菊：品種胡麻櫻

　　遮陰，一般不需要，但在盛夏之直射日光下插木時，依樹種，用寒冷紗稍稍加以覆蓋者，生效的時候亦有。

　　從出根後之管理說，在噴霧裝置下，插穗則容易引起養分之溶脫，因此，生根後，宜乘早一星期給與稀薄之液肥二厄，以促進根之發育爲可。又漸次宜將噴霧之間隔增大。移植自需俟充分生根後，始可。移植後，若急速將苗移植于乾燥之處時，則易受到嚴重之植傷。若能移植至戶外有噴霧裝置之普通苗床時，則甚爲理想。又此種移植床，設有自動灌水之噴嘴，連結于自動控制裝置的，亦有（圖 2·28 ）。

4.生根促進處理

　　在有噴霧裝置之良好條件下之插床，若再施行種種之生根處理時，則更可促進生根之效果。元來在慣行的插木時，對于插木困難之種類，縱用植物荷爾蒙處理，被認爲並無很大的效果。但縱在生根不易之樹種中，由于容易枯萎，插穗易失去其活力，有活着不易的。對于這樣樹種，若利用噴霧繁殖床時，荷爾蒙處理之效果，與容易生根之樹種同，能提早生根，增多生根之量（ 如表 2-14 ）。

　　又用噴霧插木時已如前述，則容易引起養分溶脫之發生，使之稍早充分生根，甚爲必要。因此，荷爾蒙之處理，可視爲不可不施行之措施。

表 2- 14　　噴霧插時之　auxin　　處理之效果（町田）

試　驗　區	供試個數	生根率	一枝平均之生根數	一枝平均之根長	一枝平均之根重	
					生體重	乾體重
對　照　區	10	10%	0.1個	0.1cm	5 mg	0.5mg
IBA　25ppm區	10	70	5.5	31.0	745	63

註：1960 年 6 月 24 日插木，7 月 26 日調查。

20 小時浸漬處理。

五、流水插木

夏季高溫期之插木，若有噴霧裝置時，自無問題。但在一般戶外插木時，總由于高溫而蒸散力大，插穗則易枯萎，並難免招致腐敗。武田氏等想出之流水插，爲由于想到地下水之水溫，在 15°C 前後，若將地下水，用抽水機抽上，使之流入插床時，則可使床土之溫度降低，同時空中之濕度，亦可依此提高。由此，可使插床獲得良好之條件。

用流水插木時，即將插床底部，舖上塑膠布，並填入砂 5 公分深，床底稍行傾斜，使引入之水，不停滯而緩緩不斷地流去之方法。

夜間將水停止，使床上之水流盡。從生根起，到移植爲止之間，爲苗適于移植，可將流水時間，漸次減少。

又在此時期中，宜施與稀薄之液肥，使吸收根增加。適于用此法繁殖者，有香石竹（carnation）、矮牽牛（petunia）、鐵線蓮（clematis）、達理花（Dahlia）等，此法對于上記植物之插木，似乎效果甚佳。此法比噴霧裝置等法，經費亦少，而且甚爲簡單而易行，但在水源不充分之地，則不易施行。

六、襯墊物與送風機（pad and fan）冷室之利用

　　從玻璃房之周年利用說，近年縱在日本，依 pad and Fan System
，冷房設備，已甚普遍。就此設備之構造，簡單說明時，在玻璃室一
方之側面，用竹枝與木毛，填充之，澆以水，或噴水，使之濕潤，在
反對側之面，裝設送風機，吸去玻璃室內之空氣。換言之，此爲濕潤
之襯墊物層吸入外氣時，氣化熱則被奪去，而成爲冷涼之空氣，進入
玻璃室之一種構造。縱在夏季高溫之日，不用遮陰之簾，室溫亦能抑
制至 30°C 以下（圖2‧30 ）。

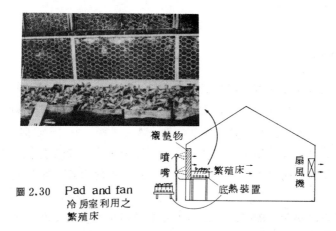

圖 2.30　Pad and fan
　　　　冷房室利用之
　　　　繁殖床

　　利用此種玻璃室，供繁殖苗木之用，但在襯墊物壁之附近，做爲
插床，其條件極爲相合。換言之，在直射之光線下，襯墊物壁之附近
，有濕潤冷涼之空氣，不斷地流動，又用噴射嘴向襯墊物壁噴水之
方式設備附近之溫度，亦降低，並且微細之霧浮動，對于插木，甚爲
有利。又若有底熱設備時，則成爲上冷下熱，更可促進生根。

　　但利用噴霧裝置時，動輒容易使插床過濕，對于生根有相反之現
象的亦有。但若用襯墊壁（pad）　插木時，則無此種危險。

　　據筆者等之實驗結果，從 7 月到 8 月，用桂花、茶花插木時，曾

得到差不多100％之活着率。又聖誕紅，在夏季高溫期插木時，動輒由地際處，容易腐敗，但若用此種襯墊物壁插木時，則無腐敗之憂，而最易活着。從管理之點說，也非常簡單，當插木充分灌水時，則並不那樣容易乾燥，故觀察床土面之乾燥情形，給與適當之灌水，卽可。

遮陰，除非特別容易枯萎之插穗外，不用亦可。

又插床內，若有底熱之設備時，甚有效果。床土之上，空氣常常流動，故溫度上昇之事少，常能獲得上冷下熱之良好條件，有利于生根甚大。又用 auxin 處理時，確能促進生根，故以用 auxin 處理為佳。

表 2-15 ，為在襯墊物壁與送風機冷室內之插穗，顯示 IBA 處理之效果的。 IBA 處理之效果，甚為顯著。

表 2-15　在襯墊物與送風機冷室內插穗用 IBA 處理之效果（町田）

試驗區	供試個體數	生根個體數	生根率	一枝平均生根個數	一枝平均生根之長	平均根重	
						生體重	乾物重
對照區	10	8	80 %	2.6 個	2.0 公分	11 mg	5.1 mg
IBA 區	10	10	100	9.0	20.3	172	46.9

註：7 月13 日插木，9 月 5 日調查，種類…李，品種…Sordum　IBA …用 25ppm 液，浸20 小時處理。

第五節　生根促進處理

現在關于生根之機構（ mechanism ）　，尚未完全明白，但如前所述，關于生根，從 auxin 起，以及種種之物質，均被認為有關係了。但生根困難之樹種，其原因，有因插穗內，關于此種生根之共同因子（ Cofactor ）不足時，或插穗內，存有阻害生根物質時等，均能使生根困難。因此，促進此等生根困難樹種生根之處理方法，若目的之植物，缺乏某種生根要素時，則不能不補給缺乏之要素，若由于阻害生根物質存在時，則不能不將阻害物質取去，或有育成此種能抑制此等物質形成之母株的必要。

這樣促進生根之處理，可分爲插穗從母株切離前之處理與直接處理插穗之法二種。

一、採集插穗前對于母株之處理

1.環狀剝皮、鐵線緊縛（Ringing, wiring）

環狀剝皮，亦名輪狀剝皮，即將枝或幹之基部樹皮，剝去 1.5 公分前後之寬，以遮斷由上部向下部，運行之同化養分，使碳水化物，蓄積于剝皮部上部。其結果，可使該枝 C/N 率提高，成爲良好之營養條件，將此處理後之枝，用爲插穗插木時，可促進生根。

利奧拿得氏（Leonarde），曾將木槿（hibiscus），施行環狀剝皮的結果，發見處理部之上部，含澱粉之量增加了。此種處理，多爲對于生根困難之樹種，在採集插穗前，所施行的方法。又此種方法，常爲印度橡膠樹等，施行壓條繁殖時，所用之法，因其能促進生根之故。

鐵線緊縛，與環狀剝皮同，用于相同之目的。用環狀剝皮時，剝皮頗費勞力，代之以鐵線緊縛，亦可阻止碳水化物向下運轉，而用鐵線緊縛時，可節省勞力。此時所用之鐵線，以用不易腐銹之銅線爲佳。千葉氏，認爲用鐵線緊縛杉時，對于杉之生根，有顯著之效果。又對于赤松之插木，用此法，亦獲得成功云。

2.黃化處理（etiolation）

最初指出，在母株上，用被黃化之枝，做插穗時，比普通之枝，極易生根者，爲納地氏（Knight）及維地氏（witt）等（1927）。但研究此種黃化處理之實用方法者，則爲佳得納氏（Gardner 1937）。佳得納氏，曾用苹果爲材料，詳細研究黃化處理法與壓條繁殖法，並研究黃化處理，對于組織及貯藏養分之影響。維維安氏（Vyvyan）

曾云：縱用黃化處理，其效果，則依枝條之位置而異，即位置高處之枝，效果則小。

一般均云：此種黃化處理，僅適于落葉植物。但筆者（藤井利重），認爲對于常綠植物之茶花、茶，用此法處理時，亦有效果。

A 預先將苗木倒伏其上用黑色塑膠布之木框于發芽前覆蓋之

B 拿去黑色塑膠布之木框後

C 將黃化新梢基部用黑色膠帶包之

圖 2.31　黃化處理（苹果）

　　黃化處理之方法　　在春季新芽展開之前，將希望植物之枝條，保持黑暗之狀態，此時，母株若爲苗木時，則如圖2．31，將苗木預先斜植，其上做成簡單之木框，張以黑色塑膠布，木框之高，約以新梢伸長後，不觸到塑膠布爲度。筆者所用者，爲50 cm×70 cm，塑膠布，宜斜置之，以免停滯雨水。又黑色塑膠布框內，需防止光線射入，上部以附以通氣口爲佳。若母株爲大樹時，可將枝之一部，用黑色塑膠布包之。這樣被覆蓋之枝，在黑暗下，開始伸長新梢，但俟其伸長至6～7 cm時，可將黑色塑膠布除去，（如圖2．31之B）。新梢太短時，以後之處理則不易，伸長過長時，則易引起腐敗，故需要注意除去黑色塑膠布之時期。其次，將黃化後新梢之基部3公分長處，用脫脂綿纏包，其上再用黑色塑膠布帶捲包之（如圖2．31之C）。包纏完後，爲避免日光之直射，可用寒冷紗布，覆蓋數日，以後徐徐使之裸浴于日光。曝露于強光下，太急時，在苹果等植物，則易引起日燒，葉緣則易枯萎，不能不加以注意。葉充分綠化後，可在黃化部之直下剪下，供插木之用。

　　另一種黃化處理，爲英國東馬林（East Malling）試驗場所賞用，其法，爲組合黃化處理之方法與壓條，研究實用的方法，供砧木養成之用者。

　　此種黃化處理方法，先將台木苗，以45度之角度，斜直之，在早春萌芽直前，將台木之地上部，倒伏于地面，在枝上覆土2～3公分深。新梢由暗黑之土中萌出伸長，故被黃化了。2～3公分新梢之尖端，露出于地面直前，再蓋以土。如斯管理時，新梢約有4～6公分長，在暗黑之土中黃化，故與前法同，能獲得同樣之結果。以後，繼續正常之生育時，到秋天爲止，在黃化部，則能生出相當之根。故將此從母株切離時，即可供爲接木時之台木用。用此種方法時，用之于核桃之繁殖，亦有可能。

　　auxin（生長素）處理　　將依黃化處理，所得之插穗，在插木前，用auxin 處理時，效果極大。塚本、一井氏等（1959年），

表 2-16　黃化處理對于苹果樹之含有成分之影響

品種	貯藏成分 試驗區 測定月日	單寧			澱粉			還元糖		
		Cont.A	Etio.	Cont.B	Cont.A	Etio.	Cont.B	Cont.A	Etio.	Cont.B
紅玉	5. 1	+++	+		++	+ -		+	+	
	15	+++	++	++	+	+	+	+	+	+
	29	++++	++	+++	+	+	+	+	+	+
	6. 12	++++	+++	+++	++	+++	+++	+	+	+
	27	++++	+++	++++	++	+++	++	+	+	++
國光	5. 12	++	+		+	+		+	+	
	25	+++	++	+++	++	+	+	+	+	+
	6. 9	+++	++	+++	+	+	+	+	+	+
	23	+++	++	+++	+	+	+	+	+	+
	7. 8	+++	+++	+++	++++	++++	++++	++	+	++
旭	5. 7	++	++		++			+		
	22	+++	++	+++	+	++	++		+	+
	6. 6	+++	++	+++	+	++	++	+	+	+
	21	+++	+++	+++	++	++	+	+	+	+
祝	5. 5	+++	++		++	+		+	+	
	19	+++	++	+++	+	+	+	+	+	+
	6. 2	++++	+++	+++	+	++	+	+	++	+
	16	++++	+++	+++	+++	++++	+++	++	+++	++
新大王	5. 7	++	++		++			+		
	21	+++	++	+++	+	+	+	+	+	+
	6. 5	++++	+++	+++	+	++	++	+	+	+
	20	++++	+++	+++	+++	++++	++++	+	++	+++

曾用 IBA, 2,4,5-TP等與黃化處理併用，對于到現在爲止，沒有生過根之柿插木，已獲得成功。

此種黃化處理，在實用上，由于頗費勞力與時間，頗成問題，但對于生根困難之特殊樹種之增殖，確爲良好之方法。

生根促進之原因　　黃化處理，確能促進生根。就此種促進效果，將苹果之黃化部，依組織地調查的結果，得知比之無處理者，大有不相同之點，爲木化極遲之事。換言之，就橫斷面觀察時，皮層及髓

表2-17　依黃化處理苹果之黃化組織之變化（以直徑為100）

品種	測定月日	表皮 Cont.	表皮 Etio.	皮層 Cont.	皮層 Etio.	節部 Cont.	節部 Etio.	形成層 Cont.	形成層 Etio.	木部 Cont.	木部 Etio.	髓部 Cont.	髓部 Etio.
紅玉	5. 1	1	1	28	30	5	6	3	1	17	14	46	48
	15	1	1	22	24	7	5	3	2	34	21	33	47
	29	2	1	22	25	6	7	3	3	38	29	29	35
	6. 12	2	2	20	22	5	5	3	3	47	34	29	34
	27	2	2	14	25	4	5	3	5	59	34	18	32
	7. 18	2	2	12	21	5	5	3	3	56	36	22	33
國光	5. 12	1	1	27	33	6	4	4	3	18	14	44	45
	25	2	1	31	32	6	4	3	3	28	15	30	45
	6. 9	1	1	25	33	4	5	2	2	30	15	35	44
	23	2	2	22	34	7	4	4	2	44	19	24	39
	7. 14	2	2	19	25	7	4	3	3	44	28	25	38

部所占之比率，增多了。又好像厚膜纖維組織之機械組織，發達極劣
，細胞膜亦薄。又枝條組織之成分的變化，則爲澱粉之含量增多。單
寧則相反，有減少之傾向。又就黃化部之 auxin 觀察時，由柿之黃
化部醚（ether）抽出物中，據酸性區分之 auxin 試驗的結果，初認
爲比無處理區，IAB 之活性，有趨高之傾向，相反地，被認爲抑制之
物質，有減少之傾向。從以上各點考察時，在組織上，有點酷似于幼
樹或草本植物之莖，又在成分上，亦顯示近似于幼樹之狀態。黃化處
理之生根促進，成爲光之遮斷之一種刺激，在枝條中，引起 auxin
之活性，提高物質之代謝作用，同時，幼組織之維持與物質之蓄積等
種種良好因素相集，因此至于獲得良好之結果了（表 2-16，17 ）。

3.萌芽枝之育成

　　母株之樹齡太大時，由此採取之插穗，生根力則劣。此爲一般共
同知道的。其原因，主由于貯藏物質之不足，或存有阻害生根物質之
故，因此，將老樹之幹或枝，鋸斷，使之由此發生萌芽枝，將萌芽枝
，用爲插穗時，則可促進其生根。此爲萌芽枝，爲含阻害物質甚少之
枝。

　　大山氏（1962），曾就如表 2-18 之樹種，舉行試驗，認爲有效
的。而且施行此種插木時，依樹種及母株之年齡，生根促進物質，有
不足的時候，故強調對于此種插木，有用 auxin 處理的必要。

表 2-18　萌芽枝育成之效果（大山氏）

樹　　種	母樹之年齡	插穗之種類	荷爾蒙處理	插穗數	生根率%
赤　　松	8 年生	普通枝	無處理	15	6.6 %
		萌芽枝	〃	〃	19.9
		普通枝	IBA	〃	6.6
		萌芽枝	〃	〃	53.2
		普通枝	無處理	80	41.2

接下頁

接上頁

杉	105年生	萌芽枝	無處理	80	18.7
自　檮	50年生	普通枝	〃	25	8.0
		萌芽枝	〃	〃	76.0
楊　梅	5年生	普通枝	〃	40	0
		萌芽枝	〃	〃	80.0
槭　楓	15年生	普通枝	〃	30	0
		萌芽枝	〃	〃	33.3
胡枝花	7年生（株）	普通枝	NAA	40	28.0
		萌芽枝	〃	〃	60.0

二、插木前之插穗處理

1.插穗之乾燥

插木前，使插穗乾燥，對于插木之生根，能獲得良好之結果。甘藷，在插木前，常使之陰乾數日，又如仙人掌之多肉植物之繁殖時，常使切口乾燥，又天竺葵之插穗，在切斷後，亦以在日陰下，放置一星期上下，使切口乾燥，形成薄膜後，插木爲可。在此種情形下，將插穗剪下，即刻插木時，其切口則易腐敗，故需待其切口形成癒合組織後，方可插木。在一般植物之插木，插穗之乾燥，反能生抑制的效果。並有水乾後，插木者，有效之報告。

如斯，可知將插穗使之乾燥後之插木，僅適于植物體水分之蒸發少及比較再生力大，生育旺盛之植物。

2.吸水

一般在插木前，將插穗浸漬于水中，數小時乃至 24 小時後，再行插木之事，被認爲有效。此爲一由于插穗被切斷時，由切口流出汁液，有碍通道組織，使吸水困難，故爲洗去汁液，洗去切口部之氧化酵素，有浸漬之必要。一爲插穗從母株切離後，在當初依切斷之刺戟，蒸發量高，受外溫之影響，變動甚激。因此，插穗之水分，容易失

去。所謂插穗之吸水，即充分使插穗吸水，依插穗保持一定量之水分
，以維持插穗之活力。町田氏，曾用柾木爲材料，調查浸漬時間與生
根之關係。其結果，如表2-19，即24小時浸漬區甚優，48小時浸漬
區，則相反地，有抑制的效果。

表2-19　　插穗之浸水時間與生根（町田）

項目 浸漬時間	調查個 體數	生根率	一個平均根數	一個平均根長
0	10	50.0%	2.1　　個	1.3　公分
24 小時	10	70.0	9.1	9.5
48 小時	8	37.5	3.8	2.6

註：材料－柾木5月9日插木6月24日調查（ 1958 ）

　　又將大枝任其吸水，然後由此採取插穗插木者，及完全沒有吸水
之枝插木者，生根遲延甚明。此似乎將切口生根之阻碍物質洗去時，
能發生良好之效果，但若浸漬2日時間，生根則受害。其理由，爲浸
于水中時間太長時，則不利于癒合組織云。

　　3.生長素（ auxin ）**處理**

　　關于依 auxin 處理之促進生根效果之研究，從十九世紀之初起，
自科柏氏（ Cooper ）、泰曼氏（ Thimann ） 及溫地氏（ went ）等之實
驗以來，已有很多之研究報告。在初期之研究，用 Indoleacetic acid
（ IAA ） 供試者多，以後，再製成效果高之合成 auxin ，其效果更著
。

　　然而到現在爲止，關于 auxin 處理之效果，在插木活着容易之樹
種，雖然被認爲有效果，但對于插木困難之樹種，被認爲沒有效果了
。蓋由于這樣樹種，確在存在，但多爲用綠枝有葉之插穗，在一般慣
行的插床之環境條件下，總是容易枯萎，就中，吸水不易之插穗，由

葉容易蒸散水分之插穗，在 auxin 處理效果顯出以前，活力卽低下，
或由于其他之原因，效果未顯出的時候甚多之故。

　　但近年，隨噴霧裝置之普及，能防止插穗之枯萎，以前被視爲插
木困難之樹種中，已能獲得插活之效果了。這樣 auxin 處理，依插木
各各樹種的特性，行充分之管理時，始能期待其效果。

　　現在對于插木之生根，被認爲有促進效果之主要生長荷爾蒙中，
有次記之各種。

　　beta–Indoleacetic acid (IAA)

　　beta–Indolebutyric acid (IBA)

　　alpha–Naphthaleneacetic acid (NAA)

　　alpha–Naphthalene acetamide (NAd)

　　2,4,5–Trichlorophenoxypropionice acid (2,4,5,–Tp)

此等 auxin 之中，在日本販賣的，

　　　　片劑……有 NAA.

　　　　粉劑……有 NAd

　　　　在美國

　　　　粉劑……有以 IBA　爲主劑之 Hormodin (NO.1～3)，依樹種
分別使用。此等 auxin 中，以前多用 IAA　，但在現在，則多用 NAA，
、IBA，因此二種，效果較優之故。

　　auxin　處埋之方法

　　浸漬法　此爲將如前述之 auxin　，製爲10～200 ppm之溶液，將
插穗之基部1.5公分部分，浸于 auxin 溶液中，約5～24小時，然後
插木之方法。依樹種、插穗之熟度，其所用 auxin 之濃度、浸漬時間
，自有多少之差異。但多半用 NAA, IAA 之 50 ppm　濃度，浸漬24
小時者，極爲普通。用 IBA　時，以用較此稍稀之溶液爲可。用草本
類新梢之嫩軟部分插木時，藥液若太濃時，則易引起藥害，生根反易
被阻害，需要注意。表2-20,21，爲美國愛阿華（Iowa）　大學之
auxin 處理實驗，所示之濃度。

表 2-20　草本植物插木時 Hormodin a 之最適濃度（ IBA.
24 時間處理 ）

2.5 ppm	5 ppm
Centaurea gymnocarpa Chrysanthemum hortorum C. frutescens Iresine herbstii Medicago sativa Senecio mikanioides Telanthera versicolor	Antirrhinum majus Begonia semperflorens Chrysanthemum frutescens Eupatorium riparium Fuchsia speciosa Iresene herbstii Mesembryanthemum roseum Phlox paniculata Pelargonium spp. Piqueria trinerva Pilea microphylla Senecio mikanioides Verbena hybrida Verbena venosa
10 ppm	**20 ppm**
Ageratum houstonianum Antirrhinum majus Cerastium tomentosum Dianthus caryophyllus Petargonium species Penstemon barbatus Petunia hybrida Fuchsia speciosa Medicago sativa Piqueria trinerva Senecio cineraria Verbena erinoi Euphorbia pulcherrima	Monarda didyma Dianthus caryophyllus Veronica longifolia

(Maxon, M.A.: Pickett, B.S and
Rickey, H.W.)

　　auxin 之溶解方法　　市販賣之片劑，先用少量之水，將片劑壓
碎溶解之，然後用水稀薄爲規定之濃度即可。溶解試藥用之粉劑時，
多半不能直接用水溶解，這樣藥劑，其初可用少量之酒精（ ethylalcok-
ohol ）溶之，然後用水稀釋爲規定之濃度。又與糖及維他命同時
溶解處理時，其效果，更可被促進。

表 2-21　綠枝插木時 Hormodin a　之最適濃度（ IBA. 24
時間處理 ）

2.5 ppm	5 ppm
Buddleia asiatica	Buddleia asiatica
B. davidi	B. davidi
Lonicera bella albida	Deutzia species
L. japonica articulata	Gardenia veitchi
L. standishi	Lonicera japonica articulata
Rosa indica odorata	Rosa indica odorata
	Rosa multiflora and hybrids
	Rosa polyantha
	Spiraea bumaldi

10 ppm	20 ppm
Acalypha hispida	Allamanda cathartica
A. wilkesiana marginata	Ampelopsis tricuspidata
Berberis thunbergi	Berberis thunbergi
Caryopteris incana	Bougainvillea glabra
Ceanathus ovatus	Callicarpa japonica
Cissus rhombifolia	Caragana frutex
Clematis paniculata	Caryopteris incana
Cytissus canariensis	Clematis paniculata
Deutzia species	Clerodendron thompsonne?
Evonymus japonicus	Codiaeum variegatum
Forsythia species	Cytissus canariensis
Hydrangea opuloides	Diervilla trifida
Lantana camara	Euphorbia splendens
L. sellowiana	Forsythia species
Nerium oleander	Fontanesia fortunei
Potentilla fruiticosa	Hibiscus rosasinensis
Rosa manetti	Malus sylvestris (root sprouts)
R. multiflora Excelsa	Nerium oleander
Spiraea billardi	Philadelphus coronarius
S. arguta	

40 ppm	80 ppm
Eleagnus angustifolia	Ligustrum amurense
Hibiscus rosasinensis	L. regelianum
Ligustrum amurense	L. vulgare foliosa
L. vulgare lowdense	L. v. lowdense
Pyracantha coccinea gibbsi	Syringa vulgaris

濃液速沾法（Cocentrated-solution-dip method）

此法爲希其科克氏（Hithcock），旣冒曼氏（Zimmerman）　等所試用的。即將插穗浸漬于 auxin 之 1000～4000 ppm（50％酒精溶液）之高濃度液中，2～5秒鐘後，插木之方法。在美國對于綠枝插木時，常用此法。做爲實用的 auxin 處理之方法，恐爲今後應當檢討之方法。

粉劑法　　此方法，多使用滑石（talc）粉末，故又稱爲滑石粉法。即將 auxin，混入滑石粉中，在插木前，將此粉塗于插穗之基部，插木之法。粉末除滑石粉外，尙可用碳素，bentonite（美國產含珪酸之膠質狀粘土）爲增量劑。一般 auxin 粉末，多用滑石粉一公克中，加入 auxin 1～20公絲（mg）調製的。處理時，先將插穗之基部粘濕，插入粉末中，使插穗基部切口，充分粘附，插木即可。又預將粉末，用水練爲乳狀，塗于切口亦可。要之，使粉末附着于切口，甚爲必要。插木時，預先在床土上，用小枝插一小孔，細心將插穗插入，不可使粉劑落下，甚爲必要。

羊毛脂法（lanolin）　　羊毛脂一公克中，加入 100 mg 上下之 auxin，用水熱溶解後，充分拌勻之。將此塗抹少許于插種基部之表皮，插木之法。需要注意的，爲不可塗于切口，因爲塗于切口時，足以阻塞通道組織，有害生根。又做爲母株之枝，插穗之前處理，亦可施用。此外行壓條時，亦可用此處理。

葉面撒布法　　此爲用比 auxin 浸漬法，更稀薄之濃液，在插穗採取前，對于母株之枝，預先撒布，然後採下插穗，施行插木之方法。但濃度太高時，則容易引起藥害，需要注意。

其他方法　　特殊之處理方法，稱爲牙簽法（tooth pick method）。即將藥液，溶解于羊毛脂中，將此塗于牙簽之尖端部，插入于插穗莖內之方法。美國核桃（pecan）插木時，有用此法，頗有效果之報告。

又旣冒曼氏（Zimmerman），希其科克氏（Hithcock）等（1926）

，認為生根物質之瓦斯燻蒸法有效。莫李喜氏（Molish）對于苹果之
插木，曾採用此種燻蒸法，一部受到刺戟，但受到抑制的報告亦有。
斯脫停遙氏（Stoutemyer），哲士道氏（Jester）、奧洛克氏（O'R-
ourke）　　　等，曾報告云：將插穗與濕潤之水苔，填充于木箱內，
俟其癒合組織形成後，再將插穗浸于 IAA 之 100 ppm 溶液中 24 小
時後，以後使之保持 70°F 時，成績極為良好。

　　如上所述，auxin 之處理，有種種之方法。但現在所實行的，則
以浸漬法、滑石粉為主。在此種方法之中，從處理效果說，浸漬法極
優，但從使用之便否說，則以滑石粉法，為最便。關于此點，濃液速
沾法，無論從處理效果說，或便利說，則為今後應行檢討之方法。

4. auxin 以外之生根促進處理

　　依 auxin 以外之物質生根促進處理方法，首為蔗糖處理，在插木
之生根上，插穗之 C、N 絕對量多，營養條件佳，為插木之一要因，
已如前所述。又在生根之過程上，碳水化物，做為一種活動力，被消
費，此為一般所共認。從此種觀點，故以前曾依蔗糖液，在插木前，
施行于插穗之處理了。恰得威克氏（Chadwick 1938），曾將石榴、水
蠟樹、黃楊屬植物等插穗之基部（ 1‧5英寸）浸漬于砂糖－磅，加 7
加侖水之溶液中， 12～36 小時，獲得良好之結果。多蘭氏（Doran
）、荷爾得窩茲氏（Holdworth）、羅德氏（Rhoder）等，曾用生長
物質與蔗糖併用之處理，認為有效果。又在特殊之研究上，有對于栂
屬植物，用蜂蜜 25％液，浸漬 24 小時，獲得效果之報告。

　　依糖液之處理，一般多用 1～2％蔗糖之水溶液，將插穗之基部
，浸漬于其中，從數小時到 24 小時。但用此種糖液處理時，特需注意
者，為若用不潔之容器時，則容易混入雜菌，招致不良之結果。又用
糖液處理後，插木時，需將切口附着之糖液洗去插木為可。又用糖液
單獨處理時，其效果，則不及 auxin 處理之效果大，故多與 auxin 行
混合處理。

　　用其他藥品之處理，克賴門茲氏（Clements），阿卡明氏（Aka-

mine）　等，1940 年，曾云：對于甘蔗，用酒精處理，曾獲得效果
。卡地斯氏（Curtis 1918），依過錳酸鉀處理，認爲對于大葉水蠟樹
，有促進生根之效。

　　安吉洛氏（Angelo）、克羅考氏（Crocker）、希其科克氏（Hi-
tchcock）　等，認爲硝酸銀處理及蔗糖處理，有促進生根之效。

　　用尿素行葉面撒布之研究，川延氏用甘藷，大山氏用杉之插木的
研究，其法，被認爲有效果了。在杉之插木上，一般將尿素之 0.5％
液，每一平方公尺，撒布 1 公升上下，從插木後 10 日起，每隔 7～
10 日，共撒布 5～8 回（表 2-22 ）。

　　硼素已被認爲有促進生根之效，據最近之研究中，有韋沙氏
（Weiser）、布來尼氏（Blaney）等之研究，用 IBA 50 ppm 液加硼
素10～200 ppm 液，行 12 小時處理，對于西洋痠木（Illex aquifolium
L。）之插木有效。此時，亦曾與 auxin 倂用，但單獨處理，似乎沒
有大的效果。

表 2-22　杉插穗之生根性與尿素之葉面撒布（大山）

母樹年齡	尿素撒布	生根率 %	芽之伸長量（cm）	備　　　　　考
5 年生	對照區	92.5	9.4	1.品種……兩輪杉
	撒布區	95.0	13.6	2.一區平均插 40 個　4 月 6 日插
200 年生	對照區	20.0	0.0	
	撒布區	52.5	0.9	3.尿素散布量1枝 0.3 克
200 年生（不定芽）	對照區	50.0	1.7	分 6 月撒布
	散布區	90.0	4.0	4.調查第 6 個月

　　大山氏（ 1962 ），指出插穗內，有阻碍生根物質存在，並云：
對于此等插穗，依除去此等阻碍物質，可以提高其生根之力。從此種
想法，若用阻害物質少之幼小母株，或萌芽枝，爲插穗時，同時除去

阻害物質，經過此種處理之後，再依 auxin 處理時，更可促進生根云。

而且此等處理方法，依樹種而異，例如對于杉，用過錳酸鉀處理，對于萩、榛類、洋槐類，以用溫水處理爲可。對于楊梅，用硝酸銀處理，效果佳（如表 2-23 ）。

表 2-23　除去阻害物質之處理與荷爾蒙併用之效果（大山氏）

樹　種	母樹之年齡	除去阻害物質之處理	荷爾蒙處理	插木個數	生根率%
楊　梅	25 年生	無處理	無處理 NAA	20 20	0 % 0
		硝酸銀	無處理 NAA	20 20	5 50
榛	1 年生	無處理	無處理 NAA	25 25	0 4
		硝酸銀	無處理 NAA	25 25	4 36
青島無刺槐	9 年生	無處理	無處理 NAA	25 25	13 68
		溫　水	無處理 NAA	25	23 100

此等藥品，到現在爲止，爲一般所使用的，其效果，爲由于切口之消毒，刺戟及促進分子間呼吸等。不單能除去阻害物質，若與 auxin 併用時，似乎效果更可提高。

一般除去阻害物質之方法，有次記各法。

a、石灰水處理　　用消石灰 50～100 倍液，處理 12～24 小時。

b、過錳酸鉀處理　用 200～1000 倍液，處理 12～24 小時。

c、硝酸銀處理　　用 1000～2000 倍液，處理 12～24 小時。

上記各法，可依樹種及母株之年齡，選用之。

5.蒸散抑制劑之利用

間接的生根促進方法　　有蒸散抑制劑之利用。卽是使插穗之葉表，附着石蠟，以抑制蒸散之法。此爲有葉之插穗，插木後，到生根爲止之間，插穗不枯萎，維持其活力之事，對于生根，甚爲有效。依此意義，撤布蒸散抑制劑，自非亂投藥劑。就中，對于葉肉薄，容易枯萎之樹種，特別有效。又併用塑膠布，或合成樹脂布，覆蓋時，更爲有效。

現在，市販賣之蒸散抑制劑中，有OEDgreen, New micron, Glimna等，無論何種，均有規定之倍數，用 New micron 時，稀釋爲 8～10倍，在插木後，用噴霧器，撤布于葉面，或在插木直前，僅將葉粘附之。當處理時，應當注意者，爲不可使液粘着于切口，散布時，葉之裏面，亦需散布。

三、生根促進處理時之注意事項

生根促進處理，已如前所述。從種種之角度，有種種之處理方法。現在關于生根之機構（machanism），雖尚未完全瞭解，但關于生根之物質，已有多種弄明白了。因此，做爲促進生根之想法，首先盡量將關于生根物質，從外供給之。

關于生根困難之樹種，尤其生根物質不足或缺乏時，宜盡量從外補給之。例如 auxin 或糖分不足時，則行此種補足之處理。又在另一方法，養成具有此種條件之穗木，甚爲必要。

又在植物體中，當生根時，反有同時形成有害物質之事。此時，則施行除去此種阻害物質之處理。又施行抑制阻害物質之處理，並用黃化處理，或萌芽枝之育成等法時，則更可促進生根了。

如斯，阻碍生根之要素中，有種種之物質，在現在，依各種樹種之特性，已施行生根促進處理了。就中，對于生根困難之樹種，不論爲何種樹種，僅用某種單獨處理時，則難獲得充分效果的時候甚多。故依種種之方法，組合起來，施行時，更可冀望有較大之效果（圖

2.32)。塚本氏等對于到現在爲止，不能插活之柿的插木，依插穗黃
化處理後，再行 auxin 處理之法，已獲得成功了。

黃化處理　　　　　黃化處理區
IBA 25ppm 處理區　　　　　　　　July 2～July 25　　無處理區

圖 2.32　　木蓮插木時之黃化處理IBA處理之效果（町田）

　　又當用 auxin 等行生根處理時，不能不注意者，爲管理之問題。
插木當初之插穗，自身由于無根，常呈不安定之生理狀態，若僅施行
處理，而不注意以後之管理時，其效果則不能發揮。就中，在生根困
難之種類，吸水劣而易枯萎，切口易變黑而腐敗，生根物質不足外，
尚有使生根困難之種種要因。因此，施行種種之處理，充分滿足此等
之條件外，施行處理，甚爲必要。到現在爲止，auxin 處理，對于生
根容易之種類有效，對于生根困難之種類，被認爲不大有效。但利用
噴霧繁殖床，經過 auxin 處理後之插穗，被認爲有非常促進生根之效
。縱在塚本氏等之柿的插木，插床在床面放置水苔，其上用合成樹脂
布包之，其周圍再設置遮陰，以防插穗之凋萎。在這樣的細心之管理
下，始能發揮黃化處理，auxin 處理之效果。

　　從 auxin 起，以及種種藥品處理之濃度，依植物之種類，插穗之
熟度、插木之時期、管理之方法等，難免有多少之差異。因此，在其
條件下，決定最適之濃度，應依最良之方法處理之。在日本，極爲遺
憾的，依植物之種類，auxin 之處理濃度，沒有明白表示出來。在美

國，依樹種，auxin 之使用的濃度，均分別表示明明白白。

表 2-24　櫻桃插木時之黃化處理、噴霧、底熱裝置（70°F）
之效果　　　　　　　　　　　　　（Hartman）

處　　　　　　理		生根率	平均根數	平均根長
黃化處理	斷續噴霧 底熱裝置	73 %	9.8　個	33 mm
	斷續噴霧 無底熱	63	9.8	32
	木框插無 底熱熱置	0	—	—
無處理	斷續噴霧 底熱裝置	40	6.3	44
	斷續噴霧 無底熱	13	7.3	25
	木框插 無底熱	0	—	—

第六節　插木時期與生根

　　插木之適期，依各個植物而異，又依插床之環境條件，亦有多少
之差異。若插床之外在的環境要素，能維持理想時，不論在組織上，
或成分上，插穗持有之內在的條件最高之時，則成爲適期。然而在夏
季高溫相繼之時期，施行綠枝插，而且在戶外插木時，溫度、濕度等
之外在的要因，比插穗特有之內在的要因，影響還大。在這種時候，
如插新梢時，在某種程度堅硬之時期，施行時，則較爲安全。故插木
之時期，則宜稍遲。反之，在有噴霧裝置之床上，插木時，空氣濕度
亦高，溫度亦低，當插穗之成熟未進之時期，有插木之可能。在噴霧條
件下，比以前之插木之時期，插木時期更寬，故插木之適期，再有檢

討之必要。

表 2-25　出貨期與插木時期之關係（武田）

種　　　　　　名	插木時期（月）	出貨期（月）	最後花盆之大小（公分）
天竺葵	1	6	10·5～12
〃	4～5	翌年2～3	大株 15
〃	11～12	翌年4～5	12
重瓣 Cenpa	10上	2上～3下	15
〃	夏季芽插後	經90日有出貨可能	12
多開秋海棠	9～11	翌年11～12	12～15
Begonia Rex	8～9	翌年5～6	12～15
Begonia Ruggierna	9下～12	翌年5～6	12
Begonia Haageana	5～6	秋～秋末	12～15
Begonia Haageana	8～9	春～夏	12～15
聖誕仙人掌	1～2（在10公分盆中插三枝）	12	13·5
鶲鴣仙人掌	7上	翌年2	10（3株寄植）
Pottmamu　　自然	7	10下～11上	12～15
〃　　　　促成	1（多至芽）	4中～下	12～15
〃　　　　短日	3中～下（陰下5/10～6/10)	6下～7上	12～15
Saint paulia　非洲菫	6～7	10～11	9
〃	9～10	翌年3～4	9～12
Agalear　皐月、杜鵑	5下～6中	翌年12～翌翌年3	
Hydranger	3	翌年3	15～18（4～8花）
〃	5	5	12（2～4花）

Hydranger	7	6～7	7.5～10（1花）
山丹花	3～4	翌年秋～冬	10～12
Lantana	11	翌年3～4	10～12
Himoakalifa	3下	7～8	12～15
Aphelandra	12～2	3下～9中	13
猩猩木（聖誕紅）	5～5（1回摘心）	12	2瓦盆，5株
〃	7～8上	12	23　　　6株
〃			27　7～8株
Clematis （大蔘）	5下～6中伏蔓	翌年4～6	12～15
〃	12～1	翌年4～6	12～15
重瓣 Gloxinia 大岩桐	5～7	翌年6～7	12～15
Clerodendron 海州 常山屬	2～3	8	10～12
〃	8	翌年5～6	10～12

在以營利為目的之園藝植物，需先想定出貨時期，不是由于活着之難易，有時從出貨時起逆算，決定挿木時期的亦有（表2-25）。到現在為止，在自然之條件下，表示大概之挿木時期，則如表2-26。

落葉濶葉樹　　從秋到翌年2～3月之芽活動前之休眠期，就中在2～3月，挿木的最多。另一個時期，為春季萌芽後，伸長之新梢堅硬時之6～8月。

常綠濶葉樹　　春季伸長之新梢硬化之時期6～8月。

常綠針葉樹　　4月下旬～5月上旬。

草本類　　若用生長旺盛之新芽時，依溫度條件之關係，一年四季。

落葉植物之挿木，單從營養條件觀察時，在落葉後，挿木最宜。但在寒冷之地，在秋季挿木時，不久，卽進入于嚴寒之期，縱已生根

表2-26　觀賞樹插木之時期與活着率（田村、綿原、伊藤）

a、常綠闊葉樹

種類 Kinds	1月	2月	3月	4月	5月	6月	7月	8月	9月	10月	11月	12月	實驗年度
1. 姥女儲 Ubamegashi (Quercus)	23	40	43	0	0	0	3	0	13	0	27	60	1955
2. 南天 Nandin	40	87	63	60	17	37	47	20	27	3	53	30	53
3. 月桂樹 Sweet Bay Tree	47	47	33	30	3	7	7	0	27	77	90	50	53
4. 海桐花 Tobira	57	13	0	63	70	0	73	40	50	47	23	13	53
5. 要黐 Kaname (Photinia)	38	40	37	27	33	87	17	40	83	0	43	57	55
6. 僑橘 Narrow leaf Firethorn	60	67	37	47	77	27	77	70	100	50	70	33	53
7. 大要黐 Ookanamemochi (Photinia)	0	0	63	0	40	17	47	0	20	17	0	7	54
8. 豆黃楊 Japnese Convex Holly	17	13	37	80	30	40	53	27	23	27	37	27	53
9. 柾木 Evergreen Burningbush	30	47	0	67	97	100	97	100	93	97	77	60	53

種類													
10. 山茶 Common Camellia	63	87	60	73	97	100	100	100	97	83	93	47	53
11. 茶梅 Sasanqua Tea	30	70	80	73	23	100	100	97	93	57	47	27	55
12. 濱柃 Hamahisakaki (Eurya)	27	53	63	53	33	65	73	0	77	37	17	0	54
13. 木槲 Mokkoku (Ternstroemia)	0	0	7	7	13	37	60	27	77	60	0	0	53
14. 瓶子刷樹 Makibaburashinoki (Callistemon)	7	13	37	0	16	30	83	0	43	27	0	0	53
15. 銀梅花 True Myrtle	17	77	52	43	0	7	7	0	97	57	57	37	55
16. 皐月 Macrantha Azalea	47	95	100	70	87	90	58	10	93	93	93	10	55
17. 琉球杜鵑 Snow Azalea	53	53	86	83	100	100	73	100	97	93	67	50	55
18. 久留米杜鵑 Kurume Azalea	33	43	97	83	80	90	67	33	73	73	40	47	55
19. 桂花 Sweet Osmanthus	0	0	0	0	13	0	0	47	0	0	0	0	53
20. 枸骨桂花 Fortune Osmanthus	0	3	20	20	37	53	53	97	87	30	0	0	53

種類 Kinds	1月	2月	3月	4月	5月	6月	7月	8月	9月	10月	11月	12月	實驗年度
21. 櫻竹桃 Sweet-scented Oleander	53	33	30	37	27	27	30	13	37	40	53	37	55
22. 中國矮牽牛 Chinese Abelia	83	93	73	57	60	100	87	63	97	90	100	87	55

b、常綠闊葉樹

種類 Kinds	1月	2月	3月	4月	5月	6月	7月	8月	9月	10月	11月	12月	實驗年度
1. 伽羅木 Kyaraboku (Taxus)	100	100	70	87	27	80	83	73	63	93	100	90	1953
2. 槙 Yew Podocarpus	67	0	60	56	93	97	80	100	73	77	97	93	53
3. 朝鮮榧 Chosengaya (Cephalotaxus)	97	97	68	93	63	97	57	87	76	0	52	65	55
4. 喜馬拉耶杉 East India Cedar	93	80	83	7	17	0	30	27	80	67	43	43	53
5. 雲杉屬 Common Spruce	47	40	50	27	30	57	10	35	51	0	43	76	53
6. 栂 Siebold Hemlock	3	37	70	0	40	57	27	50	82	57	80	0	54
7. 赤松 Japanese Red Pine	0	0	0	0	0	0	0	0	0	0	0	0	53

品種													
8. 杉 Common Cryptomeria	55	80	—	93	93	100	67	87	73	87	73	100	93
9. 圓光杉 Enkosugi (Cryptomeria)	55	100	87	90	93	100	33	57	77	83	57	90	—
10. 萬吉杉 Mankichisugi (Cryptomeria)	55	—	93	87	87	67	13	67	40	57	37	77	77
11. 高野槙 Umbrella Pine	53	43	93	87	7	23	0	0	0	0	7	57	77
12. 扁柏屬 Chabohiba (Chamaecyparis)	53	67	70	53	67	20	40	0	20	70	50	37	97
13. 孔雀檜 Kujakuhiba (Chamaecyparis)	54	0	60	97	57	47	0	7	7	13	33	97	30
14. 立波檜葉 Tatsunamihiba (″)	54	57	87	93	80	97	47	—	100	100	30	87	80
15. 花柏 Sawara (″)	53	97	87	50	83	73	90	0	83	97	73	70	90
16. 冰室 Himuro (″)	54	60	90	83	53	90	—	73	73	87	37	79	90
17. 柏槙 Chinese Juniper	54	0	83	83	53	90	—	50	10	20	80	93	77
18. 貝塚伊吹 Kaizukaibuki (Juniperus)	54	3	23	33	97	0	0	0	37	20	23	30	13

c、落葉樹

種類 Kinds	1月	2月	3月	4月	5月	6月	7月	8月	9月	10月	11月	12月	實驗年度
1. 銀杏 Maidenhair Tree	14	27	33	17	0	0	0	0	0	30	0	0	1954
2. 雪柳 Thunberg Spirea	0	0	17	7	0	43	60	0	0	0	0	0	55
3. 木瓜 Flowering Quince	13	0	0	7	23	37	7	7	7	13	20	10	53
4. 染井吉野 Someiyoshino (Prunus)	0	0	0	0	0	0	0	50	0	0	0	0	53
5. 金雀花 Common Broom	43	0	0	0	33	0	0	20	0	23	23	0	54
6. 楓樹 Japanese Maple	0	0	0	0	0	0	0	0	0	0	0	0	53
7. 紫薇 Common Crapemyrtle	10	7	13	57	47	43	37	53	13	0	0	0	53
8. 石榴 Pomegranate	33	40	30	3	17	3	0	0	23	0	0	0	53
9. 山茱萸 Japanese Cornelia Cherry	0	0	0	0	0	0	0	0	0	0	0	0	55
10. 滿天星杜鵑 White Enkianthus	35	0	43	70	90	57	13	10	3	0	37	20	54

之插穗，亦有枯死之虞。又經過多季之休眠期後，插木時，活着良好之植物亦有。因此，在 1 ～ 2 月內，採取穗木，貯藏之，到 2 ～ 3 月，再行插木。

　　一般常綠樹之插木，較之落葉樹，需要稍高之溫度，多在 7 ～ 8 月插木。但單從溫度條件說時，在再早的時期，插木亦可。但在此時期，恰爲新梢開始伸長之時期，故插穗容易枯死，容易腐敗。因此，以新梢堅固之 7 ～ 8 月爲適期了。一般常綠樹，比落葉時，葉肉厚，表皮角質組織發達，水分蒸散少，此恐爲是耐高溫理由之一。然而此時期之插木，在管理上，抑制插穗之蒸散，即爲重要之課題。若能得到如噴霧裝置時，問題則少。但在慣行的戶外之插床，管理之如何，影響于活着甚大。

　　田村氏等（ 1957 年），曾舉行觀賞樹木之插木，以調查其活着率，其結果，則如表 2-26 。從其結果觀察時，可說周年均可插木，能長期間插木者，有針葉樹之伽羅木，朝鮮檜、杉、花柏等樹。

　　杉、羅漢柏，縱在 9 ～ 11 月，行秋插，亦顯示良好之活着率。

　　又在常綠濶葉樹中，僞橘、山茶、茶梅、柾木、琉球杜鵑、久留米杜鵑、中國撞羽空木等，似乎也能長期間插木。但一般從梅兩期起，到秋季，適于插木的頗多。

　　在落葉樹，用春插或秋插，甚爲普通，但雪柳以在 6 ～ 7 月插木爲佳。吉野櫻，僅在 8 月，可以插活。關于落葉樹，一般以用休眠枝插爲常識，但若有如底溫裝置，噴霧裝置之良好環境時，用綠枝插，能活着的，亦不少。

　　葦櫻等，用慣行之普通插木時，似乎活着困難，但筆者等，在噴霧設備下，在 7 月插，差不多，得到 100 ％之活着率。因此，關于落葉樹，用休眠枝插，活着率不良者，綠枝插木之適期，恐應再加以檢討即可。又不單落葉樹如斯，縱在常綠樹，用慣行之普通方法，插木時，被認爲活着困難之植物，但在噴霧裝置下插木時，活着極爲安定。而且在 5 ～ 8 月之長期間，均適于插木。又用 auxin 處理時，特別能增進生根之效用。由以上之點，考慮時，插木之適期，依環境條件，，雖有多少之差異，可以想到插木時期，頗長。

第七節　插木與插木後之管理

一、插木之要領

1.休眠枝插

準備如前述之插床，深耕之，使之鬆軟，將貯藏之穗木掘出，整理，使之吸水數小時後，插之。插木時，約隔五十公分之間隔，掘成條溝，將插穗以 15～20 公分之間隔，排列之，使上部之芽，露于地面，施行覆土。又不掘溝，將插穗插入床土中，約⅔深，同樣施行抑壓，使切口與床土密接亦可。插木完後，行充分之灌水，使土安定。

特別之插木法，有葡萄之一芽插，僅使芽露出于地面，將插穗水平淺插之，卽可。

插木之深度　　行插木時，將插穗插于床土中，以何種深度爲可？又以垂直插爲佳？或斜插爲佳？以前曾有種種之議論。當露地插木時，在寒冷地帶，爲避免依霜柱而被拔出，故不能不加以深插。又深插時，床土與插穗之接觸部大，從水分供給之點說，甚爲有利。但深插，從插穗生根之點說，通氣則劣，故氧氣之供給不良。而且當實際插木時，由切口不生根，常有由空氣流通良好之表皮附近生根之事。因此，插入之深度，應依插穗之長短，生根之難易及床土之性質等，決定之。但一般用休眠枝插時，用深插；行綠枝插時，插穗短，而以行淺插爲可。又一般斜插較垂直插爲佳。

插穗之貯藏　　落葉樹木之春插時，在溫帶中部地方，一般在 2 月～ 3 月中旬之間插木。此由于用先年生之枝爲插穗，故一般從營養條件佳良之枝中，採取插穗，貯藏之，以供春季插木之用。單從枝之營養條件說，則以秋插爲宜，但由秋插，沒有充分生根前，嚴寒期則降臨，故一般多用春插。恰得威克氏（ Chadwick (1932) ）云：在英國多在秋季落葉後，採集插穗，至春季然後插木。並云：在貯藏之最初二星期，將插穗貯藏于 60°F 下，以後則貯藏于 40°F 下時，則可促進生根。反之，則有害于生根。並說明：貯藏之初，溫度高時，則有利根之始源體之分化。

杜開氏（Tukey）、布賴斯氏（Brase）等，曾報告云：榲桲之台木，在秋季採集者，有 78～83％活着了，但在春季採集者，生根之成績劣，僅有 3～13％生根了。

在日本，當冬季剪定時，採集先年生充實之枝。其採集時期，為自 12 月至 1 月，多在 1 月中，下旬貯藏。貯藏之枝，剪為 40～50 公分長，一束束之，不可使枝折斷，將枝束斜列埋沒⅔～¾。埋藏插穗之地方，以選半日陰之地為可。以後需要注意穗木，不可使之乾燥，穗木之束，不可太大，否則則容易乾燥，乾燥太烈時，則宜施行灌水。

另外之貯藏方法，則用水苔包覆穗木，貯藏之方法。此法先將水苔浸于水中，包時，將水苔之水壓乾，將水苔與插穗交互放置于木箱中即可。此箱放置處，宜避免日光之直射。菊池氏云：貯藏中之溫度，以 5°C 為理想。並云：將木箱放置于室中亦佳。

2.綠枝插

在插木前一日，由母株採集插穗後，加以整理，浸漬于水中二十小時，翌日插之，auxin 處理等，亦在前一日處理。若插木于戶外插床時，插穗約以剪為 8～15 公分長，葉以留三枚為適，切口宜斜削之，在反對側，亦斜削少許。在草本類，切口宜水平切斷。插床在插木前，預先充分灌水。插木距離，以兩插穗之葉相接為度。插木方法，將插穗插入床土½～⅓，一般插穗插于床土中約 4～6 公分，為使插穗之基部與床土密接，插後，可將兩側鎮壓之。此為使插穗容易吸水之故。插木後，充分灌水，並用竹簾等物覆蓋，以遮斷強光。插木當中，插穗特別容易枯萎，故注意管理，使穗木不枯，甚為重要。

二、遮光

關于生根之物質，為由光合成，所得到之一種副產物，由此，可知在挿木中，務使之浴到日光爲可。但日光同時能促進挿穗之蒸散，故當實際挿木時，若使挿穗受到強光時，依蒸散，甚容易枯萎，結果極爲不良。特別需要注意挿穗當初之枯萎，加以適當之管理。因此，限制日光，甚爲必要，故常宜設備遮蔭之物。最理想之遮蔭，在能保持葉面蒸散與切口吸水之平衡上，以行最小之遮蔭爲可。

遮陰有抑制床上之溫度，提高空中濕度之效果。一般用葦簾、竹簾或寒冷紗等遮蔭。在戶外挿床上，一般設立 1.5 公尺上下之架，用上述之物品蓋之，同時，西面亦以用簾遮斷西晒爲佳。簾架太低時，簾下之溫度，則易過高。一般之遮蔭，多以遮斷 50％之光線爲宜。縱在噴霧裝置之下，對于容易枯萎之挿穗，施行遮光時，頗有效果。遮光有依樹種之特性，決定遮蓋程度的必要。

圖 2.33　依葦簾之遮陰

挿穗之活力，依當初之枯萎而低下時，對于以後之生根，則影響甚大。

三、灌水

挿穗之吸水，主由切口、表皮及皮目等部吸收。挿木後不久，在切口，或皮目上，則形成癒合組織，以及並通過癒合組織而吸水。在插木直後，插穗之蒸散力大，受氣候之影響，常呈不安定之狀態，插穗內若失去水分時，則易枯萎，但到了切口上形成癒合組織時，蒸散亦趨穩定。故灌水，亦需依等插穗之狀態，而行適宜之處理。因此，插木後，即刻宜行多量之灌水，爲使插穗與床土充分密接，宜灌水于插穗之基部。又在其初短時間，宜灌以多量之水，到看見癒合組織形成時，插穗則並不容易枯死，此時，灌水之量，則宜減少，即僅在床土面乾燥時，行適宜之灌水即可。到了此時，若灌水過多，成爲過濕狀態時，反可使生根遲緩。

四、空中濕度之維持

插木直後，暫時之間，依防止插穗之枯萎，促進插木活着之事，已如前述。遮光、灌水，從此種意義說，極爲重要。故爲提高插床上空中濕度，曾被積極的研究了。噴霧裝置，流水插木等，即爲提高空中濕度之一法。縱在戶外插木，關于此點，亦曾被注意了。此點爲左右插木活着與否重要管理之要訣。

提高空中濕度之方法

1. 對于葉面，時時噴水時，床土上之溫床則低下，濕度則增大。就中當晴天高溫時，多次噴水，頗有效果。

2. 將多濕之水苔，舖于床面，床土上保持高濕度時，溫度則低下，並將水苔時時使之潤濕。

3. 依塑膠布或合成纖維布之覆蓋，能維持床上之濕度。此時，除能維持高濕度外，在覆蓋下，溫度亦易昇，故設定插床時，以選半日陰比較冷涼之處爲可。

4. 在少量之插木箱，可在插木箱之上，用化學纖維布做一拱門（tunnel） 狀覆蓋物，化學纖維布之下部，接于插水箱下之玻璃布水槽，若能使之成爲吸水上來之機構時，此種設備，依由化學纖維布而使水分氣化，溫度則易低下，並能得到較高之濕度。此外，在盆插、箱插時，選擇場地，極爲重要，以選擇濕度高之插木場所爲可。一般多用流水之兩綠，溝之附近，上設遮光設置，或在建築物之傍，半日陰之樹下等地。

五、防寒設備與防風垣

剛生根之插穗，在多季之低溫期，則易受到寒害，又在霜柱發生甚多之處，對于霜害，亦不能不加以注意。

茶花等，好容易生出根來，但使之越多，頗為困難。因此，在進入嚴寒期之前，宜努力肥培，同時，並有設立防寒設備的必要。防寒設備，可用稻草或葦簾等物，蓋着南高北低之屋頂，防止北風，南面高，使之能獲得充足之日光照射。如圖2‧34。

圖2.34　防霜設備

又在寒冷更嚴重之地方，插穗之上，可用切細之稻草、落葉、穀殼等物覆蓋之。在柑橘之苗木，可互相排組起來，其上可用草蓆、蒲包等物蓋之。

六、生根後之管理

插木後，生根之插穗，雖甚弱小，但已成為良好之一個體了。生根前，為使之生根，並防止插穗之腐敗，宜盡量使之保持無菌之狀態，沒有肥料分。但生根後，因已有正常吸收養分之能力，故需要施與適當之養分。因此，在花盆或木箱插木時，生根後，有早日移植于含有肥料成分之土中或苗圃之必要。但移植太早時，則易使根受傷，需要注意。在再生力旺盛之溫室植物，可稍早先移植于小盆，肥培之。

但在七月或八月之高溫時期移植時，則容易受到植傷，以避免移植爲可。

　　在生根容易之花木類，插木後，經過約 40～50 日時，則有移植之可能。在花木類，一般生根後，不馬上移植時，可在插床上加以肥培後，再行定植。此時，在春插時，在秋季以前，任其生長于苗床，其間施以 2～3 回之追肥，追肥以用以氮素爲主體之腐熟稀薄液肥爲可，而且至秋季十月前後，定植之。定植時，預先每十公畝（約台灣一分地）施入堆肥 100 公分，同時，施以適量之三要素。此時，對于氮素，可將磷酸及鉀稍多施之。又在寒地，在秋季，不直接行定植，將苗掘出後，可假植于日照良好之處，其上，並設立防風、除霜等物，以防寒害。到了翌春三月中旬前後，以在萌芽前，定植之爲可。

　　夏插時，待至 9 月中下旬前後生根時，漸次將葦簾等物，取去，使苗浴于日光中，並在降霜前，施與稀薄之液肥。在日本東京附近地方，到了十一月中旬前後，則設立半屋頂式之除霜設備，以利越冬。到了翌年三月，則除去除霜設備，在一年之間，約施以 4～5 回之追肥。到了九月下旬，則掘出定植之。

　　　　　　　　　　　　　　　　　　　　　　（藤井利重）

參考文獻

1) Ali N. M. N. Westwood. (1966) Proc. Amer. Hort. Sci. 88; 145-150

2) Cochran G. W. (1945)： Proc. Amer. Hort. Sci. 53; 567-572

3) 藤井利重・町田英夫・農及園。 (1953) 28(8)：991-150

4) ＿＿＿＿＿・＿＿＿＿. (1954). 綜合農學 3(1) 26-29

5) ＿＿＿＿. (1955) 農藝研究集錄 7; 22-24

6) ＿＿＿＿. (1955) 園學雜 24(3); 12-16

7) ＿＿＿＿. (1963) 挿木繁殖の生理學的研究 (1963)

8) ＿＿＿＿. (1964) 植物生理 4(2); 106-117

9) Foster R. E. (1965) Proc. Amer. Soc. Hort. Sci. 86; 446-450

10) Gardner F. E. (1937) Proc. Amer. Soc. Hort. Sci. 34; 323-329

11) Hartman H. T. C. J. Hansen (1955) Proc. Amer. Soc. Hort. Sci. 66; 157-167

12) ＿＿＿＿, (1958) Proc. Amer. Soc. Hort. Sci. 71; 57-71

13) ＿＿＿＿. R. M. Brook (1958) Proc. Amer. Soc. Hort. Sci. 71; 127-134

14) 穗坂八郎 (1961) 花卉園藝總說。

15) Howard B. H. (1966) J. Hort. Sci. 41; 155-163

16) ＿＿＿＿ (1967) J. Hort. Sci. 42; 105-107

17) 飯島 亮・大野正夫。 (1954) 農及園 29; 1439-1440

18) 岩波洋造・三橋美惠子 (1961) 橫浜市大論叢 12; 79-95

19) Kester D. E. , E. Sartori. (1966) Proc. Amer. Soc. Hort. Sci. 88; 219-223

20) 菊池秋雄 (1949) 農及園 24(7) 445-448

21) ＿＿＿＿. (1949) 果樹園藝學 下卷。

22) Leonard. P. S., E. H. Charles. (1966) Amer. Soc. Hort. Sci. 89; 734-743

23) ＿＿＿＿・＿＿＿＿. (1966) Proe. Amer. Soc. Hort. Sci. 89; 774-751

24) 町田英夫・藤井利重。 (1968) 園學雜　36(4) 66-72

25) 根岸賢一郎・佐藤大七郎。 (1956) 日林誌　38; 63-70

26) Odom. R. E., W. J. Carpenter. (1965) Proc. Amer. Soc. Hort. Sci. 87; 464-501

27) 小竺原隆三 (1960) 日林誌　42(10); 356-357

28) _____. (1961) 日林誌 43(11); 269-271

29) 大島利迪。 (1954) 日本蠶絲學雜 23(6); 319-324

30) 大山浪雄。 (1962) 林試研報 145; 1-141

31) 齋藤考藏。 (1950) 山形大學紀要　1; 15-54

32) 齋藤雄一・小笠原隆三。 (1960) 日林誌　42; 331-334

33) 佐藤大七郎・福原檜勝。 (1953)　東大演報 10; 1-34

34) 佐藤清左衞門。 (1956) 東大演報 51; 109-157

35) 志佐　誠・萬豆剛一。 (1957) 園學雜 26(4) 251-258

36) Stoltz L. P.. C. E. Hess (1966) Proc. Amer. Soc. Hort. Sci. 89; 734-743

37) _____._____. (1966) Proc. Amer. Soc. Hort. Sci. 89; 744-751

38) 高木　毅。(1953) 日林誌 35(10); 309-312

39) 田村輝夫・綿原孝夫・伊藤憲作。 (1957) 園學雜 26; 45-53

40) 戶田良吉。 (1952)　日林誌　34; 243-247

41) 島潟博高。 (1962)　農及園　37(10); 1691-1694

42) _____. (1962) 農及園 39(10); 1691-1694

43) 塚本正美・一井隆夫・沢野稔・尾崎武。 (1959) 兵庫農大研報 4; 60-64

44) 塚本洋太郎。 (1949) 園藝研究集錄　4; 51-59

45) Went F. W.. K. V. Thimann. (1937) Phytohormons

46) 山崎　傳・農技報告 B 1; 1-92

47) Maxon, M. A., Pickett, B. S. and Rickey, H. W. Lowa Agri. Fxp. ST. Research Ballentin 280 Oct. 1940

第三章　球根類繁殖之理論與實際

第一節　球根類之形態與分類

　　植物器官之一部，特別肥大，其組織內貯有多量之貯藏養分，以備繁殖及次期生育之用，成為球狀或塊狀者，一般稱為球根類。但球根類栽植後，若放置不管時，每年雖能發芽生長，在形態上，沒有成為球狀的亦有，故與宿根類之限界，並不明顯。球根類，如圖3‧1模式的圖所示，構成球根之器官，有葉，莖及根等的不同，其形狀及生理的特性，依種類而異，故依其起源或形態，一般分為下記五種。

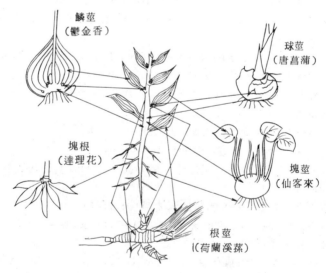

圖3‧1　球根類器官相同關係之模式圖

一、鱗莖 （bulb）

　　植物學上之莖，短縮成為板狀，以此為中心，貯藏養分，蓄積變為肉質之葉，多層相重而着生，成為球形之植物，在相當于莖部之下側，有新根發生之底板部（basal plate）。

　　鱗莖中，可分為二類，有稱為有皮鱗莖或層狀鱗莖者（tunicated bulb），如鬱金香（tulip），荷蘭溪蓀（Dutch Iris）、風信子（hyacinth），水仙（Narcissus），孤挺花（amaryllis）等，鱗片成層狀，色含芽，外側之鱗片薄，已木化或木栓花，成為外皮，色着鱗莖。又有稱為無皮之鱗莖者或稱為鱗狀鱗莖（Scaly bulb），如百合類，沒有外皮，鱗片如魚鱗狀相重。有皮鱗莖，有外皮色着，掘出後，耐乾燥之力甚強，但無皮之鱗莖，耐乾燥之力弱。

二、球莖（corm, Solid bulb）

　　莖縮短肥厚，成為偏球狀，或球狀者，其外部由成為小葉之薄膜之外皮色覆着。如唐菖蒲（gladiolus），蕃紅花（crocus）、小蒼蘭（Freesia）、伊奇夏（Ixia）、穗先鳶尾（Babian，鳶尾科）等屬之。球莖上，除了有普通之鬚根外，再生肥大之牽引根（Contractile root），此種牽引根，到了球根之充實期時，則收縮，有將新球，牽引至地下之功用。

三、塊莖（tuber）

　　如仙克來（Cyclamen）、白頭翁（anemone）、彩葉芋（Caladium）、花金鳳花（Ranunculus 毛茛屬）、荷蘭海芋（collar）、球根秋海棠等，莖或地下莖，肥大成球狀或塊狀者。沒有如前二者，被葉變化之外皮，所包覆，為其特徵。

四、塊根（tuberous root）

　　如大理花（dahlia）根之肥大者，芽着生于莖之最下部，芽從此發芽，當繁殖時，將塊根切離時，非附着有芽之莖一部不可。

五、根莖（Rhizome）

　　為在地下向水平橫臥之地下莖肥大之根莖。根莖有二種，一為如荷蘭溪蓀（Dutch Iris）、美人蕉（Canna）、薑百合（Hedychium Coccineum 等，比較多肉的，一為如鈴蘭，福壽草，根莖不甚肥大，但其尖端着生有肥大之花芽（Pip）的。此外，有被稱為念珠狀地下莖（Ri-

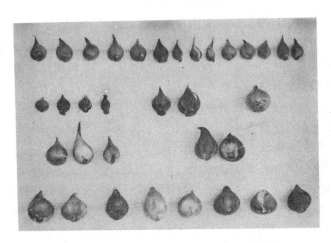

圖 3‧2　鬱金香屬植物球根之大小與形態

上段一列爲花絲有毛亞屬　　　　由左起 Persica,
Primula, urminens, orphanidea, Hageri,
pulchella, aukeliana, cretica, polycloma,
tarta, saxatilis, sylvestris. Turkestanica.

二段以下爲花絲無毛亞屬，第二段由左起
chrysantha, linifolia, batalini, stellata
（以上爲 clusiana 節） kolpakowskyana,
ostrowskyana（以上爲 kolpakowskyana
節） oculus-solis (oculus -solis 節）

第三段　由左起
armena, Galateika, acuminata
（以上 armena 節） Golden Harvest.
Kansus（栽培種　Gesneriana ）

第四段　由左起
Eichleri, Fosteriana, Micheliana,
Greigii, T. Kaufmaniana, T. ingens,
T. Tubergeniana, Praestans, (Eichler 節)

nged Stem ）者，如利薄草（ Ribbon grass)之地下莖，呈穿繫念珠之狀，有多少個之細腰狀的亦有。

在球根類中，有每年母球消耗衰竭，代之生出數個新球之形態的有母球每年不行更新，生長中，繼續增大其大小及數量的。前者如大部分之球根類，鱗莖中之鬱金香、荷蘭溪蓀等。後者，如塊莖類、塊根類、根莖類之大部分，鱗莖中之風信子（ hyacinth ）、孤挺花（ amaryllis ）、水仙及百合類等。

球根之大小，依種類而異。圖3‧2爲依哈爾氏（ Hall 1940 ），對于鬱金香（ tulip ）屬植物之鱗莖，所做之分類。依此，可知鬱金香球根之大小與形狀，與地上部之形態同，其近緣之同志，極爲相似，甚爲明顯。換言之，花絲有毛之亞屬，球根小，外皮厚，但花絲無毛之亞屬，除了 Clusiana 節外，一般均大。普通栽培種之 Gesneriana 之球根大，但如一般所知，其形態，依品種，有長形者，有扁平者，變異甚大。此恐怕現在之栽培種，爲由多少種之交雜所生成的。在百合類，小百合與鐵炮百合，大，但姬百合（山丹）與管百合等，則非常小。

如以上所說，縱說是球根類，依種類不同，其形狀、大小、新球之形成方法，亦異，故當栽培時，明瞭其肥大與分球之機構，在自然狀態下，不易繁殖者，則不能不人爲地，施行提高繁殖能率之方法。

因此，擬就以下主要球根類之形態與子球生成之方法，加以敍述。關于其他球根，請參照附屬之表。

第二節　球根類子球之形成機構

一、鬱金香（ tulip ）

1.球根之形態與子球之形成

鬱金香之球根，爲層狀鱗莖，在短縮成爲扁平之板狀莖上，附着葉之變化所成之鱗片。在栽植時期，將球根橫切之，觀察時，則如圖3‧3(a)，在鱗片（葉）之基部（葉腋），各各小球之始原體，從球根之中心，在左右，以一定之角度並列。此爲相當于木本植物之腋芽。

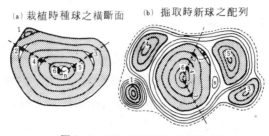

(a) 栽植時種球之橫斷面　　(b) 掘取時新球之配列

圖 3‧3　鬱金香球根之新球生成法

1.外子球　6.中心球，n …嘴（芽），5.花梗之跡，數字爲形成之次序，顯示各子球之位置關係。點部爲鱗片，點線爲外皮之痕跡，實線爲鱗片之痕跡。

此種角度，依栽培之條件，沒有大的變化，依母球之大小而異，依品種，似乎是一定的（據志佐、萬豆1953 ）。

　此等球始原體，隨生育之進展而肥大，到了收穫時，各成爲如圖3‧3(b)之球根。圖中之號數，爲表示兩者之關係位置的。種球之鱗片，爲植物體之生長耗盡其含有之貯藏物質，成爲薄膜之狀態，到了掘出的時候，如圖3‧3(b)之狀，在新球之間，則成爲隔膜而殘存。

　此種母球之消耗與新球發育之關係，依圖3‧4之志佐氏與萬豆氏等鬱金香之發育經過圖，可以明白。

　栽植後，到芽伸長至地上爲止，新球差不多，沒有生長，母球之重，並沒有太多的減少，但到了葉伸長開始營同化作用時，新球則積極增加其重量，過了開花期，地上部之生長，則停止，葉黃變，到掘取期爲止，其肥大速度，則不斷繼續增大。反之，母球之重量，從展葉期起，則積極減少，鱗片則失去水分，成爲皮膜狀之物。最有興趣者，依此種新球之更新，從未加栽植于圃地，放置于室內時，亦同樣發生，到了翌春，母球之鱗片，則消耗，其變化雖不甚大，但新球依然能形成于其間了。

　但新球何時形成？如何形成？在貯藏中之球根中，如圖3‧3所示，已今形成了。故子球之發生，爲鬱金香尚生育于圃地之時。

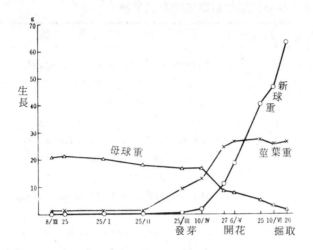

圖 3．4　鬱金香球 根之發育經過　（志佐，萬豆，1953）

　　據倉岡與吉野（1953[3]）等之調查，最外側之子球，先在一月中旬發生，內方之子球，則順次分化，到 4 月下旬爲止，除了中心之子球外，其他之子球，均已形成完畢，到了六月中旬時，中心子球，亦形成了。此與植物之葉與葉芽，從基部到尖端，順序形成之方式相同。如斯子球分化甚早，到了春季開花期，在鬱金香之母球中，在該年收穫之子球，不單漸次肥大，在該子球中，連孫球亦分化了。此爲鬱金香球根栽培時，環境條件之後影響，能漸次增大，成爲重要之原因。

　　分化後之球始原體（子球），若以同樣速度生長時，愈在外側之球根，則愈大，並依鱗片之數，能形成同數之球根，但在實際上，則如圖 3．3(b)所見，最後形成之中心球，最大。除了子球外，其他外側，愈早形成之芽，生長則愈遲，成爲小球，有時在中途退化之球，亦有。故子球之數，常常多比母球之鱗片數爲少。其原因，我想是由于如植物之枝所表現之頂芽優勢現象之故。外子球分化亦極早，似乎與

表 3-1 從繁殖能率觀察鬱金香之品種

型	球數增加	球重增加	品　　種　　（系　　統）
能率型	良	良	Spring Field (D), william pitt (D), yellow Giant (D), philips Nodon (D), princess Elizabeth (D), Capri
球重型	中或劣	良	La Reine Maxima (SE), Keizerskroon (SE), Diana (SE), Lord Carnarvon (T), Lemon Queen (T), Alberion (T), Date (C), Mamasa (D), Gloria Sanson (1D).
球數型	良	中或劣	Kansas (T), Ingles combe Yellow (C), Athleed (M), Bartigon (D), Camellia (D), Madame Krelage (D), Pride of Haarlem (D), Clara Butt (D), William Copland (D), Sunshine (P).
中間型	中	中	Mississippi (T), Mozart (M), Elihoad (M), City of Haarlem (D), Brilliand (D), The Sultan (D), Orange Favourite (P).
寡小型	劣	劣	Peach Blossom (DE), Boule de Neige (DE), Electra (DE), Lisbon (M), Fire Bird (P), Fantasy (P).

註： SE .... 早開種,　　　DE ... 重瓣,　　　T.... Triumph,
　　 D ..... Darwin　　　 1D ... Ideal Darwin,　C.... Cottag,
　　 M ..... Mendel,　　　P..... Parrot.

內子球性質頗異，並沒有頂芽優勢之作用。

2.依品種及種球大小之繁殖率之差異

鬱金香依品種不同，其球根之增殖情形，大不相同，亦爲球根栽培者依經驗所知的。縱開花甚美，若繁殖率不良之品種，在實用上，則無何種價值。關于繁殖率之品種間差異，曾有富山農試（1966）與志佐、萬豆二氏（1955）之報告。在此等調查報告中，曾將繁殖力，分爲球數增加率與球重增加率二種。將此兩種性質，再依其尺度分類時，兩者均可大別爲能率型，（分球數雖不多，但主球之重量增加甚著之）球重型，球數型（肥大雖不佳，但分球多），中間型（分球及肥大均屬中等）與寡少型（分球及肥大均劣）等五型。表3-1，爲表示從此等報告中，屬于各種型態之主要品種。

據志佐、萬豆兩氏之調查，球重增加率，縱在同一條件下栽培，所採收之球根重，有與栽培之種球，並無差異，發育不良者及增加種球之2.5倍之大者。栽培條件良好時，此種球重增加率，亦稍有增加，但在日本之鬱金香栽培，球重增加率，大概爲種球之2.5倍上下，故比之芋類，其能率，如何不良，可知。二氏並指摘球數之增加率，分球不良之品種爲1，分球優良之品種則爲7，可知其球數之增加率，差異甚大之。

此種球數，能增加至七倍之品種，並非母球之鱗片數增多，鱗片數縱同，在一個鱗片之基部，能生二個以上之子球。此種子球數，並非中途退化，而均可成爲新球。此外，支配分球率之原因，與球始原體（腋芽），在發育之途中，是否退化？頗有關係。

倉岡及吉野（1955），曾依此種發育之子球與途中退化之子球之位置關係，將鬱金香之品種，如圖3.5分爲八種型態。

卽大別之，外子球（在外皮與第一鱗片之間所生之球）形成之品種，稱爲A群，外子球不形成之品種，稱爲B群，此外，再區分爲a形成與鱗片同數或更多之子球者，與b內子球一部或大部消失者之二組，再依子球之多少或消失之多少，分爲Ⅰ，Ⅱ，Ⅲ等三種。將分球

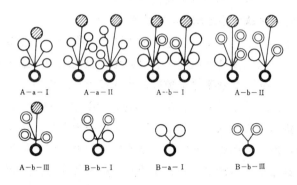

A－a－Ⅰ　　A－a－Ⅱ　　A－b－Ⅰ　　A－b－Ⅱ

A－b－Ⅲ　　B－b－Ⅰ　　B－a－Ⅰ　　B－b－Ⅲ

圖3.5　　鬱金香之分球樣式

單綫圈：生長之球　　二重圈：消失之球　　斜綫圈：外子球

粗綫圈：中心內子球　　（倉岡吉野 1955）

　之狀態，以模式的型態，表現出來。其中外子球之外，中心球與其鄰
接之1～3個子球生長出來，此外，外側之內子球，退化之型者（Ａ
―b―Ⅰ，Ａ―b―Ⅱ），占調查品種中之 77 ％之壓倒的多數，如斯
指摘了。

　　據此等調查，可知愈近于球根中心之子球（頂芽），則愈發達1
反之，愈近于外側之子球（基芽），愈有在發達之途中，退化之傾向
。在此原因中，我想養分的問題，亦有關係，但其中最重要之原因，
爲由于植物頂芽優勢，荷爾蒙的問題。換言之，球根如前之圖3.1所
示，爲一種植物體被壓縮之形態，故着生此種形態之芽，愈在尖端之
芽，發育則愈佳，愈在基部之腋芽，勢力則愈弱，屢有不發芽而終之
事，同時，愈位于外側之子球，則愈容易退化。而且分球不良之品種
，爲頂芽優勢甚強之品種，僅中心球與其附近之1～2芽，能發育，
但其外側之其他之芽（子球之始原體），不發育，在途中退化了。反
之，分球良好之品種，由于頂芽優勢之性質甚弱，所有之各芽，均能
發育而成爲球根了。如斯，外側之芽，是否能發達成爲子球，支配繁

殖率甚大，在繁殖上，盡量使此等球之始原體，順利發育，或給與栽
培環境，或施行人工的處理等，成爲重要之問題了。

　　鬱金香之繁殖能率，復依種球之大小而異。圖3‧6，7，爲雨木
及上村二氏（1955）調查的結果所表示的。卽表示依種球之大小、
球數及球重之增加率，如何變化之圖。

　　雨木及上村所用之品種，爲前述之五種型態之內，爲能率型之威
廉被地（William pitt），球重型之 Alberion 與 Keizerskroon，球數
型之 Kansas，寡少型之 Boule de Neige。又從圖3‧6分球數觀察時
，一般隨種球之大，分球數則增加，就中在球重型與寡少型之品種，
小球不分球，到了開花程度之大小時，分球則積極增多，其中一等球
（球同12Cm）程度之大球根，與能率型之品種，並無大異，而分球
。但在球數型之如 Kansas 之品種，縱爲小球，分球亦多。就中到了

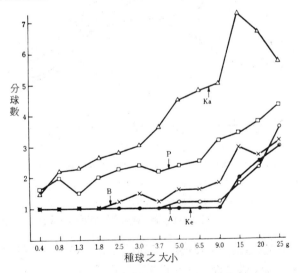

圖3‧6　依種球大小分球數之變化在品種間之差異
　　　B = Boule de Neige　　A = Alberion
　　　Ke = Keizerskroon　　Ka = Kansas
　　　P = William pitt 箭頭爲開花率達90％前後之位置

開花程度之大球，分球甚多。但到了再大之球根時，分球數反爲減少
，則似乎近于能率型之品種。其次，觀察圖3‧7之球重增加率時，在
此五品種之中，最大球重增加之品種，爲能率型之 William pitt 與球
數型之 Kansas ，兩者縱用愈小種球栽培，其球重增加率，則愈高。
但在球重型之 Alberion與 Keizerskroon 品種，顯示球種增加率最高者，
有一定之種球大小，較此小之球與較此大之球，球重增加之百分率，
則低下。

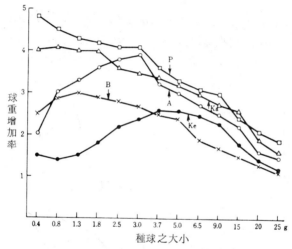

圖 3‧7　依種球之大小球重增加率在品種間之差異
　　　　 B=Boule de Neige　　　A=Alberion
　　　　 Ke=Keizerskroon　　　 Ka=Kansas
　　　　 P=William pitt 箭頭爲開花率達90％前後之位置

　　寡少型之 Boule de Neige ，如前二型，似乎顯示爲中間型，除極
小球場合之外，種球愈小，球重增加率則愈高。
　　如以上之所示，依種球之大小，球根之數與重之增加方法，因之
而異。故殘留何種大小之球根，做爲種球用栽植時，最爲有利？或購
買種球時，以用何種大小之球，最爲經濟？此事最少對于每個繁殖型

，有考慮的必要

3.依球根之種類所生品質及繁殖率之差異

鬱金香一般能販賣之球根，稱爲成球，即爲能開花之碩大的球根。栽植不開花之小球時，如圖3．8所看到的。生成大葉一枚，在其下生出外皮厚外觀不良之圓球，或在伸入地中深處之柄尖處，亦生出外觀不良之圓形球根。前者稱爲圓球，後者稱爲垂下球（droop），亦稱爲提燈球，酒瓶球，下落球。此種球根，由于品質劣，不能供販賣之用，一般均需要再栽植一年，始可販賣。

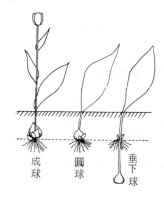

成球　　圓球　　垂下球

圖3·8　鬱金香之球根生成方法之相異

那麼在此種球根生成方法不同之三種球根之間，品質上，有何不同呢？表3-2，爲雨木及萩屋兩氏（1959）就在同一條件下生產之 William pitt，選出同一重量之種球，調查其花芽分化的結果。依此可知圖球與垂下球、比成球，花芽之分化遲，故爲溫室栽培業者所嫌用。

但在露地栽培，調查比較球根種類之生育的結果，則如表3-3，開花期，在三者之間，並無差異，生育在圓球及垂下球，反比成球爲佳，可知球根之外

表3-2　球根之種類與花芽之分化（雨下、萩屋1959）

球根之種類	花芽分化階段			
	III	IV	V	VI
成　　球		•	○	···
圓　　球	•	···	•	
垂　下　球	••	···		

註：調查在八月十一日，供試之球爲新津市小合產之同一條件下生產之
William pitt 之18～20g之球。

觀，雖劣，但在花壇用時，並無妨碍。

表 3-3　球根之種類與球根栽培上生育收量之差異

（雨下、萩屋 1959 ）

球根種類	開花期	草高	葉寬	主球重	側球重	球重增加率	分球數	球根之乾物重
	月　日	cm	cm	g	g			
成　　球	4　25	44.7	9.6	23.6	19.2	1.9	3.4	37.2 %
圓　　球	4　25	47.0	11.7	33.3	14.5	2.1	3.8	36.4
垂 下 球	4　25	46.6	11.4	33.0	11.5	1.9	3.2	35.0

註：供試球爲新潟市河渡產之 20～24 g William pitt 品種。

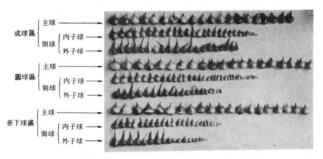

圖 3·9　種球之種類與球根繁殖相之差異（雨木，萩屋，1959 ）

又比較球根之繁殖率時，球重增加率，雖無差異，但主球之肥大，甚爲明顯。圓球與垂下球兩者，比成球優良。圖3·9，爲將三者各20 株所收獲之球根，分爲主球、內子球及外子球所得之成績，三者繁殖方法之差異，甚爲明顯。從此等結果觀察時，在球根栽培上，圓球與垂下球，縱不勉強販出，若手邊存有時，用爲種球，反佳。

4 . 垂下球之形成機構

　　如前所述，鬱金香栽植不開花之小球時，新球不形成于種球之位置內，有時而形成于遙遠之地下深處之尖處。此種球稱爲垂下球，栽培者，在收穫時，掘取球根，頗爲困難，未被掘出的亦多，球根之品質外觀不良，故常被嫌惡。垂下球，在植物學上，亦爲有趣之現象，在 100 年以前，卽被報告過。雨下、萩屋二氏（ 1957, 1959, 1959, 1960)曾研究垂下球之生成方法，知道從一個之種球，有生一個單垂型之外，並有二垂型，多垂型（圖3～10 ）及分歧型狀，好幾個垂下球的，依品種不同，有容易生垂下球的，有不易生垂下球的，如 Kansas, Elihoad, William pitt　　等品種，爲容易生垂下球的。 Peach Blossom, Lemon queen, Aberion; Capri 等品種，爲不易生垂下球的。又在如 Kansas 容易生成之品種，尚有在開花株，亦能生成垂下球之報告。最近栽培甚多之 Fosteriana 　與 Darwin Hybrid 等新系統，亦最易生成垂下球，故已成爲問題了。又在鬱金香之自主種中，其子球不是生成于種球之垂直下方，如 Chrysantha 　與山慈菇（又名老鴉瓣），向橫水平移動，形成新球的亦有。垂下球之發生，受栽培條件之影響甚大。一般在生長條件良好之下時，似乎則容易發生，淺植比深植；在土壤水分之條件下，水分適當之處，比非常乾燥之處；但砂土比砂壤土；中性土壤比鹽基性土壤，各各之垂下球，發生則多了。但施肥量之多少，則沒有影響。又不單依當年之栽培條件，其種球受到影響，依前代之栽培條件，受影響亦大。栽培于淺植、砂土，長日、鹽基性土壤等條件下時，生產之種球中，垂下球之生成率，則多。

又縱在同重之種球，栽植圓球及垂下球時，比栽植開花株之內子球，垂下球亦容易生成，縱用同大之球根，若用栽植小球根所生產之種球時，垂下球之生成，亦多了（據雨木 1962 ）。

據澤及門田兩氏（ 1966 ）之研究，垂下球之形成，與光，關係甚密。在日光照射下，將球根露出于地表栽植時，縱用能開花之大種球，垂下球亦易形成了。光之影響，非常大，對于極弱之光，亦有感應，並已明白赤黃等光線，能助垂下球之形成。又貯藏中之球根，似乎亦能感受光線之存在，在暗處貯藏之球根，完全不形成垂下球，但在明處貯藏之球根，全部均形成垂下球了（據澤及門田 1966 ）。

圖 3‧10　　垂下球之外觀箭頭為示種球之位置，其下附有垂下球三個

從以上之多數成績觀察時，垂下球之生成與否，已在栽植子球以前，其命運概已明白，被決定了。在八月將小球切開，用顯微鏡觀察時，則如圖 3‧11，從種球之底板部，走向于中心芽基部中心球之下方的維管束，有眞直連絡的，有彎曲連絡的。可知將來後者很明顯地是形成垂下球的（據萩屋及雨木 1962 ）。栽植此種彎曲型之球根時，則在二月前後，突破種球底部之外皮，現出新球，此新球則向地中伸長。此種伸入地中之垂下柄部分，在植物學上相當于葉柄之部，有分裂組織，具有向地性，與落花生之子房柄，在開花後，向地中侵入而結果之事，完全相同，潛入地中而形成新球。

垂下球，在種子發芽開始生成之數年間，或在小球之時代，生成甚旺，但到了成為能開花之大球根時，則不能生成者，從生態的觀察時，極爲有趣。

在自然狀態下，落于地上而發芽之種子，若繼續在地表形我種球時，若遇到乾燥期時，則有乾死之虞，但球根若向地中潛入時，則無此種憂虞。因此，我想在幼少期，能生成垂下球了。但在達到一定深之成熟球，沒有向地中深深侵入的必要，故不能形成垂下球了。但從栽培方面說，則爲不良之現象，故能防止其發生時，則甚爲方便。從栽培上說，似乎沒有良好的防止方法。但據筒井、豐田二氏（1964 ）之研究，將種球從九月中旬起，到栽植時爲止，將種球貯藏于 25°C 之高溫下時，然後栽植時，並未使球根之收量減少，而可減少垂下球

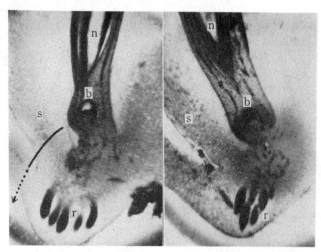

形成垂下球之種球（彎曲形）　　　形成圓球之種球（乘直型）

圖 3‧11　　將來成爲垂下球之子球與成爲圓球之子球初期（在種球內
之時代）之形態的差異
n＝嘴（芽），b＝子球，s＝鱗片，R＝根之原始體矢印示垂下之方向。

之生成云。又垂下球，如前所述，依感光而生成甚明，故將種球貯藏
于暗處之事，我想也可以說是有效的防止方法。

二、球根鳶尾花（Iris）

　　鳶尾花（Iris），亦名溪蓀花，其球根與鬱金香同，爲層狀之鱗
莖，在縮短之莖上，有3～4枚葉變化所成之鱗片，互生抱合爲輪狀
而着生，在未開花株形成之中心球（一般稱爲成球或圓球），其外側
爲前代之葉乾燥而薄膜化之外皮所包覆。但側球（木子）與在開花株
所生成之主球（一般稱爲扁平球）之外皮，爲外側之鱗片變化所成的
。栽植秋球根時，種球之鱗片，將生育中之貯藏養分，爲生長而消費
完了，到收穫之時，已成爲薄膜狀，而殘存于新子球之間，此亦與鬱
金香相同；當花莖抽出前之四月前後，將球根切開觀察時，則如圖

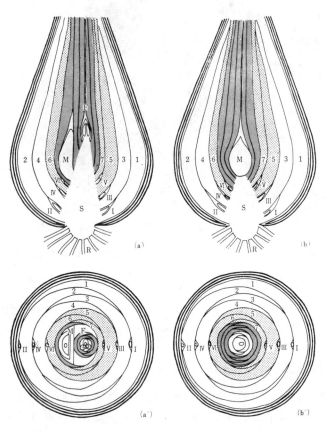

圖 3·12　球根鳶尾花之新球形成

(a)…開花株，(b)…未開花株，上爲縱斷面，下爲橫斷面，黑部爲同
化葉，粗點部爲鞘葉，空白部爲貯藏葉之各鱗片，粗線爲外皮。
1～7爲鱗片之號數，I～VI爲新球，M爲主球，F爲花蕾，
S爲縮短莖，R爲根。

3‧12所示。在互生各個之莖及鞘莖之基部，每一個腋芽，則肥大，可以看到開始成爲新球。因此，此種位置，與葉並列于同一垂直平面上，被形成了。在栽植沒有形成花芽之小種球時，則如ｂ圖，中心芽（頂芽）最大，形成主球（大球）。在栽植能開花之大球時，中心球，則成爲花，如圖3‧12之ａ第一葉基部之芽，則變爲中心芽，而特別肥大，形成主球。但此球根，元來爲側芽，夾在主軸之花芽與葉之間而生長，故未能如在未開花株所生成之主球，成爲圓形，而成爲扁平形，外觀不良，故被稱扁平球，其價格亦賤。溪蓀之子球生長，亦與鬱金香之場合同，有頂芽優勢之現象，中心球之球根最大，愈至基部，其着生之球，則愈小，在分球不良之品種，其基部之芽（球之原始體）退化的亦有。

　　球根鳶尾花，據靑葉氏（ 1967 年）之研究，在３月下旬～４月上旬之間，在漸次肥大之新球基部，成爲下一代之新球原始體，已開始分化了。圖3‧13爲調查在新潟地方露地栽培之 William wood 發育經過之結果。根據此調查，發育似乎大概分爲四個階段，第一期，爲第一

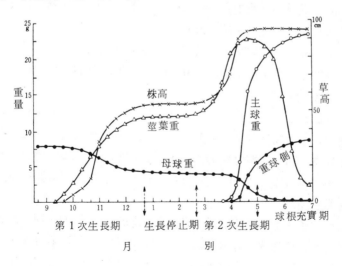

圖3‧13　鳶尾花之發育經過

次之生長期，九月栽植後，莖葉卽刻開始生長，在年內，伸長頗長。
第二期爲生長停止期，由于冬季之低溫，地上部與根之生長，母球之
消耗等，爲一時的停止之時期。其次到了春天溫暖時，再開始生長，
新球亦開時肥大，此爲第三期。到此時期終了之四月中旬時，莖葉之生
長，則達最高期，新根從新由球根之底部生長出來，新球則急激肥大
。反之，母球則消耗萎縮甚著。進入五月後，則成爲第四期之球根充
實期。到了此時期，地上部之重量，則急速減少，反之，新球重量，
則繼續增加。此種球根之肥大充實，似乎到了春天，專依新發生之根
，到此時爲止，最初活動所生之根，到了此時，漸次則萎縮了。以後
新球根，則充實，到了七月，莖葉則枯死，而進入休眠的狀態。但在
暖地，發育之樣相，似乎則稍異。據松川、菊本、畠中等（ 1964 ）
在福岡地方的調查，縱在冬季期間，能繼續生長而不停止云。

　　球根鳶尾花之品種，從繁殖之性質觀察時，似乎亦有球重型與球
數型二種。表3-4，爲萩屋、雨木二氏1962年，就鳶尾花之主要品種
之繁殖率，所比較的結果。

　　卽依品種，看到有主球肥大甚良而木子（側球）少者，反之，有
木子多而主球發育不甚肥大者。

　　但一般鳶尾花之球根，比鬱金香等，繁殖率遙優。縱用小球栽植
，球根亦能肥大，木子亦多，在實際上，繁殖少有遇到困難。

三、風信子（Hya-cinth）

　　風信子之球根，爲層狀之鱗莖，其肥厚之鱗片，在縮短之莖上，
圍繞中心，生成呈球狀之鱗莖，其中位于最外側之鱗片，已薄膜化，
成爲外皮。關于球根之形態構造，生長週期及生理等，荷蘭之布拉烏
氏（ Blaauw 1922，1923）曾有詳細之研究，故在此擬根據其結果，加
以說明。

　　風信子，並不如鬱金香、鳶尾花，每年消費母球，而由新球代替
形成的。其鱗片與百合及水仙同，生長期間長，能生存3年，有能生
存4年，隨球根之肥大而生長。因此，大球根，包含三個時代（三年

表3-4　鳶尾花品種繁殖力之差異（1962）

	品種	開花率%	球重增加率	球　重		木子數	主球徑
				主球	木子		
白衣系	白色伊克塞爾夏 White Excelsior	0	2.2	4.5g	1.1g	2.3	19.1mm
	白色超品 White Superior	0	3.4	7.1	1.3	2.3	21.3
	白色完美 White Perfection	0	3.6	7.6	1.5	2.2	22.3
	白嬪珠 White pearl	0	2.6	4.8	1.6	2.2	21.9
	馬可尼 Marconi	0	3.4	7.5	1.0	2.2	21.9
青花系	大將軍 Imperator	0	3.8	7.9	1.7	2.9	24.4
	委極烏得 Wedge-wood	0	3.3	6.6	1.6	2.4	19.9
	國際鹿茸 National veluet	0	2.1	3.9	1.4	2.5	17.1
	Blue Truiphotor	0	3.5	7.6	1.2	1.7	23.7
	馬布皇后 Marb queen	0	4.0	8.1	1.8	2.7	23.7
	藍緞帶 Blue Ribbon	0	3.4	6.5	2.0	2.3	20.8
黃花系	阿拉斯加 Alaska	0	2.5	4.6	1.7	3.0	17.8
	黃金皇帝 Golden Emperor	3.4	4.4	7.5	3.5	3.7	22.9
	黃金收護 Golden Harvest	7.4	3.9	6.7	3.1	3.9	21.8
	哈莫尼 Harmony	0	3.0	6.1	1.5	2.3	19.4
茶花系	山達博國地 Sarder Bort	71.9	2.7	4.8	2.0	2.4	18.7

註：用2～3g之木子13球，于9月14日栽植于砂丘地圃場。

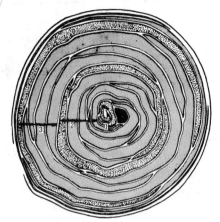

黑色部爲花梗，密點部爲同化葉之鱗片

，粗點部爲葉鞘之鱗片，1爲來年之葉，

2爲今年之葉，3爲去年之葉

圖3‧14　風信子之四年生之球根，5〜6月前後之內部構造

（Blaauw 1920）

間）形成之鱗片。在小球鱗片呈圓周狀，但在大球則呈半周或⅔周狀

，包圍着球部。

　　圖3。14爲藍后（queen of Blues）　品種四年生球根之5〜6月

前後之橫斷面。在球根之中心，有今年春季開花之花梗之跡（黑色部

），在其一側，有持有二枚鱗片之新芽（Nose），可以看到。此種鱗

片，成爲下年之葉鞘，故成爲同化葉之鱗片，在其內側，在斷面上，

尚看不到。新芽（Nose）外側之六枚鱗片，爲今年伸長的同化葉之基

部肥大所成之鱗片（密點部），在其外側（粗點部），亦有相同之葉

鞘鱗片。又其外側之五枚鱗片（密點部）與一枚之鱗片（粗點部），

均各依去年同化葉之鱗片及葉鞘之基部所生成的。又前年同化葉之鱗

片之一部，則消耗了，一部則成爲球根之外皮而存留。

　　圖3‧15爲將施行切斷法所生成之小球五年間栽培，表示其間形

成球根之鱗片消長的。在施行切斷最初之年，到二月爲止，出生一枚

之同化葉與三枚之葉鞘，到了七月爲止，次年度在地上伸出葉之鱗片，以新芽之形態，形成于內部。第二年度，到收穫爲止，在中心部，增加六枚之鱗片，在貯藏中，在其生長點上，分化爲花芽，並在旁側，生成新生長點。

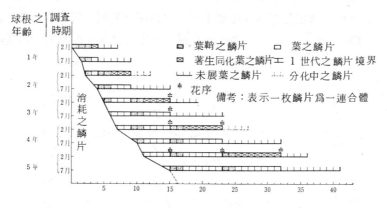

圖 3·15　隨風信子球根之發育鱗片之消失（Blaauw，1923）

在另一方面，初年度生成之鱗片，大部分均消耗了。生長點，在其次之第三年度，到七月爲止，在內部形成八枚之鱗片，但外側第二年所生成之葉鞘鱗片，則消耗了。新球最初着花者，爲今年之春天。如斯在第四年，可生成九枚之鱗片，但第二年之鱗片，全部均消耗了。故鱗片，結局只剩 23 枚了。又到了第五年，則成 27 枚了。

在球根之中心部，鱗片之形成，以七月爲境界，在一年之周期內，則形成一世代之鱗片。換言之，在七月，新芽之生長點，則中止鱗片（葉）之形成，轉至花芽之分化。一面在花芽之側旁，則生成新的生長點，因此，到翌年之七月爲止，則形成次代之鱗片。在沒有形成花芽之小球，則沒有此種生長點交代形成的現象，而同一生長點，則繼續形成次代之鱗片。

在舊鱗片之消耗上，似乎亦有周期，從球根之貯藏期間，到生育期間初期之間，鱗片差不多沒有消耗，但從地上部之生長，到了旺盛之二月中旬前後起，鱗片則從外側開始消耗，就中到了近于收穫時期，，消耗則烈。

其次，擬就球根之肥大生長，加以觀察。圖3‧16為將前記鱗片之消長與平行調查之球根肥大經過，用球周表示的。依此，甚為明顯，各年度，球根之肥大，均似乎與同化作用，有很大的關係。栽植後，到四月上旬為止，似乎多少有點減少，完全沒有見到肥大，但從四

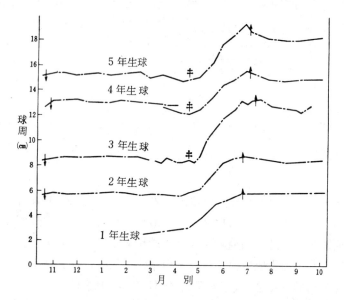

圖3‧16　風信子球根隨發育球周之增加（Beaauw，1923）

↓栽植之時期，≠＝開花期，↑＝掘球之時期

月下旬起，則開始急速肥大，到六月下旬，則達到最高點。而以後到八月為止，則再行減少，達到一定的大。球根之大小，一年生球，為5～6 Cm，2年生球為7～8 Cm，3年生球，為12～14 Cm，4年生球，為14～16 Cm，5年生球為17～19 Cm。

以上為荷蘭記錄之成績。但在日本，春季氣溫，急積上昇，故在

6月，葉則生黃斑，開始進入休眠，故到六月爲止，則不能不掘出。
在日本栽培者，其球根，則不如在荷蘭栽培之肥大。但發育之樣相，
似乎沒有大差。

　　但在風信子，縱依上記之球根發育經過，甚爲明顯，不如其他之
球根，在鱗片之基部，生出腋芽，此腋芽發育後形成新球，或其中心
之生長點，分爲二個以上之球，形成分球之事，不會發生，故縱繼續
栽培，依自然分球，增加球根，則不能期待。爲甚麼？風信子不生腋
芽，尚未明白，但若用甚麼方法，能使之生成腋芽時，也許依自然分
球之繁殖，亦有可能。

　　但風信子，對于鱗片，附與創傷時，其傷口之細胞，則開始分裂
，形成癒合組織，在此形成不定芽，具有形成子球之性質，故在人爲
繁殖上，如後項所詳述，依此種方法，可以繁殖球根。

四、水仙 (Harcissus)

　　水仙之球根，亦爲層狀鱗莖，鱗片在短縮之莖上，包着中心，着
生于全周。關于球根之內部構造與生長周期，韋士曼氏與哈地塞馬氏
(Huisman and Hartsema 1933)　，島由、山田、竹下等(1957)，岡
田、三輪氏(1958)等曾有研究之報告，但在此，擬以岡田氏等就主
要品種阿爾弗勒得王(King Alfred)調查結果爲中心，加以說明。

　　水仙之球根，與前記之風信子球根，構造極爲相似，母球不是每
年更新一次，鱗片約能生育二年半之久。圖3‧17，爲阿爾弗勒得六月
前後之球的橫斷面，故在能着生花之大球，在中心，下年伸出于地上
之葉及成爲葉鞘鱗片群，已形成新芽(Nose)了。在其外側，今年之
同化葉及葉鞘之基部肥厚已成之鱗片群，已轉成球狀，又在其外側，
去年伸出于地上之葉基部，成爲鱗片殘留着。

　　要之，水仙之球根，爲由三年間形成之鱗片所生成的，其側芽，
亦保有二世代之鱗片。圖3‧18，爲表示一年間球根之生長及鱗片之
消長的。

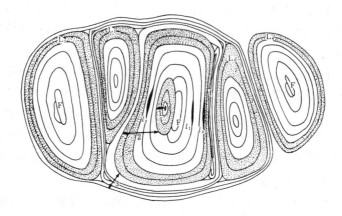

圖 3‧17　水仙球根之六月下旬之橫斷圖

（由岡田，三輪等之照片橫寫）

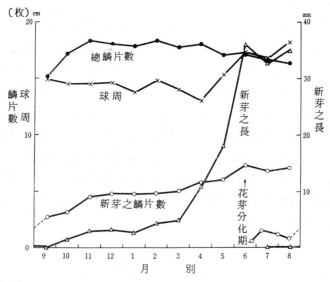

圖 3‧18　水仙球根一年間之發達經過

（岡田 等之成績模寫）

　　新芽鱗片之形成，是一種假軸分枝式，中心之老生長點，成爲花芽後，在花芽之側，新生長點，則開始分化。其分化之時期，約在一般花芽分化期半月之後。而生新生長點到翌年六月，成爲花芽爲止之間，約能形成6～7枚之鱗片。其中最初之1～3枚，不能成爲翌年之同化葉而成葉鞘。故以後生成之4～5枚，爲形成同花葉之鱗片。

　　要之，水仙以六月之花芽分化期，爲境界，在一年之周期內，能生6～7枚之鱗片，比前記之風信子，花芽分化期及鱗片形成之交替期，除了早一個月外，在本質上，沒有甚麼不同。球根之肥大，如前圖，甚爲明顯，到四月爲止，差不多認不出來。但到了以後之六月爲止，已相當進展。此可視爲由于隨同化作用，鱗片肥厚之故。此點亦與風信子，極爲相似。

　　水仙之葉序，爲½互生，在 King Alfred 品種，側球做爲由今年伸出于地上，活動之葉基部鱗片之腋芽，被形成之故，生成之方向，亦與葉序一致，大體並列于一直線上，被形成了。但此時，不是所有之鱗片腋部，能形成腋芽，比葉鞘，在同化葉，鱗片之葉脈，則容易形成。在一個之球根，大體形成三個之側球，甚爲普通。形成側球之此種腋芽，從四月中旬到五月分化，到鱗片形成周期之交替期之六月爲止，約能形成四枚上下之第一世代之鱗片。此等鱗片，翌年以分蘖之形態，抽出二枚之葉鞘與二枚之同化葉于地上。過了六月時，側球之中心生長點，則開始繼續形成第二世代之鱗片。而且生長良好之側球，到翌年六月，則形成花芽。側芽第二世代後之生長，略與主球之生長，沒有很大的差異，但隨主球中心鱗片之增加與外側鱗片之消耗，此等側球，順次則被押出于球根之外側，發生早者，不到半年，則由主球而脫離，成爲獨立之球根。

　　在多數之球根類，隨頂芽優勢之性質，其子球之發達，愈近于母球之中心部着生者，發育則愈佳。但水仙，依此種子球着生之位置，在發育上，並不認爲有任何之差異，所有之側球，似乎大概均能平均發育。

在水仙側球之着生方法上，如前記之阿爾弗勒得王（King Alfred），從葉序之方向說，似乎有在一直線上生成之品種與有在不規則之方向，生成側球之品種。房開黃花水仙、幸運（Fortune）等品種，屬于前者。Selmalagalof，超金（Golden Super），Mountfood 等品種，似乎屬于後者。後者在鱗片中央部以外之處，亦能形成。又在一枚之鱗片基部，能生成二個以上之側芽之故。此等芽之形成，似乎爲環境條件所左右，但詳細情形，尙未明白。

　　主球　　　圓球 2 芽　　　圓球單芽　　準圓球　　偏平球

圖 3‧19　水仙球根之形態

水仙有如上之分球方法，故球根不單大，依側球之發達與分離之程度，有如圖 3‧19 形狀之不同。吉池、小野氏等（1966 年），將水仙球根之形態，分爲次記五種。並調查其繁殖之法了。此二人，雖然沒有敍述明白之基準，但可推定爲次記之五種。

　　偏平球　　爲今年由主球分生獨立之偏平小球根，掘出時，其底板部，尙附着于母株。芽只有一個，栽植後，第二年着花不多。

　　準圓球　　與前者同，雖爲今年分生之球根，但爲先年已分蘗之側球分離所生的，當收穫之時，由主球則易分離。其球根頗大，帶圓形，芽只有一個，在次年度，多能開花。

　　圓球單芽球　　爲將偏平球或小形準圓球栽植時，第二年所生成之球，呈球形，只有一個芽，到次年度，差不多全部均能開花。

　　圓球二芽球　　將大偏平球，或準圓球栽植時，則容易生成此球，有芽二個，栽植此球後，確能着花1〜2穗。

　　主球　　　爲分生偏平球之主球，形很大，但側球附着之側，呈偏平形，故形劣，芽只有一個，翌春全部均能開花。

　　以上各種球根中，偏平球開花率低，又分開偏平球分球後之主球，在輸送貯藏中，由傷口則容易腐敗，形狀亦劣，故一般不能販賣。吉池氏（1966），爲明瞭各球之特性，將種球依形狀及大小，分別栽植，以調查次代生產何種形狀之球根及比例，得到圖3.20之結果。

　　依此亦甚明顯，栽植偏平時，則不分球而大部分均成爲圓球。栽植準圓球時，過半數則成爲圓球，但此外，有少數分球，成爲主球與偏平球。栽植一芽之圓球時，大多數則分球成爲主球與偏平球，在小球時，一部分則成爲圓球，栽植二芽之圓球時，則生成準圓球二個，或分球爲主球與偏平球。又栽植主球時，則分球爲主球與偏平球，或形成圓球。

　　從以上之結果觀察時，做爲種球，除偏平球外，多栽植2芽之圓球時，至翌春則能生產多量之販賣球。主球價格甚廉，故若以不販賣做爲種球栽植，以圖生產偏平球時，則可增多第三年之供販賣用之球。

　　水仙之分球性，似乎依品種而有相當之差異。但就多數之品種，比較的成績，尚未看到。對于分球惡劣之品種，如風信子，施行刻溝（Notching）或刳取（Scooping），似乎亦能獲得子球，但此點，亦爲將來應研究之問題。

五、孤挺花（Amaryllis）

　　孤挺花之球根，爲酷似于風信子之層狀鱗莖，每年母球並沒有消耗，而爲能繼續生長的型態之球根。關于其生長周期，荷蘭之布拉烏氏（Blaauw 1931），曾就溫室栽培之球根，研究過。

　　孤挺花，形成四枚之同化葉，而每個同化葉，形成一個之花芽。而且球根之鱗片，由于其同化葉之基部生成肥厚，故不如鳶尾花與水

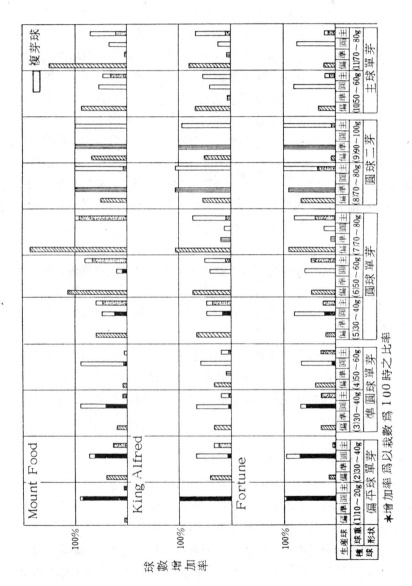

圖 3・20　水仙種球形狀別之球數增加率（吉池，小野 1966）

仙花,具有葉鞘或貯藏葉等之鱗片。此四枚之鱗片中,最接近于花莖之一枚,呈筧狀,沒有色着球根,但其他三枚之鱗片,完全包圍球部之全周。

　　球根之生長與水仙同,爲假軸分枝式,球根中心之生長點,形成四枚之葉後,則膨大而成花芽,到了形成最初之苞的時期時,此種花

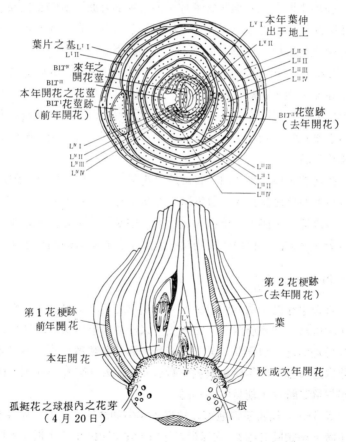

圖 3·21　孤挺花球根之橫斷面（上）與縱斷面圖（下）（穗坂）

芽與最後生成之筐狀葉之間，則生出新的生長點，此生長點與下一季節之葉，則形成花芽。若營養及其他條件不良時，由于花芽則不能分化，僅繼續生出葉來，兩個季節生出之鱗片，繼續生出七枚葉之事亦有。

　　為探找以上之生長周期，將球根切開觀察時，則如圖 3．21 。在其最內部，次年伸出于地上之葉與花，已形成新芽了。在其外側，有現在伸出于地上之葉與花之鱗片。而再在其外側，有先年之葉與花莖，順序成層狀而圍卷着。要之，在一個之球根，含有 3 ～ 4 代之鱗片，外側之老鱗片，則成為外皮，漸次消耗下去。

　　孤挺花之原生地，為接近于南北美洲大陸之赤道的低緯度之高原，故在原生地，並無明顯之休眠，周年能繼續生長。縱在日本地方，若栽培于暖地或溫室時，其生長能從春天到秋天為止，連續生出 2 ～ 3 組之葉與花。要之，能連續形成葉八枚與花二枝，或連續形成葉12枚與花三枝。

　　孤挺花，與風信子同，在鱗片之基部，不易形成定芽，因此，少有營自然分球之現象，一般繁殖至今多用種子繁殖了。

　　但到近年，與風信子同，施行人工繁殖，使之發生不定芽，以圖發生分球之方法，已趨于實用化，而能生產營養系的品種了。

六、百合（Lily）

　　百合之球根，為鱗狀之鱗莖，在短縮之莖上，葉之變形肥厚之鱗片，如鱗狀，而重疊附着，無外皮。又不如鬱金香或鳶尾花之球根，每年母球消耗，依新生之新球而更新，鱗片能繼續生育 2 ～ 3 年，並在球根之內部，每年能繼續發生新鱗片而肥大。故在一球根，經 2 ～ 3 年生成之鱗片，能着生在一起。

　　表 3-5，為表示鐵炮百合球根之大小與鱗片之數的。球根在秋季栽植時，則如圖 3．22，從球根之下部，發生底出根（下根）。此根，與其說是養分之吸收，不如說是為支持地上部用的為妥。到了秋季，

若不將球根掘出時，則只能生育二年。又莖伸出于地上時，從莖之地中部之各節，亦能出根來。此種根，稱爲莖出根或上根，主爲司吸收肥料或水分之用。

百合除地下之球根外，在莖之地中部分之節上，亦能形成小球根。莖上所生之小球根，稱爲木子（bulbilet），爲腋芽變化所成的，具有與一般球根同樣之性質。

表3-5　　青軸鐵炮百合球根之大小與鱗片數（淸水）

球根之周圍	重　　量	鱗片數	備　　考
6公分	5克	16	木子小
9	10	27	木子大
12	32	36	
15	45	39	
18	71	49	
21	98	58	開花球
24	133	—	
27	230	—	
30	—	—	
33	390	125	

此外在地上莖之葉腋，亦有生成珠芽之種類。

珠芽在植物學上，與木子爲同一之種類，在日本鬼百合類，最易形成珠芽。但在其他之多數種類，僅在特殊之條件下，始能形成。

百合球根之形成，在母球中心之開始伸長之莖側面，依二月前後發生之新芽而形成。新芽在生育中，連續不斷地形成鱗片，而且在生育之後期，成爲翌年伸長之莖的芽，亦可以形成。

1.分球

鱗片增加後，到了某種程度，長大的球根，芽則分爲二個，成爲自然分球。但此種分球，最多只能分成二個乃至三個，做爲繁殖之方法，自無問題。分球時，在球根栽培上，球根長不大，品質亦低，一

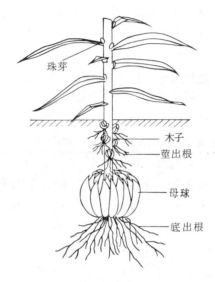

珠芽

木子
莖出根

母球

底出根

圖3‧22　百合之地下部與地上部之形態

般稱此種現象為球裂，反成為球根生產上之障害，就中，在如北海道
之寒冷地方，連比較小之小球根，亦引起此種球裂，故已成為問題了
。據前川，明道二氏1948年之研究時，愈大之球根，愈易引起球裂
，在北海道地方之赤鹿子，70～80克之球根；在角田，20克之球
根；在黑軸鐵炮百合，到了七公克以上時，發生球裂現象之球根，則
達50％以上云。關于發生此種現象之原因，岡田氏（1951年），曾做
了詳細之實驗。　其實驗的結果，前述之在母球中心生成新球的生長
點，同時形成二個以上，由于此種生長點，各自形成新鱗片，故引起
分球。引起球裂之原因，由于在新球形成之直前，遇到低溫，就中在
依低溫，新球之生長點形成被抑制時，分球發生則最烈。但從新芽已
形成之3～4月起，縱遇到低溫，則不生分球。因此，依覆蓋或深植
之管理，在某種程度，則有防止分球之可能。

　　2.木子繁殖

在百合自然繁殖中，主要之方法，則為利用木子之繁殖。鐵炮百合、透百合、鹿子百合、山百合等之繁殖，一般多用此法。木子之大小，亦依種類而異，如鹿子百合與鬼百合之木子，甚大，其球周達9公分之長，但透百合、姬百合、山百合、笹百合等之木子，僅如豆粒之大。又姬百合、竹島百合等，差不多不生木子。

木子之數，除了依品種系統外，更依母球之大小與栽培條件而變化甚大。一般球根之肥大旺盛者，着生木子則少，反之，球根之發育不良者，着生木子則多。岡田氏（1951），曾用黑軸鐵炮百合，為供試之材料，做過証明，報告在二年生之大球，球根之大小（球周）與木子着生之間，看到有一0.770之很高負相關係數。並驚告云：鐵炮百合為一種混雜系統，若僅注意于增殖，無意中僅將木子着生甚多之種球繁殖時，則至于生成球根發育不良之系統，可使百合有退化之憂。

在栽培條件上，母球栽植之深度，影響甚大。深植時，生成木子則多，但母球之發育，則不良。淺植時，則可獲得相反之結果。因此，若欲獲得多量之木子時，或施行深植，或將母球橫植亦可。又阿卡氏（Acker 1949），曾將鐵炮百合之球根，浸漬于Naphthalene 醋酸之methyl Ester 中後，若用高濃度溶液浸漬時，植物之生育則遲，但木子之着生，則減少了云。

木子不單發生于地中之莖上，縱在鱗片之基部，亦能發生。日本長野縣之五味榮氏，曾利用此種方法，想出如次之方法，即對于不易發生木子之竹島百合，將掘出之大球根，陰乾半月，等到外側之鱗片，稍微變軟時，將鱗片壓開，填充砂與赤土于其間，然後將此球根栽植之。用此種方法栽植時，到翌年之秋季，將球根掘出時，看到鱗片之基部，已形成7～8個小形之木子了。此為由于在鱗片之基部，先形成腋芽，然後發育成小球（木子）之故。

此種小球，亦與木子同，分離後，栽培時，亦可成為大球根。

木子與鐵炮百合同，栽培2～3年時，球周可達18公分以上，自可供販賣之用，又用山百合或鹿子百合時，亦可生成更大之球根。

3.珠芽繁殖

如鬼百合能生成零餘子之百合，採取零餘子後，卽刻播種時，如木子亦能供繁殖之用。在鬼百合，一莖上，能生成 50～60 個之珠芽，珠芽比木子小，到成爲成球爲止，雖遲一年，但在繁殖上，並無甚麼困難。依珠芽行繁殖時，將母球之蕾，在小時乘早摘去時，珠芽之肥大則佳。一般縱在不生珠芽之百合，若放置于暗處，或塗抹植物荷爾蒙劑于腋芽時，據說能形成珠芽。但尚未看到有此種資料之發表。珠芽生成之條件或方法之研究，不論在學術上或實用上，甚爲重要，故今後有從事研究的必要。

在百合類，有如斯多數之自然繁殖法，故在繁殖上，並無困難，其中最有效之方法，則爲鱗片繁殖。關于此種鱗片繁殖法，擬在人工繁殖項下，加以敍述。

七、番紅花 (泪夫蘭 Crocus)

番紅花之球根，與唐菖蒲等，同爲球莖，莖肥大成扁球形。外側爲前代之二枚葉鞘與外側二枚之葉之基部薄膜化生成之外皮所包着，將此剝去後，前代之葉附着之葉跡約以$\frac{3}{8}$之葉序，並列爲同心圓狀，在此可以看到一個之腋芽。

秋季栽植球根時，在近于中心部（頂部），有數個芽，生長成爲各有5～9枚之葉與持有0～5個之花的分蘖，開花後，每個分蘖之基部則肥大，形成新球。因此，新球能形成與分蘖同數之個體。

圖3‧23爲顯示新球之生成方法。爲看到開花後之3月上旬之Large Yellow 品種之球根之模式圖。

在此圖上，1～7之芽，已退化了，8～13之芽，生長後，成爲分蘖，其基肥大，開始形成球根了。

又圖3‧24爲表 purpurea 品種之根莖部，故新球已相當肥大了。番紅花，年年亦消耗母球，爲與新球交代型之球根。縱在此圖上，亦能看到，母球耗盡養分，在新球之下，萎縮殘留之狀態。又從新

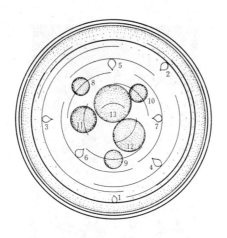

圖 3‧23　番紅花之新球生成方法

球之基部，多發生牽引根。此牽引根，比從母球之底部所生之普通鬚根遙大而短，一看此圖，卽可區別出來。牽引根，與其說是吸收養水分之根，不如說是主爲牽引新球向地中之用之根爲妥。故新球能生成于母球之上。此爲防止新球露出于地面之功用之故。

　　在番紅花新球之形成上，亦能看出有頂芽優勢之現象，愈近于中心之分蘗，着生花與葉，則愈多，生長亦旺盛，所生之球亦大。而且依品種，情形則異，如分球數雖多，但分球之肥大遲，或球根雖甚肥大，但球數則不大增。其繁殖能力不一者，我想是由于此種優勢之性質，有強弱之分。但番紅花，一般分球能率，並不甚劣，故在實際栽培上，考慮人爲的分球促進法的必要，似乎甚少。番紅花，成爲新球之基礎的腋芽分化時期，甚早，據筆者之觀察，在三月內，在開始肥大之新球上葉之基部，成爲翌年分蘗之腋芽（原始球體），早已形成了。

八、小蒼蘭 （Freesia）

　　小蒼蘭之球根，與唐菖蒲同，莖爲短縮肥大呈紡縋形之球莖，其外側，依前代葉鞘成爲薄皮膜，共五枚之外皮所包覆着。將此剝去時

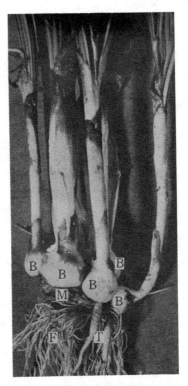

圖 3.24　番紅花新球之形成狀態
（品種 purpwrea 4 月下旬）
M：母球，B：新球，T：牽引根，F：鬚根

，在莖之表面上，有外皮附着之節，共四段，形成橫紋，在其中央，能看到各節各有一個之腋芽。小蒼蘭之葉序，爲½式，葉互生，故芽之位置，亦左右交互，並列排成兩個縱行之條列。此種芽與其他之球同，亦具有頂芽優勢，其芽愈至尖端則愈大，栽植種球時，頂芽則先發芽生長，其莖之基部則肥大，形成主球。又其他之側球，一般不發芽，在其原來之位置上肥大，各有形成木子一個。種球爲地上部之生長與球莖之肥大，費盡養分，從開花期前後，則急速消耗，到成熟期

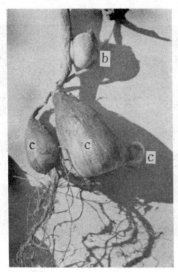

圖3·25　小蒼蘭球根之形成方法
C：子球，b：珠芽
品種：Rijn veld's golden yellow

，則萎縮了。

　　在小蒼蘭，此外，有時，伸出于地上之第一葉基部，有着生黃豆大之珠芽之事。圖3·25，爲表示 Rijn veld's Golden Yellow　品種，在5月下旬球根之狀態。

　　與繁殖，雖無直接之關係，但在小蒼蘭球根形成之異常現象中，有名爲「二層球」者。此種二層球，有發生于促成栽培時之報告。如圖3·26所示，種球差不多沒有消耗，在其上新球則相重，成二段生成的。

　　就其原因說，尚未明白，但如牛酪杯（Butter Cup）休眠深之品種，行早植時，則易發生，從此種情形觀察時，在休眠作用沒有完了之期內，栽植種球時，世代之交替，則沒有完成，種球則未能完全供給貯藏養分于新世代之球根，種球以原態殘留下來，新世代莖之基部

圖 3·26　小蒼蘭之二階球現象（阿部，川田，歌田，1964）

，則肥大形成新球，故可以想到親與子二代之球根，成二層生成出來。

　　小蒼蘭，球根之肥大亦佳，木子（側球）在一株能着生 3～5 個，故繁殖比較容易，沒有特別用人工繁殖之必要。

九、唐菖蒲（Gladiolus）

　　唐菖蒲之球根，與番紅花同，莖爲短縮肥大之球莖，外側依先年之葉鞘薄膜化之外皮所包覆。將外皮剝去時，在球莖之表面，其節並列成輪狀，由于葉序爲½式，故在各節上，腋芽一個一個，縱列成一直線。此種 1～4 個芽，從頂部起，順次發芽，伸出葉與花莖，其基部則肥大形成新球。關于生育經過及球莖之肥大，有哈地塞馬氏 (Hartsema 1937)，飛發氏（Pfeiffer 1931），小杉氏（1952），妻鹿及木下氏等（1953），妻鹿氏（1959）等，曾經研究過。圖 3·27，爲表示唐菖蒲之生育經過的。故栽植後，發芽後之葉，到六星期爲止，則急速伸長，但以後之伸長則劣。葉重在四星期後，則沒有看到有大的增加。母球當地上部生長旺盛之第六星期上下爲止，爲生長而

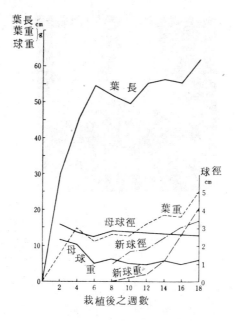

圖 3·27　唐菖蒲之生長經過（妻鹿，木下，1953）

　　急速消耗養分，但其後重量之減少，則劣。在另一方面，新球則從第
八星期起，開始肥大，新球僅形成分蘗之數。此種分蘗之生長與新球
之肥大，依頂芽優勢之性質，愈近于母球之中心的位置者，生長則愈
旺，生長于外側之新球，比中心之新球，形小而易成長形。

　　唐菖蒲球莖之肥大生長，主依皮層部柔組織之發達，據妻鹿氏（
1959）之研究，中心柱部之徑，栽植後，到 50 日為止，僅稍增大，但
以後差不多，沒有看到發達。然皮層部，隨生育之進行，則繼續增大
。就中，從新球之肥大旺盛之栽植後 90 日前後起，則急速發達，皮層
部，則至于占新球之大部分。此種皮層部之發達，是依其柔細胞之數
及個個細胞之肥大而成的。

　　在唐菖蒲之繁殖器官中，除了上記之球莖外，如圖 3·28 所見到

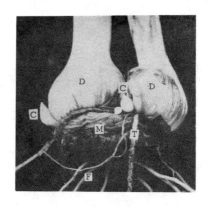

圖3‧28　　唐菖蒲之開花期前後之地下部的狀態

M：母球，D：新球根，C：木子，T：牽引根，F：鬚根

的，由種球與新球莖之間，有極短之部分，相當于側枝之物發生着，在其尖端，有生成肥大之木子。木子之形成，比球莖之形成稍晚，在開花以後，其數與重量，均能增加。木子之着生，一般在愈近于中心之球莖，其數則愈多而愈大。由木子發生之新球與母球相接着之部分，發生牽引根，有將新球牽引到母球之位置的作用，亦與其他球根相同。

　　唐菖蒲之繁殖率，亦依系統與品種而大有差異，又縱在同一品種，依種球之大小，亦大有差異。一般球根愈大，球莖之形成則愈多，木子之着生亦愈佳。唐菖蒲之繁殖，依球莖與木子而增殖，栽植大木子時，到秋季，則開花。縱爲小木子，若種植一年時，則可獲開花之球。故在增殖上，並無困難。唐菖蒲之木子着生，依短日處理，可以促進，就中在開花期以後之四十日前後，施行短日處理時，則增加甚著，此種情形，曾由塚本、淺平、今西等氏于 1963 年，報告過。在不易生木子之品種，若施行短日處理時，我想在高緯度地帶，亦有栽培之可能。

十、大理花（Dahlia）

大理花之塊根，從植物學上觀察時，爲由莖所生之不定根肥大所成的。故當繁殖時，需將帶有此種塊根上保有發芽點之莖的一部，切斷分離之。關于大理花塊根之形成，靑葉及渡部氏等，曾于1960～61年研究過。據其研究的結果時，不定根栽植後，約經20日上下，則開始發芽，經過二個月時，不定根則增加，其中一部，則開始肥大，到了收穫期前後，約半數則塊根化。並不是僅特定之不定根，能成塊根。其中不肥大之不定根，與塊根化之不定根，在本質上，並無差異。肥大的現象，爲依形成層環之分裂所生木部柔細胞數之增加與其肥大的結果，故與日長、光之強弱及營養條件等，有關係。

就中，短日能促進塊根之形成及肥大。此爲旣冒曼氏（Zimmerman)與希奇科克氏（Hitchcock）　1929年，朗喬氏（Rünger 1955），斯特分氏（Steffen 1958）　，安田氏（1959）等指出來的。

圖3·29　大理花塊根之發育方法

大理花塊根之發芽點，如圖3·29所示，爲莖之基部之節上，形成之芽，在塊根自身，或莖節間部，則不能形成不定芽。因此，沒有發芽點之塊根，縱將此栽植于地中，亦不能發芽，故分球時，必需帶着有發芽點之莖之一部分之。又爲多重生產具有能發芽之球根，需增加地中莖部之節部，以使各節能生肥大之根爲可。因此，爲栽植種球時，如圖3‧30可用圖之Ｂ法，故意將芽向下栽植，如將發芽之芽，在地中彎曲伸長，或用圖之Ｃ法，將發芽之芽，向橫倒伏栽植，或如圖之Ｄ，先行淺植，隨其生育之進展，在株基施行寄土。

大理花之塊根形狀與大小，依品種而異，但與其他球根類，不一，其生育，似乎依存于種球之貯藏養分程度，較少，縱栽植大球根或

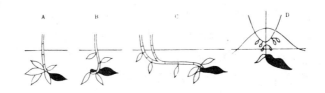

圖 3‧30　　大理花栽植之方法（安田，1964）

栽植小球根，在生育上，沒有看到有很大的差別。

又安田氏（1964），曾將球根，分爲球根原形，或切爲⅔，½，⅓等，栽植之，比較其生育及收量。認爲其間，差不多沒有差異。大球根，反有處理不便之嫌，以中型或小型之球根，爲一般所喜用云。當栽培球根時，此事，亦應加以考慮，復不能不考慮品種之選擇與方法。

施行大理花之分球時，在遇到秋霜前，稍早將地上部從根基切去，然後將根細心無傷根部，掘出，勿使根莖受傷，卽刻將株，切開爲二個或三個，放入箱中，塡入穀皮或粗大鋸屑，貯藏于地下室或乾燥溫暖之室內，到12月～1月時，發芽點則膨大起來，故在此時，將球拿出，每球必需具有芽一個，用小刀或剪刀切開之，球根在輸送途中，則易乾燥皺縮，使外觀與品質劣化，故在分開球後，以施行塗蠟處理爲宜。

在日本之大理花之球根，一般均着有如上述之發芽點，販賣分球之球根。在外國，有不分球之株，販賣的。爲使新品種急速繁殖，則

可芽插或葉插，行人工繁殖法。其法，擬在人工繁殖之項下中述之。

十一、鈴蘭（Lily of the valey）

　　形成地下莖植物之大部分，爲單子葉植物，在此，擬就其代表的植物之鈴蘭地下莖之形態與生長周期，加以敘述。關于此點，以前荷蘭之斯維得氏（Zweede 1930），曾做過詳細之研究。鈴蘭如圖3.31所示，新地下莖之枝，于3～4月，伸長于地中，其尖端成爲營養芽。此種營養芽，由二枚之葉與四枚之葉鞘所成。在第一年之春季，此種營養芽，伸出二枚之葉于地上，營行同化作用，貯藏養分于地下莖，在尖端形成頂芽，在同化葉之基部，形成側芽，進入秋季之休眠期，在第二年，頂芽（主枝）與先年同，伸長葉于地上，營行同化作用。其側芽，伸長于地中。到第三年時，在伸出葉于地上之主枝之生長點，到五年下旬，始分化花芽。側芽（側枝），比頂芽遲一年，依同樣之生長周期，而生長。圖3.31之B圖，爲表示被稱爲鈴蘭之小花（Pippu）之三年生地下莖尖端之花芽秋季之形態的。

　　花芽與其基部之營養芽，爲四枚之葉鞘所包着，在其莖之下部，可以看到今年葉跡之節及先年之4枚葉鞘與2枚葉跡之節。做爲促成切花或露地栽培用，販賣的，即爲此種形態之物，可以說是匹敵于球根之物，將此在秋季栽植時，到了翌春，則可伸出花梗而開花，其基部之營養芽，在新的周期，則開始生長。

　　鈴蘭一般在十月前後，掘出株根，將附着于地下莖之尖端之花芽（Pip）與營養芽分開，花芽供販賣之用，營養芽則供繁殖之用。花芽大而帶圓形，但營養芽則細長，故從外觀即可區別。營養芽一般具有先年生出葉于地上之頂芽與側芽一個。圖3。32，爲星野氏于1964年在新潟地方調查的德國鈴蘭着芽之模式圖。

　　據上圖，亦甚明顯，栽植營養芽時，在次年由頂芽與側芽，各自伸出葉來，而且至第二年，一部之頂芽，始形成花芽，到了第三年時，其頂芽則開花，又在其他大部分之株上，形成花芽。如斯，從栽植

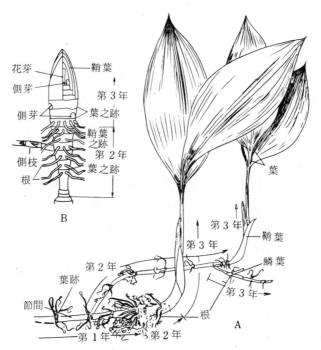

圖3·31　鈴蘭之地下莖之形態與生長周期
(Hartmann and Kester, 1965)

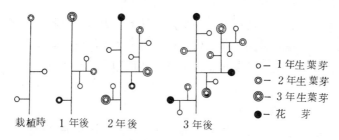

圖3·32　鈴蘭着芽之模式圖 (星野，1964)

營養芽後，到開花爲止，最少需要三年之年月。又在鈴蘭之養成栽植上，販賣用之花芽，在眞的生產上，亦需三年。分化爲花芽之頂芽的葉，稍帶圓形，葉數只有三枚的亦多，故以此爲標準，在栽培中，觀察時，從一定之圃地，能生產多少之花芽，大概可以推知，甚爲便利。

　星野氏與其他，曾調查關于花芽之着生率之某種栽培條件。據其結果，光線強者，較日陰者，花芽着生容易，並將栽植密度，從每3‧3平公尺（一坪地）栽植170株，三倍數區，九倍數區，27倍數區等，分別栽植時，疏植者，一定面積之生產花芽數，雖少，但平均每株之生產花芽數則多。一般在3‧3平方公尺內，以栽植3～400株爲佳。又從土壤之條件說，排水佳良而輕鬆之洪積土，比重粘之埴質壤土與水田土壤時，生育亦佳而花芽數亦多。

第三節　球根類之分球調節與人工繁殖

　如前項所述，球根類，在栽植時，依子球之形成，或分球，能自然增殖，故增殖率高者，僅在適期掘出，將此栽植，極易繁殖。但依種類，有子球之形成或分球不易者，此類球根，僅靠自然繁殖時，有不夠需要的時候。

　塚本氏（1963），依自然營養繁殖之難易，將球根類，分爲次記之四類了。

(1)營養繁殖極易者

　阿奇買乃士（Achimenes 屬）（苦苣苔科）、紫花韭（Brodiaea）、大理花（Dahlia）、唐菖蒲（Gladiolus）、百合類（Lilium spp.）、盟地布賴地阿（Montbretia）。

(2)營養繁殖普通者

　黃花僧蒜（Allium）、球根秋海棠、美人蕉（Canna）、秋水仙（Colchicum）、番紅花（Crocus）、小蒼蘭（Freesia）、克洛利奧沙（Gloriosa）、大岩桐（Gloxinia）、鳶尾花（Iris）、莫士卡利（Muscari）、水仙、參內傘（Scilla）、士典伯爾宜阿（Sternbergia）、姬唐菖蒲（Tritonia）、鬱金香。

⑶營養繁殖之能率不良者

　孤挺花（Amaryllis）、風信子（Hya-cinth）、馬脚形（梅花藻屬
　）（Ranunculus）。

⑷營養繁殖不能者

　仙克來（Cyclamen）。

　以上四類之中，第一群，差不多，在繁殖上沒有問題，但其中，有依品種，其繁殖能率劣者亦有。故對于此種品種，有考慮用特別繁殖法之必要。第二群，一般亦無問題，但品種間之差異亦大，故對于繁殖率差者，亦需要用人工繁殖。就中，育成新品種，或導入新品種時，爲使急速繁殖，則不能不用人工繁殖了。

　第三群，若任其自然時，則不能增殖及普及，故人工繁殖，則成爲栽培上之重大問題了。但更重要者，爲人工繁殖與品種改良，具有密切之關係。此等群類，雖依種子可以繁殖，但用種子繁殖時，無論如何，則不能獲得形質整齊之株，做爲品種賣出時，若要劃一的形質時，則需要反覆自花受精，在遺傳上，則不能不使之近于純系，但如斯做時，要經很多之困難與長久之年月。然若能確立能率優良之營養繁殖之技術時，若育成優良之株時，縱在遺傳上有問題，又縱爲不稔性不能採取種子時，並無任何困難，若將優良之株，行大量營養繁殖時，則可生產整齊形質相同之株。因此，在球根草花，此種營養品種之育成，從品種之發展上說，甚爲必要。例如孤挺花之栽培，在十餘年前，主用種子繁殖，故形質整齊之品種，實未曾有過。但近年由于人工繁殖之技術，急速進步的結果，與以前大不相同，已能大量生產優良營養系品種了。屬于第四群之仙克來，最近亦有人工繁殖之進行，故在最近之將來，我想會有大量優良營養系品種的出現。本節擬就此種人工繁殖之方法，以主要球根類爲例，加以敍述。

一、分球調節

　球根類，依種類、品種，有的球根之數雖多，但能供販賣之大球

根的，不甚多，或相反地，球根雖大，但球數並不甚多的亦有。此時若能調節分球時，則甚爲理想。在此，擬就分球調節，研究最進步之鬱金香，加以解說。

鬱金香之分球調節

消去花芽法（blindstocker）　簡稱消花法

在二次世界大戰以前，將鬱金香之種球，從荷蘭經過西伯利亞，輸入至日本時，在翌春能正常開花，但經過瑞士輸入日本者，則不開花，在當時，常常成爲問題了。此由于在輸送途中，曝露于印度洋之高溫多濕之處，花芽之發育被阻止，引起盲芽（蕾消失）之發生的緣故。此種不開花之株，球根之繁殖能力，甚佳，有收量亦多之傾向，因此，爲栽培者所注目。由塚本氏（1952），志佐及萬豆氏（1953），豐田及西井氏（1957～8）等多數研究者，積極地，將貯藏後期之球根，隔一定之時間，放置于33～35℃之高溫室內，使之發生盲芽，而圖球根之增收，所謂消花法被研究了。在荷蘭，哈地塞馬氏及路停氏（Hartsema and Luyten 1950 年），亦做了同樣之稅究。但其結果頗不一致，有沒有獲得收穫的，有分球數增加，球重之增加不顯著的，有球重增加顯著，而分球數沒有增加的。

我想此由于高溫處理之影響，依品種、球根之大小、球根之生理狀態、處理溫度與期間，處理時期等，有很大之變化之故。受到高溫處理之鬱金香，依其影響之程度，可分爲下記四種。

1. 正常開花者。

2. 花莖伸長，但蕾變成紙狀，不開花者。

3. 蕾成爲痕跡，但花莖伸長者。

4. 不形成蕾，花莖亦不伸長，從株基發生分蘗，伸出多數之葉者。

現出種種的階段，處理太弱時及處理太強時，均未能收到增收之效果。豐田氏及西井氏，曾檢討消花法之增收發生的時候，已明白依處理，鬱金香所呈上記之生育狀態中，在 2. 之花莖伸長，不開花的程度時，球數增加甚著，球根之重量亦增加。 3. 之花莖能伸長，但蕾不

表 3-6　　高溫處理對于鬱金香球根收量之影響

（豐田、西井）1958 ）

處　　理	處理	收獲	收獲		大小（球周 Cm ）之球根個數						
時　　間	日數	株數	球數	球　　重	13.5 以上	12.5 以上	11.5 以上	10.5 以上	9.5 以上	4.5 以上	4.5 以下
8月上 中旬	13	30	85	1.281^g	8	9	7	6	7	45	3
	15	30	99	1.284	5	4	9	7	15	54	5
	17	30	93	1.257	3	5	10	11	5	53	6
	20	29	96	1.296	3	8	9	9	12	53	2
9月上 中旬	13	30	99	1.277	1	10	10	11	4	59	4
	15	30	101	1.316	2	3	10	18	6	58	4
	17	29	95	1.281	3	6	9	10	2	59	6
	20	26	85	1.087	1	5	8	11	3	55	2
10月上 中旬	13	30	96	1.422	4	7	11	7	8	52	7
	15	26	95	1.293	6	3	13	5	9	58	1
	17	23	86	1.060	5	3	7	5	4	51	11
	20	11	39	370	0	1	2	4	2	30	0
無處理		30	88	1.239	1	5	13	10	8	48	3

註：使用 Fucomsander 31 球，處理爲 35℃

能生成之程度時，球根之總重量，雖無很大之變化，但球數則增加甚著。

高溫處理之影響，如表 3-6，時期愈遲，似乎影響則愈強，在 9 月中旬，以處理 15～20 日間，在 10 月上旬，以處理 10～15 日間，在 10 月下旬，以處理 7～10 日間，爲適當。

又從品種說，休眠早破，幼芽之發育愈早之品種，則愈強，又縱在同一品種，貯藏于冷處，休眠打破愈早之品種，影響則愈強。因此盲芽之發生，與休眠有關係。從以上之點，觀察時，依高溫處理，鬱金香發生盲芽之事，當休眠解除，球根之生理作用，趨于活潑時，由球根內之貯藏養分，轉化爲可溶性之糖分之事，依高溫而被阻害，則生成養水分之饑餓狀態，生長最旺盛之中心花芽，受到障害而枯死，甚至花梗之發育與葉之發育，亦被阻害了。

　　但是爲甚麼？消花法行高溫處理時，分球則多，球根之收量，是增加了麼？一般摘去植物之頂芽或花蕾時，頂芽優勢之性質，則被破壞，側枝則易生出，此爲一般所熟知之現象。鬱金香之球根，亦如前所述，爲莖之縮短所成的，依高溫處理，成爲盲芽時，則其理由，自與摘心同，頂芽優勢，則被破壞，一般，像沒有發達到球根之外側之芽，能發達到球根，我想分球之數，自會增多了。

　　萩屋氏（1963），從球根之底部，插入細小木栓剜入器（Corkb-owler），除去球根之芽，獲得分球數增多之成績了。但此種頂芽優勢，被破壞時，不單由于花芽成爲盲芽，貯藏于高溫下之球根，亦有直接破壞頂芽優勢之作用。施行消花法後，生長之側球，外側之鱗片，則成爲葉而伸出于地上，在株基，則成爲分蘗葉。因此，在中心球以外，側球亦着葉，葉面積增多之時候亦多。故同化量則多，球根之重量，亦至于增加了。

　　如斯，消花法之高溫處理，依球根之狀態而大有變化了。故將處理期，行劃一的規定，甚爲困難。在實際上，從處理中之球根中，每隔2～3日，取出五球以調查花芽，從花芽之一半上下起，到尖端軟化成薄膜狀的程度，完成處理時，恰恰甚佳。

　　安田氏（1957），依37°C之高溫處理，想試驗促進水仙之分球，但沒有獲得良好之結果。依高溫處理，縱用鬱金香以外之球根，若能調節分球時，則爲甚有利之事。關于種球之貯藏條件與繁殖，擬再在以後述之。

二、插木繁殖

　　在球根草花之中，有依插木容易生根，並能繁殖成大苗的，插木之方法，依所用之器官，可分爲下記四種。

　　a、莖插（用生長之莖）

　　b、芽插（用幼芽）

　　c、葉芽插（用附着莖之一部的葉）

　　d、葉插（用葉身或附着葉柄之葉）

　　其中，a與b，在插穗上，已有芽了，c在葉基部之莖部分有腋芽，故只要生根時，繁殖則略已成功，但在葉插時，沒有定芽，根之形成與不定芽，則不能不同時形成。能用莖插、芽插及葉芽插者，有大理花、阿奇買乃士（Achimenes 苦苣苔科之植物）、球根秋海棠、百合類等。能用葉插者，有阿奇買乃士、加爾脫尼阿（Galtonia ）、大岩桐、Akanalia 、球根秋海棠、大甘菜(ornithogalum)、Silsoides、仙客來（Cyclamen）等。

1.大理花之人工繁殖法

　　大理花，除了塊根之分球外，用芽插、葉芽插、繁殖時，極為容易，而插木後之生長快，在短期間，根能肥大，成為大球，故從春天到秋天，應用此等方法，繼續繁殖時，可以獲得很多球根。

　　a、芽插

　　在2～3月前後，將分球之球根，密密排列于溫床，埋植之，蓋以薄土，俟發芽後，伸出之主芽，伸長至五節時，地上僅留一芽，將上部剪下，以供插穗之用。插穗在節之附近，剪短，插于用肥料分少之砂土或赤土填充之木箱或魚箱之插床上，將此放置于溫床內，善為管理，勿使乾燥。插木後，約經4～5星期，即可生出根來，俟戶外無霜害之憂時，則移植于苗圃。以後由採取插穗後之節，再能生出芽來，或由莖繼續發生側芽來，可繼續採取插穗，用同樣之法，施行芽插。而且最後將球根，栽植于圃地，則成為普通之栽培法。

　　芽插，不單可用球根發出之芽，從生長之株剪下之側芽或株基之芽，亦可用為插穗，故從初夏起，到秋季為止，可隨時用同樣之法，繼續芽插。插穗以用莖中尚未成空洞之幼芽為佳。插床，在夏季之高溫期中，以用寒冷紗布或竹簾等物覆蓋，或置于半日陰之處，避免強光及乾燥為宜。又到了秋季，溫度低下後，可栽植于塑膠布室或玻璃布室內。

　b、葉芽插

　　若將莖空心之大莖，以節爲中心，切爲1～2公分之長，使左右二部，各保有一芽，帶葉縱切時，可得二個插穗。如圖3.33。大理花，爲對生，故一節容易獲得二穗。將此插穗，與芽插時同，插于插床

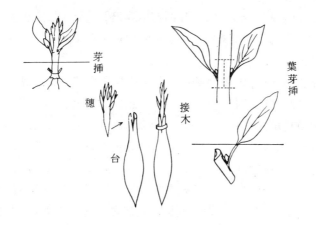

圖3.33　大理花之繁殖法

2～3公分深，即可。用此方法時，從花店買到大理花之枝，能獲得多數之插穗。插木後之管理，則無異于芽插時。

　c、接木

　　分球時，沒有芽的無用之球，甚多，故可利用此種無用之球，做爲砧木，于4～5月前後，施行接木。砧木之球根，可將首部縱切爲狹V字形，接穗選沒有中空之嫩芽，將節下削爲楔形，將此插入于砧木之切口，再用細切之塑膠布帶縛之。接木完後，與普通之球根同，栽植之卽可。接木苗，比插木苗，生育早而旺盛，但費手續，故不如插木，爲一般所樂用。

　d、盆根式（pot root）

　　在日本，大理花，主用分球之球根，直接供販賣之用，但在外國
市場，多用下記之各式販賣。

　　(1)根球（Root 或 tuber） 與在日本所用之球根同，爲被分球之
　　　球根。

　　(2)株（Clump） 沒有分球前，着生球根甚多之株，買者，自己將
　　　球分開栽植之。

　　(3)盆根苗（pot root） 爲將芽揷苗，栽培于花盆，形成小型球之
　　　株，消費者買到此種苗株時，即可原形不動，栽植之。此種苗
　　　，發芽數多。

　　(4)揷芽苗（plant） 早春將揷芽之苗，栽植于小花盆，販賣之。

　　在上記之四種種苗中，盆根苗，在輸送販賣中，乾燥、破損、腐
敗之事少，而其規格很整齊，而沒有無芽球之憂，在消費者之栽培下
，有發芽確實之優點，故栽培時，雖多少費點勞力，但在將來輸出用
球根之生產上，也許用此種方法，甚爲必要。此種方法，可用在溫床
發芽之苗，或在圃地栽植之株，採取之芽，施行芽揷，養成小苗，將
此移植于口徑 12～15 公分大之花盆，栽培之，到了秋季，將此拔出
，除去土粒，剪去地上部後，以其原形，即可供販賣之用。圖 3‧34，
爲表示普通栽培之球根與盆根苗栽培之球根的形態。

　　　圖 3‧34　　依普通栽培（上段）與盆根式之栽培（下段）

　　　　　　　所生成球根之比較（明道，奧村，蝶野，1965）

　　在日本北海道，大理花之球根生產時，多于十月掘出，然後施行分球，包裝、出貨等作業，不能不在短期內，進行。曾經分球後，由于不能大量生產，故現已採用此種方法了。據明道、奧村及蝶野氏（1964～5）盆根式實用化試驗的結果，用土不一定要肥沃之培養土，用川砂亦可，在北海道，插芽之時期，到七月為止，尚有可能。又在用多數之系統，品種所行之實驗，塊根不論用何品種均可。但其繁殖塊根之數及重量，依品種而有相當大之差異。其差異，與品種之早晚及系統，沒有關係。一般塊根着生數愈多之品種，一株平均之球重亦大。又在普通栽培與盆根式栽培上，塊根之形狀與繁殖能率之良否等品種之特性，完全不同，在普通栽培，繁殖不良之品種，用盆根式栽培時，顯示優良成績者亦多。此恐怕由于盆根栽培之限定的地下條件之故。因此，適于盆根式生產之品種，每個系統，有各別選定栽培之必要云。

2.大岩桐之芽插與葉插

　　大岩桐，一般用種子繁殖，但實生後，經2～3年之大塊根，一個球上，能生3～4個之芽，故將此塊根，在早春，使之催芽，芽伸長至1～2公分長時，可將塊根切為數塊，每塊使之保有1～2個芽，將此栽植時，可行營養繁殖。

　　大岩桐，除此法之外，由塊根生出之新芽，伸長至2～3公分長時，在母球上，只留一個芽，其他之芽，則採下，將此插于清潔之川砂或 Vermiculite （黑雲母風化變成岩）插床上，亦可行芽插繁殖。插床之溫度，若能保持20℃時，過一個月，即可生根，生根後，即可將此移植于盆中。

　　又將成熟與無傷之葉，于6～7月，帶着葉柄，從基部切下，與芽插時同，將此葉柄斜插于川砂之插床上，此時，葉身以不埋于砂中為可。插床以設立于半日陰無風之處時，則易活着。經過一個月時，在葉柄之基部，則癒合而生根，不久則生肥大之球根。將此移植于盆中，在溫室栽培時，至翌年6～7月，即能開美麗之花。

3.仙客來 (Cyclamen) 之葉插

仙客來，縱繼續栽培，亦不生分球及木子，故曾被視爲不能用營養繁殖。因此，到現在爲止，專用種子繁殖，但用種子繁殖時，則不能生產形質齊一之品種。因此，最近已從三方面開始仙客來之營養繁殖之實驗了，由于用營養繁殖，有實用之可能性，故前途極爲有望。仙克來之營養繁殖，可分爲塊莖組織片之無菌培養，葉插法及塊莖分割法。今擬在此，就葉插法，加以介紹。

在黎茲曼氏與波拉得氏 (Riethmann and Pollard 1965　年) 之實驗室，于 3～4 月，將仙克來之葉，在葉柄之基部帶着塊莖之一部，切下，試行插木。獲得插床之用土，用眞珠岩土 (perlite) 比砂爲佳，床下加溫者，比不加溫者，結果優之良好成績。狩野氏及佐藤氏 (1967)，亦施行相同之實驗，插穗大體相同，用帶着塊莖一部之葉，試行秋插。插床用黑雲母之風化變成土 (Vermiculite) 者，比用眞珠岩土者，獲得更佳之結果。將插穗用之葉，依大小分爲數種階段，實驗的結果，縱用相當小之葉，尚有 50 %活着了。將切下之葉之切口，保持于高溫多濕之室內，不論癒合與否，在活着率上，沒有很大的差異，各在依葉柄之基部附着塊莖之大小，分爲種種區之實驗中，附着塊莖愈大者，生根發芽則愈早，但由于切口面積大，則容易腐敗云。又將切口塗附 Rooton (IBA) 與不塗者比較時，則沒有認爲有甚麼效果。秋季插木時，則插于溫室，每日用噴霧器，噴霧至葉濕的程度，培養時，到了春季，則生出新葉，到了夏季，有生花蕾者云。

如斯，仙克來之葉插，到實用化爲止，調查插木之適期，再提高活着率，提早生根發芽之方法等，雖尚須再加研究，但依此，可以說仙克來之營養繁殖，已增進一步了。

三、鱗片繁殖

在形成鱗莖之草花中，將鱗片切離，插于適當之培養地時，則可形成子球，有能生根發芽，依此繁殖之種類。鱗片原來爲葉之變化所成的，故用鱗片插木時，則相當于用葉插或葉芽插。鱗片繁殖，實用化最廣者，爲百合類，但此外，孤挺花與風信子等，亦可以用。

1.百合花之鱗片插

在百合類，鱗片繁殖，與木子繁殖同，爲施用最廣之繁殖法。就中，在不易生成木子之蝦夷間隙百合、間隙百合、竹島百合、小鬼百合等，主用此法繁殖。鐵炮百合、鹿子百合、當木子不足時，亦用此法繁殖。鱗片插木，其球根之肥大，比用木子繁殖，約遲一年，但作業比較簡單，而且一次可獲得多數之個體，故甚爲便利。

從鱗片形成子球說，據明道、久保二氏（1952），用鐵炮百合觀察的結果，在 20 ℃ 下，經過 6～8 日時，近于鱗片基部之維管束之表面，細胞已開始分裂而隆起了，此隆起則形成不定芽與不定根而形成新球根云。又據黑板氏（1961）之研究，在大部分之百合，鱗片上生成新球之始原體時，爲插木後經過 10～15 日之時，但在竹島百合與笹百合，需要一個月之久。又新根在新球發生後，遲 10 日上下，從新根之基部發生。在多數種類之百合，從一個之鱗片，能生 1～2 個之新球，但在黃鹿子百合，能生出五個云。

用于鱗片繁殖之球根，宜選無病，生育良好，球根充實者。球根在進入休眠前，以稍早掘出爲佳，從大小說，以球周 20 公分以上者爲宜。豐岡氏（1948），曾用鐵炮百合球周 18 公分之之球根，將鱗片，從外側起採取，順次每十枚爲一組，到 60 枚爲止，共分爲 6 區，調查鱗片着生之位置與發芽生根之差異。據其結果，從外側到 50 枚爲止之鱗片，有 80％以上生根了，從 50 枚起到內側之鱗片，生根之成績，則急極衰弱了。外側之鱗片，形成小球甚佳之事，與穗坂及橫井氏（1959）所指摘者，相同。因此在實際上，使用從外側到 40 枚爲止之鱗片，做爲繁殖之用，並無困難。

又將一片之鱗片，橫切爲上下二斷片插木時，兩片均能生成小球。據伊藤氏（1955）云：下部斷片，生成球根則較易。

據明道及久保氏（1952），就鐵炮百合，調查鱗片之分析結果，全氮素、還元糖、非還元糖及澱粉等之貯藏養分，在鱗片之基部遙多，故下部斷片，生成 球根 則較易。

表 3-7　百合類之繁殖法（主依 Griffiths）

種　　　　類	和　　　　名	繁　殖　方　法				
		種子	鱗片	莖插	木子	珠芽
Auratum	山百合	××	×	……	×	……
Batemanniae	龍田百合	……	×	……	××	……
Browni	博多百合	××	×	……	……	……
Callosum	菅百合	××	×	……	……	……
Cernuum	松葉百合	××	×	……	……	……
Concolor	姬百合	××	……	……	……	……
Dauricum	蝦夷間隙百合	×	××	×	×	……
Elegans	透百合	……	××	×	×	……
Hansoni	竹島百合	……	××	……	××	……
Henryi	亨利百合	××	×	……	×	……
Japonicum	笹百合	××	……	……	……	……
Leichblini	小鬼百合	……	××	×	×	……
Longiforum	日本百合	×	×	……	××	……
Nobilissimum	袂百合	×	×	……	××	……
Philippinense	高砂百合	××	……	……	……	……
Regale	理加爾百合	××	×	……	……	……
Rubellum	少女百合	××	×	……	……	……
Speciosum	鹿子百合	××	××	……	××	……
Sulphureum	鐵炮百合	……	×	……	……	××
Tenuifolium	絲葉百合	××	…	……	……	……
Tegrinum	鬼百合	……	××	……	……	××

註：×× 適當之繁殖法

　　× 能利用之繁殖法

　　…… 爲一般不用或 不能之繁殖之品

　　洛布氏（Robb 1957）　，曾用鹿子百合之鱗片尖端，中部及基部
，切取直徑6mm大之切片，將此置于培養基上，行無菌培養，在同
一條件下，調查其再生率，其結果，各爲0.3，8，71.3，此成績，
亦是愈至基部，結果則愈佳。

　　關于插木之時期，據伊藤氏（1955），就鐵炮百合之實驗，七
月以後插木者，子球之發生數則多云。又據田村氏（1949），用鹿
子百合所行之實驗，插木以開花終了之八月上旬～九月上旬爲佳云。
穗坂氏及橫井氏，亦以在八月插木時，以早將球掘出，卽刻插者，得
到優良之成績。鱗片插之適期，與木本植物插木時相同，鱗片自身之
貯藏養分及生長素（auxin）之量等體內條件，與插後之溫度及濕度等
環境條件，對于子球之形成，有很大之影響。洛布氏（Robb 1957）
，在前記之鹿子百合無菌培養之實驗中，在一年四季，採取鱗片組織
之切片，置于培養基上，在同一條件下，培養之，以調查其再生力，
結果發見春季插者，其再生力，爲77％，夏季爲2％，秋季爲52％
，冬季爲0％，卽依季節不同，其再生力之變動甚大。此爲明顯由于
鱗片自身之體內條件之不同所致。

　　在插木前，用植物荷爾蒙處理時，結果甚佳之事，有美國很多之
報告。但縱在日本，岡田氏及岡田氏等（1949），曾將鱗片浸漬于萘乙酸
（NAA）之0.01～0.05％之溶液中一晝夜後插時，子球之形成，得
到顯著之成績。伊藤氏（1955），將鱗片浸漬于0.005％之液中，
2～6小時，亦獲得良好之結果。

　　插木之床土，據塚本氏（1952）之實驗結果時，則如表3-8，
用鹿沼土時，有成績優良之報告。

　　穗坂及橫井氏（1959），亦以赤土、鹿沼土、川砂爲床土時，
成績優良。又橫井氏（1964），曾用對于透百合之鱗片插床，加入
土壤改良劑，獲得良好之結果。無論在何種時候，排水及通氣良好之
土，最爲適宜之事，與普通插木時，是一致的。一般行大量繁殖時，
插床多選排水佳良，日光充分之圃地，再加入川砂，做成平床，插之。

表 3·8　　插床對于鐵炮百合鱗片繁殖之影響（塚本 1952 ）

品種	插床種類	萌芽率	萌芽之長	生根率	根　　　長
青軸	鹿沼土	100 %	68.9 mm	100 %	440.8 mm
	腐葉土	95	94.4	95	586.2
	壤　土	85	86.0	85	374.3
黑軸	鹿沼土	95	115.5	80	303.0
	腐葉土	100	104.6	80	470.4
	壤　土	65	90.0	50	288.0

　　插床之溫度與濕度，亦爲重要之條件，據格力飛茲氏（ Griffith 1933 ），穗坂及橫井氏（ 1959 ），田村氏（ 1949 ）等之實驗，溫度以 20～ 25°C 上下爲佳，較此高時，鱗片則易腐敗，低時發芽則劣。明道氏（ 1957 ），用鐵炮百合爲供試之材料，依實驗究明在 15 °C 以上之恒溫下，新球則易生成，但同化葉之伸長劣，若其初，置于高溫下，到了新球開始肥大時，一度使之遭遇低溫，以後再移至高溫下，同化葉則能充分伸長，新球之肥大亦良了。在實際上，將鱗片放入于有濕氣之大鋸屑中，使之保持 25°C 程度之高溫，治癒其傷口，俟形成新球後，則移至于低溫處，約二十日，然後栽植于圃地時，成績則甚佳。

　　插床之土壤濕度，亦能左右新球之形成，過濕過乾，成績均劣。田村氏（ 1949 ）云：土壤濕度，以容水量之 50 ％ 程度爲佳。

　　關于插法，亭卡氏（ Tincker 1936 ），田中氏（ 1949 ），曾比較各種之方法，但一般，均以切口向下，鱗片之內側向上，斜植，鱗片之尖端，恰恰露出于床土之深度爲佳。

　　實際之方法，于八月上旬前後，在排水及日光良好之地，做成東西長適宜，寬一公尺之平床，施以基肥後，充分耕鋤，細碎表土，使之平坦後，在其上，以 10 公分之間隔，做成小條溝，再以 3～ 5 公分之間隔，將鱗片插入，以後則充分灌水，在畦上，用竹簾或寒冷紗覆蓋，施行遮陰。如鐵炮百合，年內能發芽之百合，在多季，若用塑膠布，做成拱門狀之房屋，以覆蓋時，生育則佳。

2.孤挺花之鱗片插

孤挺花之鱗片插，依荷蘭之洛亭氏（Luyten 1926），始開始在實驗上成功了。以後依特洛布氏（Traub 1933）及希同氏（Heaton 1934），始想出如現在一般所用之在鱗片上，附着底板部一部之切片插木之方法，得到更好之結果了。斯後，依母球之切斷法，插木時期、溫度、濕度、癒合處理（Curing），荷爾蒙處理之研究，達到完全實用化之階段，育成多數優良營養系品種了。

現在所行之鱗片插，與百合之鱗片插不同，鱗片之外，爲附着底板之一部而切下的，故頗似于葉插，但在孤挺花，腋芽並沒有生長，在切口葉脈之部分，生成不定芽，由此不定芽生長的。

關于鱗片插之時期，塚本及松原氏（1955），稱以7月爲佳，

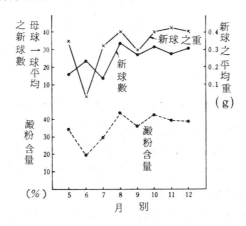

圖 3‧35　孤挺花之鱗片插木繁殖能力與鱗片
之澱粉含量之季節的變化　（坂西1962）

岡田氏及山田氏（1953），在從五月到七月爲止所行之時期別之實驗，云以七月插者，新球之生成數最多。但坂西氏（1962）在室內及在32°C之恒溫器內，插木之實驗中，如圖3。35所示，則不一定

以七月插者爲佳。而且形成之子球重量，則與鱗片之全碳水化物、澱粉等之含量的消長，甚爲一致，反以春天及秋天插者，較爲佳良云。

　　孤挺花之場合，鱗片插之適期，亦與百合同，常支配于溫度及其他之要因與此種球根自體之內在的要因，但此外，切片之腐敗，影響于繁殖率甚大。藤岡氏（1964），曾用溫度25°C及近于100％之濕度，3～5日間，依治癒切片（Curing）之方法，能防止此種切片

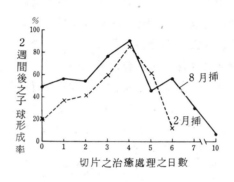

　　圖 3·36　孤挺花之母球切片的治癒處理日數與繁殖率之關係

　　　　（藤岡，1964）

之腐敗，如圖3·36，在二月插者與八月插者，獲得同樣之結果。在夏插時，小球形成後，卽刻由于進入秋涼之時期，故子球之肥大不良，腐敗亦多，但在2～3月將貯藏之球根分割後，用此種方法，施行治癒處理後，插于加溫之插床，到了高溫之時期，施行假植培養時，故栽培甚易，子球之肥大亦佳。

　　切斷之方法，將球周25公分以上之大球根，縱切爲16等分，再將每片帶底板之部，各分爲內外二分，合計共分爲32片，甚爲普通。

　　岡田及山田氏（1953），爲觀察分割數與新球形成數之關係，比較如前所述，分割爲32片者，與將球根縱分爲8等分，再分爲內外二分，共分爲16片者，結果如表3-9所示。

　　卽一個切片平均之子球數，分割爲16片者，稍多，子球亦稍

表 3-9　切斷方法與新球形成數（岡田、山田，1953）

分割法	母球一個平均		新球之大（公分）	一切片平均
	形成新球之切片數	新球數	長×寬	之新球數
32 分割	31.5	40.8	2 x 4	1.29
16 分割	15.8	23.0	2 x 6	1.46

大。但母球一個平均之子球形成數，切爲小片者，遙多。故以盡量切小爲佳。據坂西氏（1956）之研究，縱在孤挺花，外側之鱗片，比內側之鱗片，容易生成子球云。

關于治癒處理（Curing），據豐田、西井及岡井三氏（1960）之調查，在含水之水苔上，排列切片，保持30，25，20，15°C之定溫或此等組合之變溫時，25～30°C之變溫處理者，效果最大，處理後，從第二日前後起，已看到切口附近之細胞，已開始分裂了。藤田氏（1964），亦獲得同樣之結果。

藤岡氏（1964），亦曾就荷爾蒙之處理效果，做過實驗。彼如前所述之施行治癒處理後，施行生根素（Rooton, IBA）之粉末塗附時，得到新球形成甚佳之成績，但用此種荷爾蒙單獨處理時，其腐敗率，反增多了。

孤挺花之鱗片繁殖能率，似乎依品種而差異甚大，縱在同一品系Ludwig 系中，其子球之形成，亦有良否之分。又據坂西及福住二氏之研究，用變更施肥料栽培孤挺花之球根，施行鱗片插木時，在子球之形成數上，與前一代施肥量之多少，並沒有很大的影響。但從所生成子球以後之肥大與葉之生長觀察時，使用多肥栽培所得之母球時，施肥愈多，其成績則愈佳。

實際之方法，爲將生育充實，無病之球周25公分大之母球，于2～4月，用水洗淨，放入于水銀劑之100倍液中，浸漬30分鐘殺菌後，以薄双之利刀，如前所述，分割爲小片。小刀爲防止萎縮病（Virus）之傳染，每次切割一球後，需用酒精擦淨用之。分割後之切片，放入于消毒之木箱等物中，與含水之水苔，交互成層，塡放後，將箱放入于 25 ～ 3 °C之溫度下，五日間，施行治療處理（ Curing ）時，在切口上，則形成很薄之癒合組織。其後則拿出，用魚箱等物，塡充赤土，做成揷床，與百合鱗片同，將底板部向下，鱗片尖部稍露于床面揷之。然後將箱放入于溫室或木框（ Frame ）中，調節溫度至 20°C 以上，灌水至不乾燥的程度。如斯放置至九月前後時，球根亦至于長大，葉亦生出，此將移植于木框或溫室中之塡充肥土之床內，栽培至翌春後，則定植于圃地。

3.其他球根之鱗片揷

豐田及藤岡氏（ 1959 ），曾就水仙，用如孤挺花之鱗片揷試驗，治癒處理，則沒效果，但曾報告云：切後馬上揷于床上者，新球之形成亦佳，發育亦良。但水仙，由于自然分球，相當良好，故實際上，似乎尚未有用鱗片揷過。

風信子，亦與孤挺花之鱗片揷相同，亦能用同樣之方法繁殖而能牽佳。卽于六月下旬前後，將母球縱切爲八片，再將各片，附帶鱗片 3 ～ 4 枚，割成內外二片，提高濕度，放入于 25 ～ 30°C之處，保持 5 日間，施行治癒處理後，揷入于塡充黑母雲之風化變成土（ Vermiculite ）或砂之平箱內，栽培 4 星期，發生根時，然後以再移植于圃地爲可。此時，愈在外側之切片，則生成子球則愈大而愈多。據西井、筒井及豐田氏等（ 1963 ）之研究時，則如表 3-10 所示，比剝取法（ Scooping ），子球雖小，但能生成相當多之子球，在途中發生障碍亦少。

表3-10　　風信子之繁殖方法之比較（西井、筒井及豐田 1963 ）

方　　　　法	重量別子球數（ g ）							合計子球數	總子球重	平均子球重
	1	2	3	4	5	6	6＜			
notching 刻　溝　法	15	12	16	19	22	12	25	121	488 g	4.03 g
scooping 剝　取　法	141	62	26	11	3	5	14	262	403	1.54
鱗　片　揷	233	54	45	21	12	3	2	370	418	1.13

本法對于數少之貴重品種及育成品種之急速繁殖，被視爲良好之方法。

四、附傷繁殖法

在風信子，孤挺花，差不多沒有行自然分球之現象，故常用人工在底部，附以傷痕，破壞其生長點，使傷口形成瘉合組織（Callus），在此，使之發生不定芽，以獲得子球之法，爲一般常行之事。此種方法，當掘出球根時，誤傷之球根，往往在傷口，生成多數之子球，由此得到啓示所發明的。

1.風信子附傷繁殖法

在風信子，此種方法，很早曾普遍地用爲人工之繁殖之方法。

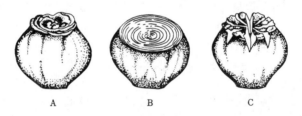

圖3・37　風信子之人工繁殖（Mahlstede Haber，1957）

A爲無處理之球根倒立放置者　B爲施行剜取法者　C爲刻溝法者

在此種附傷法繁殖法中，依普通切入之法，可分爲次記四種方法。

a、切溝法（notching）

在球根之底部，用小刀深深切入之方法。切入之深度，到達球根高之一半以上。一般在球周18公分以上之大球，切爲十字狀之傷口，球周15公分大之球根，可切入爲二個之傷口，但西井、筒井及豐田氏等（1964）云：如表3-11，分割成8分者，比行十字形分割者，着生之子球數亦多，子球重量亦大，故甚爲有利。

子球之形成，一般紫花系之品種，比白花系之品種，似乎較好。

。切溝（Notching）作業簡單，每球均能生成15～20球，比次記之剝取法，球數少，但能生成大球，故一般到成球之大球爲止，栽培3～4年時亦可，爲一般通用之繁殖方法。

b、剝取法（Scooping）

表3-11　切割法不同之刻傷法之繁殖結果

（西井、筒井及豐田1964）

切割法	母球之大小（球周）	子球數	球　　重	平均子球重
四分割	19　公分	12.6	111.8 g	8.8 g
	18	12.5	92.6	7.4
	17	11.5	100.4	8.7
	16	9.7	66.3	6.9
	15	7.0	60.5	8.6
	14	11.3	86.7	7.7
八分割	19	22.3	120.8	5.4
	18	18.7	126.8	6.8
	17	17.5	109.8	6.3
	16	15.3	105.5	6.9
	15	9.0	64.3	7.1
	14	11.5	63.2	5.7

註：供試品種爲粉紅皇后（queen of the pinks）各五球切入之深爲球高之⅔，8月1日處理，10月18日栽植。

行剝取法時，用一種特別彎曲之小刀（Scooping Knife），將球根之底板部，剝下一部，使球根附着少許之基部之法，或用普通之小刀，慢慢剝取亦可。子球由鱗片之切口所生之癒合組織發生。切取方法，太淺時，子球之形成則劣，削去太深時，鱗片之貯藏養分則少，子球之收量則難提高。風信子之球根，其底板部之形態，依品種而有相當之差異。如Lord Derby 與 L'innocence，底板部甚薄，但Gr-

and Meter 之底板部則厚。又 Yellow Hammer　以外之黃花品種，一般底板部小，故依品種則不能不加減切取部之厚度。鱗片基部，其組織，多少有點變化，故到何部為止，應該剝取，自易明白。此種方法，需要稍稍熟練。但一次能生成四十個球上下。但如斯生成之子球小，

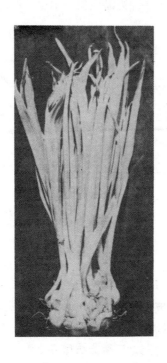

圖 3·38　風信子行切溝法生成之球根收穫時之狀態
母球鱗片消失，生有同化葉 1～2 枚之子球附著甚多。

若欲使之育成為大球時，需要 4～5 年始可。由于剝取達到球根之中心為止，故從球根之內部發生腐敗之黃腐病及球根之根線虫，則容發見，在病害虫防除上，甚為有效。

　　C、拔心法（Coring）

　　本法爲用木栓狀圓洞打孔器（Cork bowler），從球根之底板部，縱向頂部，打入穿過球根之中心，除去頂芽之方法。打洞器之直徑，約爲1～1.5公分，頂部之直徑，比底板部稍小，打通後，在底板部之周圍之生根部，打成環狀。因此，木栓狀打洞器，需準備大中小等各種大小之器以備用。子球之着生數，則位于前二者之間。

　　d、其他附傷法

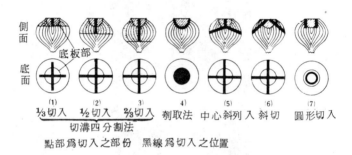

圖 3.39　風信子之繁殖手術之種種切入方法

　　前記到現在爲止所行之方法，均是將母球之生長點除去的，故母球則消失，代之則生成小球。因此，爲形成不定芽，不能不將母球之生長點切除麼？則成問題。此事無論在理論上，在實用上，均爲重要之問題。爲甚麼？用前記之三種方法繁殖之子球，以後最少若不繼續栽培3～4年時，則不能成爲成熟之大球，故在風信子之球根養成栽培上，收囘球根之資金慢，此爲經營上之一種難點了。

　　將母球依原態栽培，除母球外，若有能生成幾個子球供繁殖時，在從新開始產球根時，則爲甚可喜之事。因此，雨木及萩屋氏（1964）如圖3.39所示,除了用舊法剜取法（Scooping）外，並將刻溝法之切入深度，調節爲種種的程度(1)～(3)，或不傷中心芽，斜切爲十字形之切入(6)，或用木栓狀圓洞打入器，在球根之底板成圓洞形之

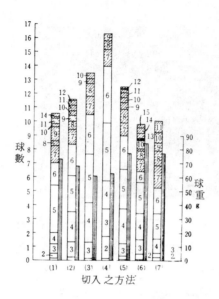

圖3‧40　風信子依繁殖手術之差異引起小球生成方法之不同

棒內之數字爲子球之大小，斜線部爲 7 公分以上之子球數，實

驗之材料，爲用 queen of ruzabus

切入(7)等法，試用種種之手術，得到如圖3‧40之結果。據此觀察時
，可知在風信子之新球形成上，除去母球之生長點，不一定是必要，
可知僅將鱗片切傷，在傷處則生癒合組織，即可形成新球。又到現在
爲止，已如前述，用剜取法（Scooping）時，能生多數之子球，但子
球小，用切溝法（Notching）所生成之子球雖少，但能成爲稍大之球
。縱用同樣之切溝法，切入愈淺者，所生成之子球，有愈成爲大球之
傾向。就中，值得注目的，如圖3‧39中之(6)與(7)，在沒有殺死中心
球之手術方法，總球重大，生成球數則少，但直徑 7 公分以上之大的
新球則增多了。此等子球，栽培1～2年時，則成爲一定大之大球，
甚爲方便。

　　就中如(7)，用木栓狀圓洞打孔器附傷法，如圖3‧41，用市販賣之

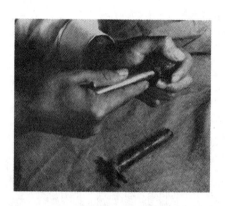

圖3‧41　依木栓狀圓洞打孔器附傷風信子處理法

直徑12～15公厘之木栓狀圓洞打孔器，在球根之底板上，僅切入5
～7公厘深，作業亦簡單而爲良好之方法。

　　但關于以上附傷處理之時期，在豐田、西井及筒井氏（ 1962 ）
切溝法之實驗，則如表3‐12，比以前所說者爲早，在6月下旬，切傷
者，收量最多。用其他手術方法時，似乎亦以在大概相同之時期爲佳
。此種時期，恰當梅雨之期，故以前曾以爲切口上，依靑黴，容易腐
敗，但在實際上，是相反的。切口癒合組織之形成，在高溫多濕之條
件下，反易被促進。據豐田、西井及筒井氏等，調查風信子切斷鱗片

表3‐12　切溝法之時期對于子球之影響（豐田、西井及筒井1962）

| 切傷時期 | 子球大小別之球數（10球平均） | | | | 總子球重 | 平均子球重 |
	10g以上	5～10g	5g以下	合計		
6月5日	26	19	6	51	579.5 g	11.36 g
15日	44	9	21	74	811.5	11.00
30日	23	49	26	98	686.3	7.00
7月15日	17	40	34	91	615.0	6.75
30日	20	28	32	82	562.5	6.85

　　註：用 queen of the pinks 16公分球

之癒合組織形成與溫度濕度之關係的實驗成績，在溫度 30°C 及濕度
近于 100 ％之條件下，癒合組織，形成最早，腐敗亦少。

　　在這樣之高溫多濕之環境下時，切斷後，至第三日，切斷面表層
之細胞，其澱粉粒已急速消失了，生出分裂組織，已開始形成癒合組
織云。因此，風信子繁殖時，亦與孤挺花之鱗片繁殖相同，有施行治
癒處理，使傷口早生癒合組織的必要。

　　在實際之方法上，預先將球根浸漬于一千倍之水銀劑中，約 30 分
鐘以消毒，俟乾燥後，施行手術。所用之小刀，每次用過後，用含酒
精之乾淨布片擦拭後用之。然後將切削完後之傷口，向上置之，將如
阿拉散（Arasan）之粉劑，用撒粉器，薄薄噴散于其上，經 2～3 小
時，俟傷口乾燥後，用含水之水苔，敷墊于平箱內，在其上將球根傷
口向上，排列一層。將此放于 20～35°C 之室內，5～8 日，提高
其溫度，以助其治癒，治癒完了後，則取出球根，在室內使之乾燥，
然後到秋季栽植爲止，貯藏于貯藏庫內時，其間在切口上，能發生很
多之小球。

　　施行附傷處理之球根，在以前，栽植時，多將切口向上，將球根

表 3-13　　風信子之植入深度及植入時球根之切口向上或向下對
　　　　　　于繁殖率之影響（雨木及萩屋氏 1964 ）

植入之深 切口之方向		草　高	葉　數	球重增 加率	球　重	分球數	平均子 球重	平均子 球周
6 cm	向下	21.6cm	41.8	1.78%	124.9g	17.4	7.3 g	6.8 cm
	向上	18.9	29.4	1.08	75.7	15.4	5.1	6.1
12 cm	向下	21.8	37.0	1.76	122.9	13.8	8.9	7.8
	向上	15.8	20.6	0.85	59.7	13.8	4.7	6.2
18 cm	向下	20.8	28.4	1.27	89.1	12.8	7.7	6.6
	向上	15.3	13.0	0.75	52.2	13.4	3.9	5.6

註：將 queen of the blues 65～75 g 球，于 8 月 2 日分割刻傷，10 月 21 日
　　，栽植于砂丘地之圃場。

倒植，但雨木及萩屋二氏（1964），曾用五個品種，施行刻傷，比較將球根之切口向下，施行正常之栽植法與將切口向上，將母球倒植之法。其結果，將切口向下栽植者，比倒植者，子球之重量，增加甚著。如表3-13，為表示其結果之一部者。

　　就中深植時，倒植球之生育與球根之收量，低下甚著。風信子，將球根倒植時，生育極為不良。但萩屋與矢後二氏（1967）云，刻傷的球根，縱在子球着生于切口之處，亦由于與本年之極性相反時，似乎生育亦劣。

　　關于剜取法（Scooping）與拔心法（Coring），雖尚未實驗過，但我想將手術之側向下，依母球本來之正常位置栽植者，成績亦較優。手術後之球根，比同大無傷之球根淺植者，子球之生育則較佳。

2.孤挺花之刻溝法

　　孤挺花，如前所述，行營養繁殖時，主用鱗片插，但與風信子同，亦有用同樣之刻溝法（Notching）繁殖之可能。鈴木氏（1967），曾比較鱗片插與刻溝法，在同一之條件下，生成子球之情形，曾云：在子球之形成數上，雖沒有很大的差異，但經過七個月後之子球大小，施行刻溝法者，其子球遙大。又孤挺花之刻溝法，與風信子不同，手術後，到子球形成為止，不貯藏于室內，即刻栽植者，子球亦多而大云。並究明施行刻溝時，根仍舊附着施行手術者，比除去根者，生成子球亦多，發育亦良。關于刻傷之時期，雖沒試驗過，但我想與鱗片插之場合同，以2～3月施行為佳。

3.仙客來之塊莖分割法

　　仙客來(Cyclamen)之塊莖，將上部切除時，其切口處，則生不定芽。最近中山及高橋二氏（1967），將開花後之塊莖，于5～6月前後，任其原狀之缽植，切除上部⅓，在其切口上，每隔1公分，交互縱行切入，然後放于室內管理，並使各個之分割部，發生不定芽了。而且約經一百日後，將此不定芽附着之塊莖切片分離，已移植成功了。用此種方法繁殖時，比較簡單，從一球能獲得50個之苗。此種方法，在仙客來，已被期待爲非常有望之繁殖方法了。

五、依組織培養之繁殖

　　在球根草花中，如鱗片揷，切取球根之一部，使之揷于揷床時，依其自身之再生力與貯藏養分，比較很簡單能形成子球，生根發芽的頗多。但在如仙客來之再生力弱小者，則並不那麼簡單。因此，被想出來的，爲切下球根之一部，將此放于人工培養基上，行無菌培養之方法。關于植物生長點之培養，在本書已詳敍于另外之章，故在此，擬就球根之組織片之人工培養，以仙客來爲例述之。

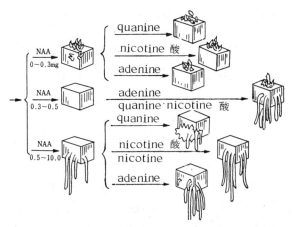

圖 3‧42　仙客來之組織培養（Stichel，1959）

　　仙客來之人工繁殖，依以前所述之葉揷與塊莖分割法，已開展到實用化之法的階段了。但在另一方面，組織培養，亦被研究了。麥遙氏（Mayer 1956），曾將塊莖 8 公厘角大之骰子形之方塊，消毒後，放入于試驗管內之含有各種養分之寒天培養基上，施行無菌培養，已成功達到某種程度之再生。以後，斯地車爾氏（Stichel 1959）曾調查在培養基上，再加入生長素與微量有機養分之量與生根及發芽之關係。

　　據其結果，則如圖 3‧42，其生根發芽，支配于 NAA 之量，在 0～0。3mg/l 之範圍內，雖能發芽而不生根，在 0‧5～10‧0 mg/l

之範圍時，其結果則相反，能生根而不發芽。但在其後，給與瓜寧酸（guanine）、菸精酸（nicotinic acid）、阿得寧（adenine）等時，均能引起生根與發芽，已獲得再生之成功了。

奧本與高林二氏（1965），用上記類似之方法，再將切片放入于溫室二十四小時，依治癒處理，則減少腐敗，提高再生率了。又培養溫度，以調節爲 20°與 10°C 之變溫下者，成績最佳之事，亦被研究明白了。仙客來之塊莖切片，將表面雖完全消毒，在培養中，雜菌亦易發生。似乎塊莖之內部組織中，亦有雜菌侵入。在無菌繁殖時，如何防止此種雜菌之侵入，已成爲一個之問題了。

第四節　種球之貯藏與繁殖率

球根類，達到成熟期之地上部枯萎時，一般將此掘出乾燥之，到栽植時期爲止，貯藏于室內。球根之貯藏期間，依種類而異，但貯藏期間短者，約一個月，長者，可達 5 個月之久。其間，球根在休眠狀態下，故比在生育期間，則不易受到環境之影響。但休眠之程度，依種類，而其差異甚大，如唐菖蒲，保有深久之休眠，在其間，完全不生長，縱給與生育之條件，很不容易發芽。但如鬱金香，休眠程度淺，在貯藏中，次代之葉及花，均能分化，中心之芽（Nose），亦能生長，成爲側球之球芽，亦能成爲大球之球根，貯藏之條件，則影響于球根甚大。

貯藏之方法與條件，不良時，球根除了受到乾燥、腐敗、生病等直接的被害外，依貯藏中之養分消耗，休眠之不完全，花芽與主芽之分化發育則遲延，連次代之生育、開花、球根之繁殖能率，均依此而受到大害。故種球之貯藏，已成爲球根生產上重要之問題了。貯藏條件之中，特別影響最大者，爲溫度與濕度，在氣候條件不良之地方，有設置能用人爲的調節溫度與濕度，貯藏之必要。在世界上被稱爲球根王國之荷蘭地方，由于球根貯藏期間之自然溫度甚低，故以增大種球之繁殖能率，抑制生根與發芽，促進開花等爲目的，常行加溫貯藏

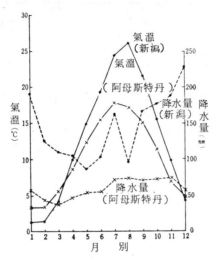

圖 3‧4 3　　阿母斯特丹與日本新潟之月別平均氣溫，降雨量之比較

。然而在日本地方，夏季之氣溫，如圖 3‧34 ，甚爲明顯，與荷蘭相比時，氣溫甚高，貯藏球根時，則因溫度過高，相反地，有行低溫貯藏的必要。表 3‧14 ，爲表示在荷蘭主要球根之貯藏方式。依此甚爲明顯，貯藏條件，不單依球根之種類而異，在鬱金香貯藏時，依系統與品種，常常變更其溫度，縱從此點觀察時，亦可瞭解球根之貯藏條件之重要性了。

　　在本節貯藏問題之中，擬就關于繁殖之事項，加以敍述。

一、鬱金香 (Tulip)

　　鬱金香之花芽分化及發育，常受球根貯藏中之溫度的支配。此事，已由很早荷蘭之洛亭氏等（ Luyten 1925，1927）詳細研究過，而已成爲今日促成栽培技術之基礎了。但貯藏溫度，對于球根之繁殖能力，亦有很大的影響，故成爲球根生產上之重要問題了。

　　如斯，依不同之溫度，在被貯藏之鬱金香之生育與繁殖能力上，所生差異之原因，第一爲對于球根呼吸作用之影響。

表3-14　在荷蘭種球之貯藏方式　　　　　　　　　（阿部，1955 ）88 ）

種　類	7月	8月	9月	10月	11月	1時間換氣回數
	°C	°C	°C	°C	°C	
Acidun thera	—	—	—	20	20	8-10
Allium 黃花僧蒜	20	20	20	17	17	6
Anemone 白頭翁	—	20	20	17	17	—
Colchicum 秋水仙	20	20	—	—	—	6
Crocus 番紅花	20-23	20-23	20-23	20-23	—	6
Galanthus 松雪草	15-17	15-17	15	—	—	6
Gladiolus 唐菖蒲	—	—	—	20	17	8-10
Hyacinth 風信子（普通）	30	30	30	30	30	12-15
Hyacinth 風信子（高溫處理）	30	30	37-38	30	30	20
Iris 鳶尾花（荷蘭）	20	17	15	15	—	3
Iris 鳶尾花（英國）	20	20	20	20	20	6
Ixia 槍水仙	20	17	17	15	15	3
Lyly 百合	—	—	15	13	9	—
Montbretia	—	—	—	13	9	—
莫斯卡利 (Muscari 百合科)	23	20	20	20	—	8
Narcissus 水仙	20	20	20	20	—	8-10

大甘菜 ornithogalum	20	17	15	15	—	3
Ranunculus （花毛茛）	20	20	20	17	17	—
Scilla　參內傘	20	20	20	17	—	6
Sparaxis 水仙菖蒲	20	20	20	20	20	3
Tigligia 虎花	—	—	—	—	—	—
Tulip (group I)　鬱金香	25	17-20	17	15-17	15	6
Tulip (group II)　鬱金香	25	20	20	17	15	6
Tulip (group III)　鬱金香	25	23	25-27	17-20	17	6
Tulip (Fosteriana)　鬱金香	25	23-25	23	23	23	6

　　據吉野氏（ 1966 ）之測定，球根一公斤，平均一小時，排出之碳酸瓦斯之量，在 20 ℃ 之溫度下時，為 29.3mg（ 公絲 ），在 25 ℃ 之溫度下時，為 33.4mg，在 30 ℃ 之溫度下時，為 36.4mg，卽溫度愈高，排出碳酸瓦斯之量，則愈多。

　　此由于在高溫下，貯藏時，呼吸則速，因此，球根內之貯藏養分，則隨呼吸量而被消費減少，此對于生育亦有影響，不待贅述。

　　第二為對于成為中心芽及側球之球芽生長之影響。

　　據西井及豐田氏（ 1966 ），在富山地方，測定用荷蘭式之冷溫貯藏與室溫貯藏時，球根之中心芽（ Nose ）之生長的結果，知道冷溫貯藏者，球根大，球根之收量亦佳。又萩屋氏（ 1967 ），在新瀉地方，將球根掘出後到栽植為止之四個月間，在 23 °C，25 °C 之室溫下，貯藏的球根栽植時之中心芽與根源體，做了一個比較，亦如表 3-15，可知低溫貯藏之球根生育，亦較為進展。

　　而且此等球根栽植後之生育與球根之收量，大體亦如其順序。從此等結果觀察時，貯藏于冷溫中之球根，在栽植之時，其中心芽與根之生長，已開始進展了，生育之起點早，故其生育自佳。

　　第三、依貯藏溫度，其分球之樣相，不一。圖 3.44 為萩屋氏（ 1963 ），將 William pitt 之 21 ～ 24 克之球，從 7 月上旬，到 10 月上旬為止，貯藏于 28 ～ 30 °C、室溫，15 ～ 18 °C 之三種溫度下，栽植後，將每 15 株之球根，每株分為中心球，側球及外子球表示的。

　　收穫總球重，依貯藏溫度，雖沒有很大的差異，但如 3.44 圖，一見可知，用低溫貯藏之鬱金香，主球大，側球小，數亦少。反之，用高溫貯藏者，主球之肥大不良，但側球之個數與大小，均有增大之傾向。此時，不論何區，花均正常開了，故與前述之消花法的場合，不同，我想此是高溫直接將球根之頂芽優勢緩和，使側芽之發達佳良了。縱在荷蘭，對于分球之不良品種，或欲想急速增殖球根時，亦常需用比表 3-14 之貯藏溫度要高 3 ～ 4°C 之高溫，以貯藏球根。

表3-15　貯藏溫度不同之鬱金香栽植時之芽與根之發育、生育、球根數量　（萩屋1967）

品種	貯藏溫度	中心芽之大 長(mm)公厘	中心芽之大 幅(mm)公厘	根源體之長	草高(cm)	葉長(cm)	全球重(克)	主球重(克)	分球數
古賴軟 Grage	室溫	13.9	4.5	0.56	56.7	21.3	29.5	18.2	2.7
	23°C	17.1	4.6	1.52	58.1	20.6	33.9	20.7	2.3
	25°C	14.8	4.7	1.32	57.2	20.0	31.2	19.3	2.6
克拉拉霸地 Clara Butt	室溫	10.3	3.7	0.58	47.4	18.1	11.4	23.4	2.5
	23°C	13.2	4.3	1.32	48.1	17.2	13.4	27.0	2.3
	25°C	11.6	4.1	1.11	46.2	17.4	12.9	23.7	2.2
Rose Copland	室溫	15.2	4.4	1.10	54.1	18.6	26.7	12.2	3.7
	23°C	22.3	4.9	1.63	54.1	18.9	29.4	13.8	3.6
	25°C	18.6	4.8	1.78	51.9	21.4	31.1	15.3	3.0

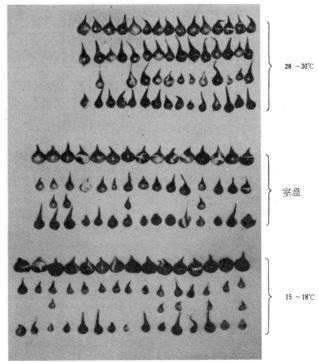

28～30℃

室溫

15～18℃

各區 由上起爲主球，側球及外子球

圖3·44　鬱金香種球之貯藏溫度與繁殖能率之關係　（萩屋，1963）

　　豐田及筒井氏（1966），曾將室溫貯藏與荷蘭式之20°C及25°C，組合種種之期間，行冷溫貯藏，並比較調查貯藏之球根各鱗片基部之球始原體之；貯藏中之發育與栽植後之球植之繁殖，其結果，全期間貯藏于20°C下者，比貯藏于室溫者，應成爲主球之球始原體的發育，甚爲佳良，但應成爲側球之始原體發育，則劣，並究明用低溫貯藏中之側球發育，稍稍被抑制了。但25°C與20°C組合之區，不論爲何區，其主球與側球之球始原體，均比室溫貯藏者，發育良好，將此栽植後，最終之球根收量，亦佳。從此等實驗觀察時，在種球之貯藏上，有以冷溫為佳者，在促進主球與側球之發達上，在適期給與適溫，甚為必要，在種球之貯藏中，善為調節時，我想分球及球根之肥大，均可以促進了。在荷蘭地方，每個品種，其貯藏適溫，均依實驗，究明了如表3-16之分群（group）方法。

表3-16　鬱金香之貯藏方式與各系統之該當品種數（阿部1965）

系　　　　統	貯　藏　方　式		
	I	II	III
Duc Van Tholl　（達克發脫爾）	1	—	—
Single Early　（早開單瓣）	30	17	2
Double Early　（早開重瓣）	37	5	2
Mendel　門得爾	16	22	1
Triumph　勝利	9	73	7
Varwin 達爾文	2	59	9
Darwin Hybrid　達爾文雜種	—	19	2
Breeder　布利達	1	4	—
Lily Flowered　百合狀花	12	4	—
Cottage　小屋	2	23	10
Rembrant　連布拉地	—	3	—
Parrot　鸚鵡	2	11	1
Double Late 晚開重瓣	5	14	1
Eichleri　愛克賴利	—	1	—
Fosteriana　互士特利阿拿	—	7	—
Greigii　克來衣吉	1	—	4
Kaufmanniana　哥夫馬尼阿拿	4	2	—
其他 Botanical	—	1	—

註：貯藏方法之 I、II、III 之群之貯藏溫度，請參照表3-14

冷溫貯藏之效果，依所用種球之大小，亦有很大之差異。西井及豐田氏（1966），用大小不同之種球，在室溫與荷蘭方式之溫度條件下，比較冷溫貯藏的球根之收量，據其結果，則如圖3.45，依冷溫

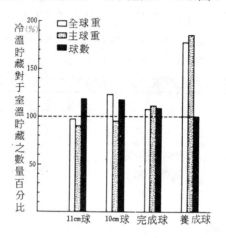

圖3.45　依種球之大小，冷溫貯藏效果之差異
依（西井，豐田做圖）　品種爲 William pitt

貯藏，在大種球的場合，在主球重與全球重上，沒有看到很大的差異，但分球數則明顯地增加了。反之，在如做成球（8～9公分球）與養成球（6～7公分）之小種球的場合，在分球數上，差不多沒有看到差異，但主球之肥大，則甚爲佳良，已究明能供販賣用之大球生產增多了。要之，冷溫貯藏之效果，爲對于大球，可以促進分球，使翌年成爲種球之小球數增多了。對于小球，則能增大球根之肥大，故其累積之效果，是可期待的。

　　但與貯藏溫度，有密切關係之問題中，有吃食親球之現象。此種現象，如圖3.46所示，由一株生出多數之花莖，開小形之花，僅能形成不能販賣之小球，使母球受到損失，故被稱爲吃食親球。此種現象，與消花法，頗爲相似。但主芽沒有成爲盲芽，在分蘗之莖上，亦能開花，球根之肥大不良，此爲相異之點。此種現象，在日本之鬱金香之球根生產上，常常成爲問題了。

圖 3‧46　吃食母球現象（右為正常株，左為吃食母球，
品種為 William pitt

　吃食母球，據一般的經驗，為容易分球之品種。當栽植大種球時，雖被認為容易發生，但萩屋氏（ 1963 ），已將此究明是由于球根之貯藏溫度所引起的。據萩屋氏之研究，則如表 3-17 所示，在高溫下，貯藏之球根中，發生多，但就中收獲後，放置於冷溫下時，花芽之分化，被促進之球，後被放置于高溫下時，頂芽優勢之性質，則被破壞，球根外側芽之發育，則被促進，到秋季為止，此種發達之側芽上，則被推定花芽已分化了。此種程度之高溫，在日本地方，常常會有的，故種球縱不用人工冷溫貯藏，有盡量放置于冷涼之處，行貯藏的必要。

　　荷蘭國立研究所所長協克博士（ Dr. Schenk ）云：在荷蘭，由于夏季之氣溫低，一般此種異常之現象，雖不發生，但如前所述，為促進分球為目的，常用此標準貯藏溫度高 3 ～ 4 °C 之溫度，貯藏時，同樣吃食母球之現象，亦會發生。吃食母球現象，一般僅限于一代，將種球之貯藏條條，調整好時，次年仍可恢復正常，但在荷蘭，一次成爲吃食母球現象時，在次年，縱行標準貯藏法，則不返囘正常，

表3-17　鬱金香球根依貯藏溫度之差異所生之吃食親球現象
（萩屋 1963）

球根之貯藏條件	調查株數	吃親株數	同發生率
全期間室溫	27	0	0 ％
全期間高溫	9*	4	44.4
冷溫15日高溫45日以後室溫	28	2	7.1
室溫15日高溫45日以後室溫	27	3	11.6
室溫30日高溫45日以後室溫	28	3	10.7
冷溫15日高溫45日以後室溫	28	3	10.7
冷溫30日高溫45日以後室溫	28	21	75.0
冷溫15日高溫30日以後室溫	28	.2	7.1
冷溫15日高溫60日以後室溫	28	7	25.0

註：使用 William pitt　11～12 球

掘取在 6 月 23 日，實驗開始 6 月 25 日，1 區用 28 球。

冷溫爲 15～17 •C，高溫爲 30～32 °C 之恒溫器內貯藏，＊號爲發芽不能之球多。

成爲繼續的吃食親球之現象。兩者不能區別，故採用此種種球時，在數年之內，則生成僅分球肥大惡劣之系統。被稱爲退化現象（degeneration），時在恐懼之中了。就中 Averdon 最易發生此種退化現象，被稱爲已生成肥大不良之系統了。縱在日本，Ingles combe yellow 亦具有此種傾向。因此，使球根遇上高溫，爲極爲危險，故不能不加以注意了。

二、球根鳶尾花

鳶尾花，在開花株上所生之球根，爲扁平形，商品價值低，故在球根栽培上，一般栽植不開花之小種球。又使用同大之球根時，栽植

愈早者，開花率亦愈低，球根之收量則愈高，故一般在9月中旬～10月中旬栽植。此外鳶尾花之開花，常受種球貯藏溫度之影響。塚本氏（1957），曾將貯藏期間中之球根，保持于12、20，30，35°C之溫度下，依同一條件，栽培之，其結果在20°C下貯藏之區貯藏者，開花極低，球根之收量，亦多云。

　　在荷蘭地方，在七月，貯藏于20°C，在八月貯藏于17°C，在九、十月，貯藏于15°C之溫度的貯藏庫內。

三、風信子

　　在荷蘭，風信子，與其他球根比較時，常貯藏于甚高之溫度下。

表3-18　　風信子依球根之貯藏溫度數量增加之差異
（Blaauw 1924）

貯藏溫度	貯藏于左記之溫度下之期間			
	三星期	五星期	八星期	十二星期
$1\frac{1}{2}$ C°	6.9g	4.3g	0.4g	0.3g
5	6.5	5.4	0.5	2.6
9	7.9	5.5	3.4	2.8
13	10.6	9.0	4.8	2.9
17	10.8	10.3	7.8	11.5
20	11.8	13.2	13.5	11.5
23	14.3	15.9	18.9	17.5
$25\frac{1}{2}$	18.7	16.3	20.2	17.7
28	17.4	18.6	17.2	17.8
31	15.1	18.0	19.1	9.4
35	19.6	28.8	26.5	11.9

　　註：使用 queen of the blues 品種用 75-90 mm（公厘）大之種球，從七月上旬起，將貯藏於各溫度各期間後，放置于室溫下，在10月上旬栽植。其中之數字為表示收穫球重與種球重之差異。

此在布拉烏市（Blaauw 1924）之實驗上，如表3-18所示，風信子貯藏于高溫下時，生育及收量均佳之事，已被証明了，同時爲除去風信子最可怕之病害黃腐病爲目的之故。黃腐病之病菌，在30°C之溫度下，並沒有死滅。反因潛存于球根之腐敗，在高溫下，進行，容易鑑別，病球與健全球之選別，完全能容易施行云。在黃腐病之防除上，再在九月一個月間，貯藏于37～38°C之高溫中，使菌死滅之方法，亦施行過。

　　此時，由于爲高溫，一小時內，常行20囘之換氣，若不將溫度與濕度正確調節時，則有危險發生云。

四、百合類

　　百合類，從收穫起，到栽植爲止之期間，沒有其他球根之長，但由于爲無皮鱗莖，則容易乾燥，故在此期間，將濕度保持一定，甚爲必要。因此，一般將球根裝入于箱內，再用川砂、鋸屑、水苔等，塡充後，貯藏之。

　　櫻井、遠藤及古木市氏（1951），曾用永良部鐵炮百合做實驗，據其結果，用黑雲母之風化變成土含水20～25％，獲得最好之成績。穗坂氏（1961），將容易腐敗之山百合，在25°C，14°C，3～8°C之溫度下，用鋸屑、眞珠岩土，黑雲母風化變成土、赤土等，塡充貯藏的結果，用高溫貯藏時，栽植後之生育則劣。就中，包裝材料用鋸屑與眞珠岩土塡充者，生育佳良，用赤土塡充者，萎縮病（Virus）之發生則多。

五、其他秋植球根

　　水仙與番紅花，在日本，多將球根展開放入于淺而有空隙之淺箱中，放于貯藏室而貯藏，但在荷蘭，如前表3-14，貯藏于20°C前後之貯藏庫。

六、唐菖蒲

　　唐菖蒲之球根，與芋頭、薑等同，將收獲後之球根，保持于高溫多濕之狀態下，施行治癒法後，貯藏時，腐敗則少。據岡田及村岡氏（1953）之實驗，治癒處理，則以濕度80％，溫度30°C爲目標，最少有行五日處理之必要云。

　　唐菖蒲之球根，有三個月程度之深休眠，休眠打破後，濕度高時，縱在相當之低溫下，亦能發芽，故宜在乾燥狀態下貯藏之。在10°C之溫度下貯藏者，栽植後之生育則最佳。較此高溫，在貯藏中，則易發芽（據 Fairburn 1934）。

七、大理花

　　大理花之球根，若放置于攝氏零下之低溫時，則易引起凍害而腐敗。又縱在3°C上下之溫度下，定植後之發芽則遲。貯藏之適溫，爲5°～8°C，若調節濕度爲50％以上時，球根則不皺縮。如斯處理時，栽植後之生育亦佳（據Allen 氏1938）。

　　因此，一般將球根塡充于穀皮中，放置于溫度不低之地下室，或地穴中貯藏之。在暖地時，可掘溝，將球根倒放于其中，再用麻袋等物覆蓋于其上，再以土覆蓋時，則甚爲安全，而可以貯藏了。

主要球根類之繁殖方法

中　名	學名（屬名）	科　名	球根形態	自然繁殖	繁殖能率	栽植時期	人工繁殖法與時期
阿奇買乃士*	Achimenes	苦苣苔科	鱗莖或塊莖	分球	良	春	捕芽，晚春
黃花僧蒜	Allium	百合科	有皮鱗莖	分球（種子，珠芽）	不良～良（良）	秋	**
阿爾士特羅美立阿	Alstroemeria	石蒜科	塊根	分球	中	春，秋	
白頭翁	Anemone	毛茛科	塊莖	種子（分球）	良	秋	
穗尖鳶尾花	Babiana	鳶尾科	球莖	分球	良（不良）	秋	
球根秋海棠	Begonia	秋海棠科	塊莖	種子（分球）	良	春	捕木，春
紫花韮	Brodiaea	百合科	球莖或鱗莖	分球	中	春	
彩葉芋	Caladium	天南星科	塊莖	分球	良	秋	切斷大球，使副
美人蕉	Canna	曇華科	根莖	分莖	中	春	芽生成子球，春
秋水仙	Colchicum	百合科	球莖	分球	中	晚夏	
鈴蘭	Convallaria	百合科	根莖	分莖	不良	秋	

中名	學名	科	莖	繁殖法	難易	時期	其他
濱萬年青	Crinum	石蒜科	鱗莖	分球	不良	秋	分割
番紅花	Crocus	鳶尾科	球莖	分球	良～中	秋	
仙客來	Cyclamen	櫻草花	塊莖	種子	良	晚夏	分割，插木
大理花	Dahlia	菊科	塊根	分球（種子）	良	春	插芽、插枝，春
小蒼蘭	Freesia	鳶尾科	球莖	分球	良～中	春	
松雪草	Galanthus	石蒜科	有皮鱗莖	分球	中	秋	
唐菖蒲	Gladiolus	鳶尾科	球莖	分球，木子	良	春、秋	
大岩桐	Gloxinia	苦苣苔科	塊莖	種子	良	春	分割、梨插，春
古羅利委沙	Gloriosa	百合科	塊莖	分球	中	春	
薑百合	Hedychium	薑荷科	根莖	分球	中	春	
孤挺花	Hippeastrum	石蒜科	有皮鱗莖	種子	中	春	鱗片插、刻傷
風信子	Hyacinth	百合科	有皮鱗莖	分球	不良	秋	切溝法、刳取法、挖心法、鱗片插，夏
球根鳶尾花	Iris	鳶尾科	有皮鱗莖	分球	不良	秋	
檜水仙	Ixia	鳶尾科	球莖	分球	良～中	秋	
鹿科吉母	Leucojum	石蒜科	有皮鱗莖	分球	中	秋	
百合	Lilium	百合科	鱗狀鱗莖	分球，木子，種子，珠芽	良	秋	

中文名	學名	科名	鱗莖型態	繁殖法	繁殖能力	繁殖期	備註
石蒜	Lycoris	石蒜科	有皮鱗莖	分球	中	夏	
莫斯卡利	Muscari	百合科	有皮鱗莖	分球	中	秋	
水仙	Narcissus	石蒜科	有皮鱗莖	分球	中	秋	鱗片揷
耐林	Nerine	石蒜科	有皮鱗莖	分球	不良	秋	
大甘菜	Ornithogalum	百合科	有皮鱗莖	分球	良	秋	O. tlyrsoides 葉揷
花酢漿	Oxalis	酢漿草科	有皮鱗莖	（種子）	良	春	
花毛茛	Ranunculus	毛茛科	房狀塊根	分球	中	秋	
參內傘	Scilla	百合科	有皮或無皮鱗莖	種子	不良	秋	
鬱金香	Tulipa	百合科	有皮鱗莖	分球	良	秋	
白星海芋	Zantedeschia	天南星科	塊莖	分球	中	秋	
				種子	良	夏	

* 為松形鱗莖，A. Tubiflora 為塊莖，*** 為繁殖能力依種子而大異。

參考文獻

1) Hall, A. D. (1940) The Genus Tulipa.
2) 志佐誠・萬豆剛一．(1953) 園藝學研究集錄．6：124-30
3) 倉岡唯行・吉野蕃人．(1955)園藝學研究集錄．7：162-7
4) 富山縣農試．(1966)チューリップ育成品種なびに既存品種の特性について．農林水產技術會議・
5) 志佐誠ら．(1955)チューリップの育種學的研究・輸出球根に關する研究．
6) 倉岡唯行・吉野蕃人．(1955)島根農大研報3：44-8
7) 雨木若橘・上材卯一郎．(1959)農及園．34：1838-42
8) ＿＿＿＿・萩屋薰．(1959)園藝學會秋發表要旨．31
9) 萩屋薰。雨木若橘．(1957)園學雜．26：205～8．(1959)同誌．28．52-8,(1959)同誌．28.130-8(1962)同誌.31:86-94
10) 雨木若橘．(1962)園藝學會春發表要旨．35
11) 沢完・門田寅太郎．(1966)園藝學會秋發表要旨．261-2
12) ＿＿＿・＿＿＿．(1966)高知大學學術報告・15：4.25-30
13) 萩屋薰・雨木若橘．(1962)園藝學會春發表要旨．35
14) 筒井澄・豐田篤治．(1967)園藝學會春發表要旨．324-5
15) 青葉高．(1967)山形大學紀要．5：111-20
16) 松川時晴。菊本忠士・畠中洋．(1964)福岡農試園藝分場研報.3.1-18
17) 萩屋薰．(1962)農及園．37：1378-90
18) Blaauw A. H. (1920) Mededeelingen V. d. Land bouwhosge school, Wageningen Deel XVIII
　＿＿＿＿．(1920) Deel XXVII
19) Huisman, E. & A. M. Hartsema. (1933) Meded. Mo 37. Lab. Plantenphysiol. Onderz. Landbauwhogeschool, Wageningen.
20) 島田恒治・山田嘉夫・竹下晴彥．(1957)佐賀大學農彙報．6：71-81
21) 岡田正順・三輪智．(1958)園學雜．27：135-43
22) 吉地貞藏・小野公二．(1966)園藝學會春發表要旨．237-8
23) Blaauw, A. H. (1931) Medep. No 32 Lab. Plantenphysiol. Onderz., Wageningen. Holland, 1-90

24) 前川德次郎・明道博．(1948)園學雜．17:139-45

25) 岡田正順．(1951)園學雜，20:209-218

26) ＿＿＿＿．(1951)園學雜．20：125-8

27) Acker (1949) Bot. Gaz. 111：21-36

28) 阿部定夫・川田穰一・歌田明子．(1964)園試報．A 3：251-317

29) Hartsema, A. M. (1937) Ver. Kon. Akad. Wet. Amsterdam. 36：1-35

30) Pfeiffer, N.E. (1931) Contr. Boyce Thompson Inst. 3：173-196

31) 小杉清．(1952)園學雜．20：231-7

32) 妻鹿加年雄・木下順介．(1953)園藝研究集錄．6:137-9

33) ＿＿＿＿．(1959)園藝學會春發表要旨．32

34) 塚本洋太郎・淺平端・今西英雄．(1963)園學會春發 表要旨．42

35) 青葉高・渡部俊三・齊藤智惠子．(1960)園學雜．29:247-52

　　　　＿＿＿．＿＿＿．相馬和彦．(1961)園學雜・30:82-8

36) Zimmerman, P.W. & Hitchcock, A. B. (1929) Bot. Gaz. 87:1-13

37) Rünger, W. (1955) Gartenwelt. 55：223-224

38) Steffen, L. (1958) Gartenwelt, 58：82-82

39) 安田勳・橫山二郎．(1959)．岡山大學報．13:57-62

40) ＿＿＿＿．(1964)球根新技術．誠文堂新光社．74-84

41) Zweede, A. K. (1930) Verh. Koninkl. Nederl. Van Wetens, 27：1-72

42) 星野四郎．(1964)新潟農試研究報告．14：52-63

43) 塚本洋太郎．(1965)原色園藝圖鑑 IV．保育社

44) ＿＿＿＿．(1952)園藝學會春發表要旨．30

45) 志佐誠・萬豆剛一．(1953)園藝學會秋發表要旨．18

46) 豐田篤治・西井謙治．(1957)園學雜．26:243-50

　　　　＿＿＿＿．＿＿＿＿．(1958)同　　誌 27：63-7

　　　　＿＿＿＿．＿＿＿＿．(1958)同　　誌 27：207-12

　　　　＿＿＿＿．＿＿＿＿．(1958)同　　誌 27：213-20

47) Hartse ma, A. M., & Luyten. I. (1950) Mededel. Land bouw hogesch. Wageningen. 50：83-101

48) 萩屋薰．(1963)園藝學會春發表要旨．43

49) 安田勳．(1957)園藝學會秋發表要旨．21
50) 明道博．奧材實義．蝶野秀鄉．(1964)北大農付農場報告。12:121-5
　　____．____．____．(1965)　　　同　　　誌　13:29-33
51) Riethmann, O. & Pollard, L. H. (1965) Florists Rev. 86 : 3513 : 21-22
52) 狩野邦雄。佐藤義機．（1967)園藝學會春發表要旨．352-3
53) 明道博．久保貞．（1952）北海道大學農．邦文紀要．1:175-80
54) 黑坂明．（1961)園藝學會春發表要旨．35
55) 豐岡治平．（1949)農及園．24:399-400
56) 穗坂八郎・横井政人．（1959)千葉大園學報．7:45-55
57) 伊藤憲作．（1955)農及園．30:467-8
58) Robb, S.M. (1957) Jour. Exp. Bot. 8 : 348-52
59) 田村輝夫．（1949)園學雜．18.232-6
60) 岡田正順。岡本省吾．（1949)育種と農藝．4:116
61) 塚本洋太郎．（1952）花卉園藝．朝倉書店
62) 櫻井博．（1964)新潟園試花卉成績．30-3
63) Grifflth. (1933) R.H. S. Lily Yearbook. 2 : 104-18
64) 明道博．(1957)園藝學會春發表要旨．37
65) Tincher. M. A. H. (1936) R.H.S. Lily Yearbook. 5. 32-38
66) Luyten, I. (1926) Proc, Kon. Acad. V. Wet. Amsterdam. 29. 917-926
67) Traub, H. P. (1933) Science 78 : 582
68) Heaton, I. W. (1934) Yearbook. Amer. Amaryllis Soc. 1 : 75
69) 塚本洋太郎・松原幸子．（1955)園藝學會春發表要旨．32
70) 岡田正順・山田富造．（1953)農及園．28:1225-7
71) 坂西義洋．（1962)園學雜．31:173-184
72) 藤岡作太郎．（1964)園學雜．33:159-170
73) 豐田篤治。西井謙治。筒井澄．（1960)富山農試園藝分場研報．1:13-7
74) 坂西義洋・福住久代．（1964)園學雜．33:259-264
75) 豐田篤治。藤岡作太郎．（1959)園學會春發表要旨．37
76) 西井謙治。筒井澄・豐田篤治．（1963)富山農試園藝分場報告．

　　3:6-13

77) ＿＿＿・＿＿＿・＿＿＿. (1964)　同　　誌　　4:22-30

78) 雨木若橘・萩屋薰. (1964) 園學會春發表要旨. 33:42

79) 豐田篤治・西井謙治・筒井澄. (1962) 富山農試園藝分場硏報.
　　2:19-24

80) ＿＿＿・＿＿＿・＿＿＿. (1960)　同　　誌　　1:9-12

81) 雨木若橘・萩屋薰. (1964) 農及園. 39:1723-4

82) 萩屋薰・矢後重俊. (1967) 新潟潟農林硏究. 19:12-9

83) 鈴木治夫. (1967) 園學會春發表要旨. 346-7

84) 中山昌明・高橋敏秋. (1967) 園藝學會秋發表要旨. 270-1

85) Mayer, L. (1956) Planta. 47 : 401-446

86) Stichel, E. (1959) Planta. 53 : 293-317

87) 奧本裕昭・高林成年. (1965) 園學會春發表要旨. 34

88) 阿部定夫. (1965) オランダの球根園藝とヨーロツパの溫室園藝
　　技術會議調查資料39:1-86

89) Luyten, I., Joustra, G. B. & Blaanw, A. H. (1925) Proc. Kon.
　　A Kad. V. Wet. Amsterdam. 29 : 113-126

90) Luyten, I. (1927) 同　　誌　30 : 502-513

91) 吉野蕃人. (1966) 園學會春發表要旨. 229-30

92) 西井謙治・豐田篤治. (1966) 園學會春發表要旨. 225-6

93) 萩屋薰. (1967) 新潟縣生產者硏究集會資料

94) ＿＿＿. (1963) 園學會春發表要旨. 43

95) 豐田篤治・筒井澄. (1966) 園學會春發表要旨. 227-8

96) 萩屋薰. (1963) 新潟縣農林硏究. 15:1-4

97) 塚本洋太郎. (1957) 園學會秋發表要旨. 21

98) Blaauw, A. H. (1924) Lab. plantphysicol. Res. No. 11 Wagen-
　　ingen.

99) 櫻井義郎・遠藤武雄・古木市重郎. (1951) 植物防疫. 5:30-2

(100) 穗坂八郎. (1961) 園學會秋發表要旨. 31-2

(101) 岡田正順・岡村彰. (1953) 農及園. 28:1005-7

(102) Fairburn, D. C. (1934) Iowa Agr. Exp. St. Research Ball. 170

(103) Allen, R. C. (1938) Proc. Amer. Sor. Hort. Sci. 36 : 783-5

第四章　依莖頂培養之繁殖

序　言

　　依莖頂培養之繁殖，發端于莫賴爾氏與馬廷氏（ Morel and Martin 1952 ），依莖頂培養，育成大理花無萎縮病（ virus‐free ），報告其成功之事。以後依此方法之無萎縮病之株的育成，主應用于行營養繁殖之作物。在歐美園藝界，菊、康乃馨之無病苗，已由種苗業者，育成而在販賣了。

　　在蘭類，最初亞洲蘭（ Cymbidium ）之無病苗首先育成了。莫賴爾氏（ Morel 1960 ），依此試驗，知道莖頂培養，已成為能率佳之繁殖法，無病株之育成，則至于被認為更為優良之繁殖方法。

　　在日本一般稱莖頂培養繁殖，為 mericlone ，但此種稱法，頗不適切。

　　Mericlone 一語‧在蘭業界最初使用。此語之提案者，為美國蘭協會誌之編集者郭爾敦氏（ Gordon W. Dillon 1964 ），郭氏云：由蘭之分裂組織（ Meristem ）培養之苗，不能稱為實生（ Seedlings ），故以用珍寧氏（ Gene crocker ）提議之語為可。查 mericlone為由 meri（ meristem ＝分裂組織 ）＋ Clone（ 營養系 ）所成，即指由分裂組織所成之營養系之新語。此語最初為着手于商業的蘭之莖頂培養之法國之 Vacherot and Lecoufle 之廣告所採用（ 1965 年 4 月之 A.O.S. Bull ），故在蘭業界急速地用起來了。

　　日本之花卉園藝者，對于依康乃馨與菊花莖頂培養之無病苗，亦用此語。但此種適用，從語言之意義說，雖不錯誤，但成為問題者，在其初之提案，為指被增殖之苗，但在一般，對于莖頂培養或莖頂培養法，亦使用此語。例如「以 mericlone 增殖」，「施行 mericlone 」時，顯然地是指莖頂培養或莖頂培養法。在英語上，插木為 Cutting

，挿木法，則爲 cuttage，被增殖之挿木苗，則爲 rooted cutting。
mericlone之語，恰恰相當于此種 rooted cuttings，而並非 cutting
或 cuttage 之意義。又相當于此等簡潔之語，尚未有。在蘭之英語文
獻，日本所謂之生長點培養繁殖，英文很正確地記爲 meristem tissue
culture propagation, clonal propagation by shoot meristem culture,
apical-meristem-tissue-culture-clonal propagation （分裂組織培養
繁殖），生長點（growing point）之語，亦未用。又以培養馬鈴薯與
康乃馨之無病苗（virus）爲目的時，常用 Shoot tip culture（莖頂
培養）或 apical meristem culture （頂端分裂組織培養）。

　　我想不久，將會有簡潔之術語產生，在 mericlone之語中，有如
上所述之經過與意義。

　　又在一般，將此種植物之部分培養，總稱爲植物組織培養（plant
tissue culture ），但馬鈴薯與康乃馨之無病株之育成及蘭之繁
殖時培養，與其稱爲組織培養，不如稱之爲器官培養（organ culture
）爲妥。

　　又生長點培養之表現意義，則容易被認爲莖尖端眞正一點培養，
故在實際上，差不多與生長點同，爲一種曖昧之語，但爲確切地表現培
養實技之意義，採用莖頂（shoot tip）將表題名爲莖頂培養了。將來
由莖頂以外之器官或組織，雖有再生之可能，但在現在，除了莖頂培
養以外，尚沒有無病苗或蘭繁殖成功之實例，此爲用此表題之另一理
由。

　　以下將此章分爲二節，首先就無病苗之育成，加以敍述，其次則
就蘭之莖頂培養繁殖，述之。縱在果樹類，依莖頂培養之無病株育成
，亦在試驗中，尚沒有成功之例，故在此，不擬敍述。

第一節　無病株之育成

一、營養繁殖與病害之傳播

　　植物病害防除之要諦，爲「不戰而勝」，要之，自病害發生後，

然後決定勝負時，則不能戰勝，縱能戰勝，則費經費，故從其初起，使之沒有病，爲最爲確實之事。但在營養繁殖上，**纒繞苗木之傳染性病害**中，能阻害生產者，爲萎縮病，侵入維管束之立枯性病害及附着于莖葉而傳染之病害等。

萎縮病，如豆類之某種種類，雖有依種子傳染之種類，但大部，不是依種子傳染。因此，如一二年生草花、菸草、蕃茄、黃瓜、白菜及其他之蔬菜類，在用種子繁殖之種類，栽培上，萎縮病，雖不成爲問題，在繁殖上，無須考慮。反之，如在馬鈴薯、甘藷、菊花、康乃馨及其他草花與果樹類等，行營養繁殖之種類，在繁殖上，則有問題了。若從萎縮病株繁殖時，其後代則均成爲萎縮病之罹病株，沒有希望生產優良之產品了。爲避免萎縮病，用種子繁殖時，由于遺傳因子的組成，甚爲複雜，不能獲得與母株相同之子孫。因此，此等某種品種之大部分，受到萎縮病之侵害時，則需就該品種一株一株，施行萎縮病檢定，發見無病株後，則將此增殖，然後從事栽培之法，被採用了。但有時依情形不同，某品種全部均受到萎縮病之侵害的，亦有找不出無病之株之品種，在過去，由于無治療萎縮病之方法，此種品種，只好丟棄，再勉強栽植貴重之種類。由此事觀察時，積極治療萎縮病，成爲必要之事了。

在菊花與康乃馨，萎縮病之外，有侵入體內之維管束之病菌。從被此病菌侵害之株，繁殖之苗，均保有此病菌，有損生產甚著。在歐美地方，很早卽繼續觀察，從判定爲健全之株，採取插穗，以避免病株爲主要之方法。但在最近，依切片試驗（將插穗之基部，行表面殺菌，從該部切取很薄之切片，將此用培養液培養，若檢出有菌時，則視爲罹病株，不供繁殖之用），選出不罹病之接穗，以此爲母株，供繁殖之用。但用此方法時，僅行表面殺菌，故僅侵入導管之病菌，被檢出了，附着于莖之表面，傳染同樣爲害之病菌（例如康乃馨之 Fu-sarium roseum)則不能除去。又如依殺菌劑，不能死滅之無害病菌，將依失敗之汚染判定爲罹病株浪費之事，隨之而發生。

　　若欲打勝此種苗木傳染性之病害時，卽爲從其初所擧之題目，從事，從無病健全之母株，繁殖，不僅是消極地探索無病之母株而是積極地育成無病之株，此卽園藝家所意圖之莖頂培養。

　　依莖頂培養之營養繁殖性，育成作物之無病苗，爲立脚于次記之三種事實。對于萎縮病，個體之治療，縱不可能，但依無病株之營養繁殖，諒是可能的，故從品種全體觀察時，爲積極的治療，侵入管束之病菌，到莖頂爲止，尙沒有侵入，故可以除去。又附着于莖葉之傳染病菌，亦可同時除去。

⑴玻璃室栽培植物之莖頂，一般完全無菌，無病源菌與雜菌。

⑵某種之萎縮病（virus），在某種條件之下，沒有達到莖頂之頂端部。

⑶其他之萎縮病，在切下培養之莖頂內，濃度低，不能達到增殖的程度，終至于被除去了。

二、莖頂之頂端分裂組織

　　高等植物，在莖頂及根端之頂端分裂組織（apical meristem）上下，有無限生長之可能性，營行所謂開放型之生長。葉及花瓣等之器官，與動物同，營行閉鎖型之生長，但此等部分，不論爲何種原基（primordium），與腋芽同（axillary bud），爲側生，依莖頂之分裂組織的功用，而被形成的。

　　將莖頂之頂端分裂組織及其背後之組織分化的狀態，略述時，則如次記之圖 4‧1。

　　被子植物之營行營養生長時，莖頂之頂端分裂組織之最頂部，由始原細胞群（initial cells）與此等細胞分裂直後之未分化之細胞群所成的，雖呈前分裂組織（promeristem）之狀態，但可區別爲細胞行垂層分裂（anticlinal division）之 1～數層之外衣（亦被名爲鞘層，tunica）與爲外衣所包覆，細胞分裂方向，尙未決定之數層內體（corpus）。在此背後，隨段階之進行，徐徐可見到組織之分開，首

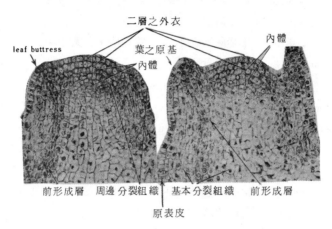

二層之外衣

內體

leaf buttress

葉之原基

內體

前形成層　周邊分裂組織　基本分裂組織　前形成層

原表皮

圖4。1　馬鈴薯之莖端（Sussex，1955）

先可區別爲將來發生表皮、葉之原基、皮層及管束之周邊部分與將來生成爲髓之部分。前者，被稱爲周邊分裂組織（peripheral meristem），細胞分裂甚盛，其細胞比將來成爲髓部之細胞，空胞化少，小而長。又在其內部，將來成爲管束前形成層（procambium），則開始現出。在此種前形成層，縱的方向之細胞，分裂甚盛，細胞向縱細長。因此，由基分裂組織（ground meristem）日後所成之基本的組織，與前形形層，可以區別。在另一方面，由來于外衣之最外層，形成將來之表皮之原表皮（protodern），則徐徐現出成熟表皮之特徵。

　　如斯，由莖頂之前分裂組織，隨其遠離，表皮系、管束系及基本組織之三組織系，最初名爲 protoderm（原表皮），procambium（前形成層）及 ground meristem（基本分裂組織）之前驅分裂組織（在一般被稱爲一次分裂組織 primary meristem）之形態，而且以後則分化爲成熟的組織。

　　葉之原基，依前分裂組織下部之周邊分裂組織之作用，形成爲凸起之形狀。在此，有僅由外衣生成之細胞，關與的時候，與由外衣生成之細胞與內體生成之細胞，兩方關與的時候，但無論為何種時候，關與之方法，依植物之種顧，均有一定的。

腋芽之原基，比葉原基之形成，要遲些，雖然形成于葉腋，但此則沒有包含形成莖頂之部分。

營行營養生長之莖頂頂端分裂組織之最頂部，縱切時，呈圓屋頂形（dome），但此圓屋頂形之大小，常不一定，與葉原基之形成有關，常有變化。

例如康乃馨，為對生之葉，成十字形，交叉，順次被形成，但一對之葉原基被形成，其次一對之葉原基，形成到同大為止之間（1 plastochrone），在 dome 之容積上，有最大與最小兩種之形態。而此種形態，行周期的反覆表現出來。卽，dome 之大小，在葉開始生成之前，最大，以後隨葉開始生成時，則徐徐成為最小，達到最低後，再開始增大，其次之對生之葉原基開始生成前，再成為最大。

擬以 4 公分或 4 公分以上之康乃馨之側枝，供試驗用之研究結果（據 Shushan and Johnson, 1955） 時，頂端分裂組織，橫切時，呈橢圓形。因此，有長徑及短徑之別。測定之結果，最大時，長徑為 174 μ（微米），短徑為 162 μ（微米），高 93 μ，圓屋頂形之容積，為 13.7×$10^5\mu^3$ 。最小時，長徑為 126 微米，短徑為 85 微米，高為 33 微米，圓屋頂之容積為 1.9×$10^5\mu^3$。圓屋頂形之容積最大時，為最小時之七倍。容積最大時，長軸之方向，與最小葉原基之表面成平行，不久隨其次之對生葉原基之發生，長軸、短軸，漸次則短，圓屋頂形之容積，則達最小之值。在其次之生長，圓屋頂形之容積則增，長軸、短軸則增長，此時，前之長軸之方向，則成短軸。

莖頂之頂端分裂組織，最尖端角皮層之厚，約為 0.5 微米，外衣為二層，其厚各為 7 微米，內體在近于外衣之部分，比較規則甚正，成層狀並列。圓屋頂形之容積，在最小值之部分，特別，全體成層狀，此時層數，約在 3～6 層以下。

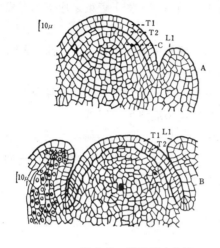

圖 4·2　康乃馨之莖端
(Shushan and Johnson, 1955)
A：最小時　　　T₁；外衣之表層
B：最大時　　　T₂：外衣之內層
　　　　　　　　C：內體
　　　　　　　　L₁：葉之原基

在康乃馨之莖頂分裂組織，沒有像菊所看到之明確的輪層，（圖 4-3），髓、管束及皮層之大部分，由內體生成的。然而在葉，似乎

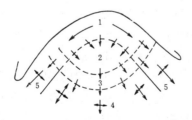

圖 4·3　菊之莖端輪層 (Zonation)
(Popham and Chan, 1950)

外衣之第二層，比內體之第一層，對于管束之形成，有更多之關與（圖4-2）。

　　康乃馨大部分品種之側枝，僅生于對生之一側之葉腋。因此，葉序爲½，腋芽則成爲¼。

　　在本章之初項，莖頂培養，比生長點培養，從實際操作之感覺說，似乎最爲適合，故採用莖頂培養，已如前說了。

　　如斯說時，所謂莖頂，到底指何處爲止？則成問題。在此，據帕克氏（park 1959）之意見云：由可視的葉之原基上面之部分，要之，頂端分裂組織之直下未分化部分，稱爲莖端（Shoot apex），所謂莖頂（Shoot tip），爲莖端前驅分裂組織（一次分裂組織）及由數枚之葉原基所成立之部分，此爲帕克氏所下的定義。

三、莖頂培養之開始與莖頂培養繁殖

　　莖頂培養，在植物組織培養之歷史上，開始頗早，洛丙斯氏（Robbins 1922），從想知道根與莖之直接營養要求之觀點，將此等器官，在無菌之條件下，試行培養。卽以棉、豌豆、玉蜀黍等爲材料，將用晒粉溶液殺菌之種子，放于無菌，無營養之寒天板上，使之發芽，將其根端或莖頂，在 Pfeffer 氏修正液（$Ca(NO_3)_2$ 2.0g，KH_2PO_4 0.5g，KNO_3 0.5g，KCl 0.25g，$MgSO_4$ 0.5g，$FeCl_3$ 0.005g，蒸餾水 6,000ml ）中，添加 2％果糖或葡萄糖之培地（卽培養基）及完全沒有添加碳水化合物之三種之液體培地，用此等液體培地，在暗處培養了。栽植之莖頂，使用相當大之塊，在豌豆時，用1.72～1.75mm；在玉蜀黍，用2.16～3.75mm大的，棉在碳水化合物加添之培地，雖然生長出來了，但發育則異常，沒有施行測定。豌豆與玉蜀黍之莖頂，有糖時，縱在暗處，發育亦良好，但葉綠體，則未能形成而黃化，葉未展開。又在很多的場合，看到生根了。從糖分說，葡萄糖，則比果糖優良。沒有糖時，生長則甚劣（表4-1）。

表 4-1 無菌液體培土上暗處培養之豌豆及玉蜀黍之莖頂生長（Robbins 1922）

Pfeffer 氏修正液之添加物	供試莖頂數	其初生長之平均 (cm)	生 長 量 (cm)	總 根 數
豌豆（ 29日後 ）				
葡萄糖2％	15	1.75	12.77	7
果 糖2％	15	1.72	3.58	3
無 糖	14	1.75	0.88	14
玉蜀黍（ 11日後 ）				
葡萄糖2％	3	2.16	17.5	13
果 糖2％	3	2.90	12.43	8
無 糖	2	3.75	4.50	1

要之，在綠色植物之生長，已發見縱用一般視爲必要之無機鹽類與可溶性之碳水化物，在暗處，莖頂有生長之可能。

又此種實驗，縱然有糖，莖頂則行黃化生長，由比可知，在暗處生長黃化之原因，顯示不是由于糖之缺乏。

如斯，洛丙斯氏（Robbins），在最初莖頂之培養上，開始發端，關於莖頂培養之技術，行了種種的研究，不久，莖頂培養，僅將莖頂之分裂組織取出，則向究明此種分裂組織所營形態形成之結構方向進展了。

但莖頂培養，在園藝上重要之點，不是究明莖頂分裂組織所行形態形成之機構，而是在生產上，獲得直接的利益。

以下擬就其歷史，加以敘述。

不是全部均是如此，大部分之萎縮病（virus），不是在罹病植物全部之組織中，均能找出來。但罹病植物內之萎縮病濃度，依部分或年齡，有顯著差異之事，常被發現。例如華特氏（white 1943），

在液體培地上，發現蕃茄生育中，罹菸草嵌花萎縮病（tabaco mos-
aic virus　，簡稱 TMV）之根尖，比在老組織中，萎縮病菌少，
同樣，TMV 之濃度差，縱在菸草之莖中，亦被發現了，感染植物之
幼葉內，非常少，而葉隨其發育而漸多，到了老時，則再減少（據
Limasset, cornuet and Gendron 1949）

　　將頂端之分裂組織取出，縱接種于 Nicotiana glutinosa 上，亦不
感染（據 Limasset and Cornuet 1949 ）。又在根與莖之幼組織上，
再看到 virns　菌甚少。

　　利馬塞地氏（Limasset）等，從此事實，亦認為頂端分裂組織，
有抗萎縮病之力。

　　由此種事實推想時，若從罹病株，僅將頂端之分裂組織取出，在人
工培地，培養時，可以預想到能獲得無萎縮病之健全植物。

　　在另一方面，瑟飛爾得氏（Sheffield 1942），從被 TMV 侵害之
菸草與蕃茄，取出之全部頂端分裂組織，發見並不是無病株（virus
free）。與此相似之例，縱在其他之萎縮病，亦能被發見。

　　關于此點，確實之事，尚未被證明，但莫賴爾與馬丁氏（Morel
and Martin 1952, 1955, b), 在莖頂為無病之預想下，以大理花為材料，曾
想試驗，依莖頂培養，育成無病之株病之株（virus free）。即將大
理花之嵌花萎縮病（mosaic virus）之枝（Shoot），用晒粉殺菌後
，切出其莖頂約 250 μ（微米）之長，培養于試驗管內之寒天培地上
，栽植後之莖頂，有數個，沒有生根。但已發育成為幼植物了。將此
幼植物，接木于大理花之實生砧上，培養，施行萎縮病檢驗的結果。
其中有若干株，成為無病株了。此為依莖頂培養，育成無病株（vir-
us free）成功最初之例。莫賴爾氏與馬丁氏（Morel and Martin
1955, a. b.）　將此種方法，對于除去馬鈴薯之 X, Y, A virus　罹
病株，亦適用了。此時，在培地上，縱不加 NAA ，生根亦良好。但
將發育之幼植物，直接移植于土壤中時，其中多半均枯死了。故將此
接木于蕃茄上，培養時，已獲得無病株了。

　　魯利斯氏（Norris 1954），將被認為侵入莖頂深部馬鈴薯之 X,
virus 　，培養于添加孔雀石綠（malachite green 之抗 virus 培地
，成功率雖低，但已成功獲得 virus 化之株了。

　　從此以後，此種研究，並應用于其他作物。如康乃馨（quak, 1957
），甘藷（Nielsen 1960），蘭（Morel 1960）、草莓（Belkengren
and Miller, 1962）　　、百合（森，1965）、矮牽牛 petunia（
森，1965）、甘蔗（濱屋，森 1967）及其他，均曾報告獲得最初
之成功。

　　另一方面，桃之某種萎縮病（virus），能依熱處理，獲得治癒
之效，早被報告過（kunkel, 1935, 1936）。縱在馬鈴薯、菊花、康
乃馨等，亦依熱處理，可以治療。但併用熱處埋與莖頂培養時，則更
可栽植更大之莖頂，故能成功育成活着率高，能率大之無病株了。因
此，在最近，無病株之育成，已向熱處埋與莖頂培養之方向進行了。

　　不論用何方法，在營養繁殖可能之作物，只要一次育成無病株時
，以後用挿木、接木、分株等法，即可增殖無萎縮病之株，故獲得無
萎縮病母株之能率，則成為今後之問題了。

四、莖頂萎縮病之濃度與依培養 virus 之消失

　　荷林格斯氏與斯同氏（Hollings and Stone 1964），曾調查康乃馨
之雜色萎縮病（mottle virus）莖頂之濃度，其結果，則如表 4-2，
3，所示。

表 4-2　頂端分裂組織與第二葉之原基上雜色萎縮病之濃度
　　　　　　　　　　　　　　　　（Hollings and Stone, 1964）

組　　　　　織	供試數	組織之大小 (μ，微米)	用 Chenopodium amaranticolor 之檢定		
			總病斑	接種葉數	一葉平均之病　　斑
頂端生長組織	78	77 x 92	96	108	0.89
第二葉之原基	18	496 x 97	1.819	11	165

表4-3　種種大小莖頂之 mottle virus 濃度

（Hollings and Stone, 1964）

莖頂之數	莖頂之大 (mm)	用 Chenopodium amaranticolor 之病斑			無 virus 之莖頂	
		總病斑	接種葉數	一葉平均之病斑	數	%
3	0.1	3	13	0.2	2	66
20	0.25	137	61	2.2	8	40
30	0.5	1,198	70	17.1	4	13
9	0.75	429	12	35.3	1	11
4	1.0	432	11	39.2	0	0
5	1.0以上	1,972	20	98.6	0	0

在此種實驗上，酷似于藜名爲荆芥（chénopodium amaranticolor）被用爲雜色 virus 檢定之植物，將欲試驗部分之汁液，接種于其上，依顯現于葉上之病斑，施行判定保毒與否。

表4-2, 3之結果，隨至莖之尖端，顯示 virus 漸少，甚爲明顯。但若說頂端分裂組織中，完全沒有時，則不盡然，而顯示有少許存在。

爲育成康乃馨之無病株，培養莖頂之大小，一般約爲 500 μ（微米），此種大小之莖頂，平均起來，含有相當多之 virus，不含 virus 之莖頂，僅不過 13 ％而已（如表4-3），但依實際莖頂培養育成時，自可獲得相當比例之無病株。對于此種理由，兩氏曾云：在康乃馨之莖頂，有使 virus 不活之機構存在，其作用，依除去植物成熟之部分，被助長了。

華特氏（white 1934），爲保存萎縮病之目的，在由罹病于 TMV（Tabaco mosaic virus）之 Bonny Best 蕃茄之莖使之發生不定根之液體培地，試行繼續培養了。每週栽植之，縱在 30 週後，亦確認有萎縮病存在，證明感染之根，在培地可以培育，在根上，萎縮病已增殖了。同時並講述了幾個有趣之實驗結果，但其中，將人爲的萎縮病接種之根，培養時，在培養第一回之一週後，看到了少量之萎縮病了。但將此在繼續培養之第二週終了後，並沒有發見有萎縮病云。

卡沙尼斯氏（Kassanis, 1957），曾看到培養的菸草腫瘍組織之 TMV 之濃度，隨培地之 KH_2PO_4 及葡萄糖之濃度增加，而減少，二者均在高濃度時，更爲減少。來尼地氏（Reinert 1960），曾看到某種萎縮病，依培養而消失或減少了。最近近藤氏（1967），曾謂在康乃馨癒合組織之繼代培養，康乃馨之萎縮病，在第十回之培養，多半都已消失了。

又昆克氏（quak, 1961），曾看到爲除去 virus 已侵入莖頂之頂部，僅用一般之莖頂培養，則不易除去之馬鈴薯之 X virus ，爲除去此病，⑴在培地，添加 2,4-D 或 IAA ，⑵對于插木之枝，行灌水處理，有效了。

從以上之研究結果，觀察時，荷林格氏與斯同氏（Hollings and Stone ）　曾做如斯想，培地有能助長莖頂自身使 virus 成爲不活性之機能？或培地直接有抑制 virus 增殖之力？哈茲氏（Hirth, 1965），曾謂在培養組織，virus 濃度低者，是由于依細胞之特性。不論爲直接的，或間接的，培地持有關係于某種 virus 增殖之事，甚爲明顯，就中當莖頂培養之實際時，對于培地添加荷爾蒙，甚爲普通，故引用昆克氏（quak）之例說時，結果可說培地有抑制 virus 增殖之力。

五、影響于發芽及生根之要因

莖頂培養，簡單地說明時，爲莖頂之插木。芽（bud）不是不定芽（adventitious bud），而是存在莖頂之定芽（true bud），能使其本身伸長之芽，故爲使之做爲個體之幼植物之再生，成爲完全之植物時，使之發生不定根，即可。

莖頂培養時，不定根之發生與發育，在康乃馨之品種紅格特（Red Gaytey），則如次（據 phillips and Mathews 1964 ）。

在含有 NAA 之培地，栽植之莖頂（ 200～250 μ 微米 ）在 4 日間中，約成爲 300 μ 之大。依採芽被傷之部分，由 1 ～ 2 層之細胞層所成，其厚約有 7 ～ 12 μ，在基部甚爲明瞭。由傷部之上，細胞之增殖，在第七日，明白可以認出來。此種增殖，向頂部約伸長 150 μ，在葉腋部，殘存之分裂組織，甚爲明瞭。平行于切斷面之分裂細胞的增殖，在七日間，能達 400 μ。葉之伸長雖少，但到了第 11 日，新的對生葉，漸可認出，從基部起，能達 150～ 300 μ。

根之原基，現出于老葉原基之下方，漸次分化之管束下部之增殖部的內部，與現出于插木時之篩部柔組織之物，成爲對照的。

根初期發育之方法，如史坦格拉氏（ Stangler, 1956 ），在成熟枝之插木處，所述一樣，但根之初期分化樣子，由于基部之旺盛分裂，不能明瞭觀察出來。根之地帶區分，在 14 日後，始明。

在 14 日後， 1～ 2 對之葉原基，則發達，在老葉之葉腋中，殘存分裂組織，甚爲明瞭，但芽沒有活潑生長。葉之伸長與細胞之分裂，與着生于樹上者比較時，則受到限制。到 26 日，莖頂之長，達 1.5 mm，根則從基部現出。根完成後，與基部癒合組織之形成相同，葉與莖之發育，常常甚爲急速。癒合組織，當根之發育時，則現出于基部，在葉之基部，形成甚盛。癒合組織形成甚盛時，葉與莖之伸長，則受到制限或被妨礙。根之發育，依癒合組織，雖未受到影響，但僅當癒合組織癒合時，植物則急速發育。

表 4-4　頂芽與側芽之生根及生存與無病株（ Stone, 1963 ）

芽之位置	芽　數	生　　根		到成熟爲止之生存		Virus free **
		數	％	數	％ *	％
頂　芽	184	89	48	37	42	57 (21/37)
側　芽	831	402	44	109	27	64 (70/109)

註：　*…生存%：生存數／生根數

　　　** Virus free %： Virus free 數／生存數

表4-5　康乃馨之二系統之芽大與生根（感染，不感染，熱處理株之合計（Stone, 1963）

芽　大	0 - 0.2		0.2-0.4		0.4-0.6		0.6-0.8		0.8-1.0^{mm}	
系　統	HM$_{15}$	J10	HM$_{15}$	J10	HM$_{15}$	J10	HM$_{15}$	J10	HM$_{15}$	J10
生根%	49	40	77	70	76	73	72	8	+	+

註：+…供試數少，不能評價。

表4-6　季節與生根（Stone, 1963）

月	1-2	3-4	5-6	7-8	9-10	11-12	計
生根%	38	61	45	28	34	18	40

表4-7　康乃馨二系統之　mottle virus　對于芽之生根與生存之影響（Stone, 1963）

系　　統	從健全株採取之芽			從罹病株採取之芽		
	栽植數	生根%	生存%[*]	栽植數	生根%	生存%[*]
HM 15	81	69	71	114	53	50
J 10	123	72	57	73	74	39

註：*生存% = 生存數 / 發根數

表4-8　熱處理對于芽之生根及生存之影響（Stone 1963）

系　　統	熱處理（38 °C 4星期）			無　處　理		
	栽植數	生根%	生存%[*]	栽植數	生根%	生存%[*]
HM 15	105	86	50	81	69	71
J 10	57	31	44	97	70	60

註：*生存% = 生存數 / 生根數

　　根出現于外面時，根之管束分化甚爲明白，與莖之管束則相接續了。

　　莖頂培養時，不定根之原基，如斯，在葉之下方，與漸次發育之管束，相關連，在增殖之組織內，以14～26日，被形成了。巴爾氏（Ball, 1946, 1960），行羽扇豆（Lupinus）之莖頂培養時，根當有葉之原基時，則形成于基部組織內，但當沒有葉原基時，似乎認爲沒有被形成，故當生根時，葉原基之存在，甚爲必要。換言之，僅有所謂頂端分裂組織，在現在的階段，則不能希望完成植物之再生。

　　在莖頂完成再生時，生根甚爲必要，但縱不看到生根，當莖已伸長時，或縱已生根，生長太弱時，亦可將此接木于健全之植物，而達到繁殖之目的。在大理花（據 Morel and Martin, 1955, a. Kassanis, 1957, b.），使用此種方法，已成功育成無病株了。但此爲不得已時所行之事，沒有比自己生根再好的。

　　欲使植物生根時，在培地，添加植物荷爾蒙，甚爲重要。馬鈴薯，在培地上，縱不添加荷爾蒙，亦能生根（據 Morris, 1954; Morel and Martin, 1955, a. b.; Kassanis 1957, b.），但 NAA 1 ppm 之添加，比 IAA 1 ppm 之添加或無添加之對照區，生根更佳，幼植物之生育亦良。但在液體培養，到根達到培地時，這次根反受了害（據 Morris, 1954），因此，根發生後以將此改植於無 NAA 之培地爲佳。

　　NAA 有利于生根之事，用康乃馨挿木時，亦可看到（據 Stone, 1963）。即將200個之莖頂，栽植于不含 NAA 之培地時，經三個月後，多數之莖頂，長大了，而呈綠色，但完全沒有看到生根。將此綠色之芽，培植于含有 NAA 1 ppm 之液體培地時，換植之110株中，有19株（17％），在三星期後生根了。NAA 能促進康乃馨之生根，昆克氏（Quak, 1961），亦認爲有此功能。

　　生根如表4-7所示，依採芽之芽的位置，莖頂之大小、季節、感染之有無及系統等，受影響亦大。

　　生根，復依如前所述之熱處理，受到影響，如表4-8所示，生根依熱處理，則劣化。

　　被培養之莖頂的發育，亦常爲季節所左右。例如在馬鈴薯，當春季培養時，栽植後，則比較能迅速開始生長，但若在秋季或多季培養時，僅在數個月之休眠後，開始發育（據 Quak, 1961）

　　此等事項，關係于培養之實際甚深，故應加以注意。

六、依熱處理行 Virus 之治療及熱處理與莖頂培養之併用

　　在用營養繁殖之作物，欲獲得無萎縮病母株之方法，曾已述過，找出無病母株之方法外，縱用感染 virus 之株，由于 virus 之分布的部分，不均一，亦用利用此點之方法。即從罹病株，採取外觀上無病徵之枝尖，將此行插木繁殖，或將此，接木于其他健康之植物上，以育戎苗木，此法很早即被採用了（如 Abbott, 1945, 1955, 1956, a.b. Kunkel, 1924, 1939., Maramorosch, 1949, Sammel, 1934 等）。其中，荷爾母斯氏（Holmes），曾用插木法，除去大理花之有斑青枯病（1955）。在甘藷，依將莖之四分之一吋之尖端，接木于牽牛花或旋花上之方法（1956），又在菊花，將 tomato-aspermy 與 mosaic-type 之複合感染株之尖端 4～8 mm，接木于其他無病品種上，依此，已成功除去 aspermy 病毒了（1956, b）

　　此等之成功，可能由于被除去之 virus，尚爲未侵入于比較的莖端深部之種類。

　　在另一面，自庫克爾氏（Kunkel, 1935, 1936），將桃之黃萎縮病（yellow virus），用 35 ℃之高溫，處理兩星期或以上之期間，治療成功以來，蔓性長春花（夾竹桃科）（Kunkel, 1941, 1952），克蘭別里（Cranberry）（Kunkel 1945）、拉斯普莓（Raspberry）（Chambers, 1954, 1961, Stace-Smith, 1960, Bolton and Turner, 1962, Converse, 1966），草莓（Posnette, 1953, Posnette and Cropley 1958, Posnette and Jha, 1960, Mellor and Fitzpatrick, 1961 Frazier, voth and Bringhurst, 1965），菊花（Hitchborn, 1956. Hollings and Kassanis, 1957），黃瓜其他（Kassanis 1954），馬

鈴薯（Kunkel, 1943. Kassanis, 1949. Fenow, Peterson and Plaisted 1962. Mellor and Stace-Smith, 1967），甘藷（Hilde brand and Brierley, 1960. Hilde brand, 1964, 1967），梨（Campbell, 1965），康乃馨（Kassanis, 1954. Hollings, 1959, b. Thomson, 1961. Brierley, 1962. Belgraver and Scholten, 1954, 1956. etc.）等，曾報告某種 virus，依熱處理，被除去了，並在實際上已被利用了。某種之 virus，與實驗上之生體外之致死溫度無關（據 Kassanis, 1954），用比較的低溫，能夠除去，此由于被處理之溫度，莖頂能生長，但在其內部，virus 不能增殖之故。如斯，在被處理之溫度下，由伸長植物之部分，出發，增殖無病之營養系，此亦與莖頂培養同，並非完全個體之治療。

　　有多數營養繁殖性之作物，對于幾種 virus 複合感染的時候，頗多。因此，僅其中引起大害之一種類之 virus，被除去時，即能正常生育，其品質及收量，均變爲良好的時候亦有。

　　例如，在菊花，最少有十種之 virus，被發見了。但在 36°C 之.

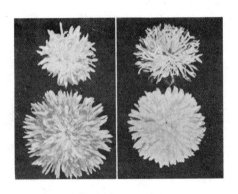

圖4·4　菊萎縮病之熱治療（Hollings and Kassanis, 1957
　　　　左：品種　"Roseverne"
　　　　　上：stunt 除去 stunt　下：依熱處理之
　　　　右：品種　"Market Gold"
　　　　　上：aspermy　下：依熱處理之 aspermy 除去

溫度下，處理 4 星期時，aspermy, stunt, ring pattern　　，黃瓜嵌紋病等，有除去之可能，B. D. 及 Vein mottle　病，則不能除去（據 Hollings and Kassanis, 1957, Hitchborn, 1956）。但僅將引起大害之 aspermy　除去時，花之品質，則非常變爲良好了（圖 4·4 ）。

　　Virus 之除去，僅用熱處理，能達成目的之事亦有，但如前所述，併用熱處理時之莖頂培養，則能栽植更大之莖頂，故生存率則可提高，結局能能率地育成無病之株。

　　併用熱處理與莖頂培養最初之報告，爲依馬鈴薯試驗所得到的（ Thomson, 1956, a. ）。即將受到 X, Y virus　感染之馬鈴薯紐西蘭之重要品種 Aucklander Short top 之球莖，放入暗處，使之萌芽，伸長至 1～2 公分長時，用 35 °C 之溫度處理 7～28 日。處理後，採取尖端 5 公厘，培養于寒天培地之上，生根後，則移植于盆中。又在某一實驗，將發芽之尖端，即刻培于寒天之培地，成長爲幼植物後，用 35 °C 之溫度，處理之，處理後，採取其尖端，再行寒天培養，結果如表 4-9，圖 4·5 所示。

表 4-9　依熱處理與莖頂培養之併用，馬鈴薯 virus 之除去

（ Thomson, 1956, a ）

處　　　理	供試塊莖數及培　養　數	栽植莖頂數	生　存　數	沒有 virusy 之個體數
38° 28 日	3	16	6	0
38　21	1	14	2	0
38　15	2	10	0	0
38　7	2	12	7	4
38　7	1	10	2	1
3　7	2	7	3	0
35　16	9 試驗管	9	6	5
35　14	2 試驗管	2	1	1

　康乃馨之　ring spot （輪紋病）， mosaic （嵌紋）， streak
virus （縞紋萎縮病）等病，用 38 ℃之溫度，處理一個月，可以除
去，雜色（mottle）之 virus ，亦有經二個月之處理，能除去之報告
（據 Brierley, 1962），但伯爾格賴瓦氏與斯考爾田氏（Belgraver
and scholten 1954， 1955， 1956 ） 云：雜色萎縮病（mottle virus）

圖 4。5　馬鈴薯之生長與 virus （Thomson 1956, a）
左：X virus 之感染
右：X + Y virus 之感染

，縱用 40 ℃之高溫處理，頂部雖少，但基部仍多，結局仍不能除去
。昆克氏（Quak, 1957, 1961） ，曾用 40 ℃之溫度，處理 6 〜 8 星
期，與莖頂培養併用，用 1mm（公厘）之莖頂培養，已成功地除去雜
色萎縮病及其他之萎縮病了。

　伯爾肯格勒氏與米拉氏 （Belkengren and Miller 1962），曾
將感染潛伏性A萎縮病（latent A virus）之蝦夷蛇莓（Fragaria
vesca），用 38 ℃之溫度，處理 4 〜 6 日時，與沒有用熱處理之
0.5 〜 1.0公厘之莖頂，栽植于寒天培地上，生長至 1 公分長時，再
栽植于僅寒天與無機鹽類而無糖之培地，使之生育，以後移至砂中，
再移植于土中。萎縮病之試驗，在可能育成之 13 個體中，有七個為
無病苗，其中有六個個體，為由熱處理所得的，一個是無處理之株中

得到的。

同樣依熱處理與莖頂培養之作用，在康乃馨（stone 等，1959）

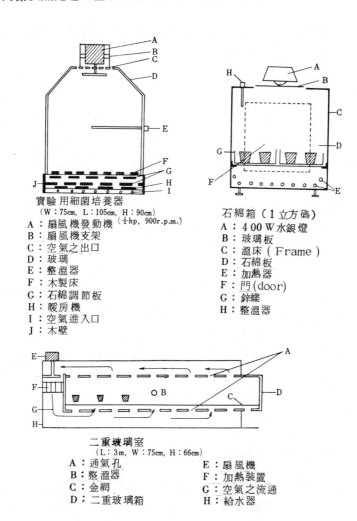

實驗 用細菌培養器
（W：75cm, L：105cm, H：90cm）
A：扇風機發動機（½hp, 900r.p.m.）
B：扇風機支架
C：空氣之出口
D：玻璃
E：整溫器
F：木製床
G：石綿調節板
H：暖房機
I：空氣進入口
J：木壁

石綿箱（1立方碼）
A：400W水銀燈
B：玻璃板
C：溫床（Frame）
D：石綿板
E：加熱器
F：門(door)
G：鋅蝶
H：整溫器

二重玻璃室
（L：3m, W：75cm, H：66cm）
A：通氣孔　　　E：扇風機
B：整溫器　　　F：加熱裝置
C：金網　　　　G：空氣之流通
D：二重玻璃箱　H：給水器

圖 4·6　熱處理用容器之種種

，甜橙（據 Grant, Jones and Norman 等，1959 ）等，亦獲得成功了。

　　用熱處理與莖頂培養，同時併用時，如以上所述，可使育成無病株之能率，容易獲得改善。

　　熱處理之容器，被設計爲種種之樣式，據巴賴地（Barret, 1962）所記，則如圖 4-6。

　　熱處理之植物，先栽入花盆中，使根充分發育，培育強健後，然後施行處理。處理在高溫下，長期中，故其間，不可使植物衰弱，需充分注意同化作用與蒸散作用。又灌水時，不可使溫度降低太多，不可灌給冷水。

　　依植物之種類，對于熱處理，其生存有難易，又縱在同一植物，其生存率，亦依季節而異。卡沙尼斯氏（Kassanis 1954），曾用 36℃ 之溫度，處理 3～4 星期之曼陀羅花（Datura）、黃瓜、菸草、蕃茄、康乃馨及其他植物，曾云：處理最容易之季節爲夏季，從處理植物之種類說，康乃馨最好。幼小之植物與剛植於花盆之植物，在數日內，即行枯死，在冬季，縱施行照明，不易使之生長二星期以上，縱在春季秋季，施行照明，亦難使之生存。

　　要之，行熱處理時，不單使植物曝露於高溫下，依種類不同，無異在生長不適之溫度下，強使其莖伸長，故難以如願。因此，對于植物之狀態及高溫之馴化等，在處理前，需要充分注意，同時，在處理中，亦不可疏忽管理。

七、抗萎縮病劑之利用

　　爲能率地育成無萎縮病之株，抗萎縮之藥劑，被想到了。

　　已如前述，魯利斯氏（Norris, 1954），曾將感染 X virus 之馬鈴薯之綠山品種（Green Mountain），依莖頂培養，想育成無病之株。此時，在培養基上，以 1～4 ppm 之比率，添加抗 virus 劑 Malachite green（孔雀石綠）了。依添加本劑，生長被抑制甚著，但將此改植于不含 Malachite green 之培地，雖只有一個，但已獲得無病株了。同時看到處理使 virus X 之濃度減低之株。依 malachite green　之利用，以除去 virus 病，尚有其他研究者，試驗過，但他們均未成功（據 Thomson, 1956, b. Oshima and Livingston, 1961）

　　卡沙尼斯氏（ Kassanis, 1957, a. ），曾單用或混用 thiouracil, RNA, 高壓殺菌之 TMV, uracil, DNA, adenine 椰子乳（ Coconut Milk ）　及 NAA 等，對于持有 TMV（ Tabaco mosaic virus ）　之菸草腫瘍之生長與 virus 濃度的影響，調查過。用 thiouracil (o.lg/1) 時，已將 virus 濃度，減少至½，但阻害生長則著。 thiouracil (o1 g/1) 與 uracil (0.1 g/1) 混用時，依 thiourcil 之生阻害作用，雖稍稍恢復了，但 virus 之濃度，比無添加者，增多至二倍。RNA (0.1g/1) 、RNA (0.1g/1), 及 adenine（ 10mg/1 ），能使組織之生長佳良，同時減少 virus 之濃度。 TMV（ 120mg/1，或 140 mg/1 ），與此等藥劑則相反，能增加 virus 之濃度，而阻害組織之生長。此時若添加 RNA (0.1g/1) 時，組織之生長，則略呈正常之狀態，但 virus 則增加甚著。椰子乳（ 10 ％ ）與 NAA (0.5mg/1) 混合添加時，對于 virus 之濃度，雖無影響，但組織之生長，則倍加了。

　　據 Kurtzman, Hildebrandt, Burris and Riker 氏等（ 1960 ）之研究時， 6-methyl purine　，並不阻害菸草組織之生長，而能抑制 TMV 之增殖。

　　馬鈴薯之 A, Y, leaf rool virss，用 100 - 150μ（ 微米 ）直徑之莖頂培養，可以除去，但在較此深入深部之 X virus　，則不能不用更小之莖頂培養，此事，可使再生困難。又依馬鈴薯之品種，縱在他品種能充分生育之培地，有不能生育的。此等事情，可使依莖頂培養，育成無病株，遭遇困難，或至于不可能。因此昆克氏（ Quak, 1961 ），打算栽植較大之莖頂，施行抗 virus 劑之處理了。

　　處理之物質，有能抑制 virus 增殖之 thiouracil 及某種場合，發見有抑制 virus 增殖之力的 2,4 – D 與 I A A 等三種。處理之方法，亦有次記之三種。

1. 華特氏（White, 1954），在培地上，各分別加入 thiouracel（10 ppm）, 2.4-D（0.1ppm）或 IAA（0.1 ppm），用此培地，培養莖頂，俟伸長至 1～2 mm 長時，將尖端之 1～2mm，再培養于新培地，反覆栽植數次。用此法培養時，生長貧弱甚著。因此，再用2法。

2. 對于馬鈴薯之幼植物，用 thiouracil 之 100 ppm 水溶液，在四星期之期間內，每日散布處理後，將此種莖頂，施行培養。

3. 將萌芽之莖，挿于砂中，6星期間，用抗 virus 劑，行灌水處理後，將其莖頂培養。

以上在三種處理中，2，3場合之莖頂，比普通未處理者，稍大，普通有少數之葉原基。

用以上之方法，平潔氏（Bintje），在 kennebec 及 valenciana 地方，已成功育成無病之株了。但從 Eersteling 種，除去 virus X 及 S，極為困難。但縱用此品種，若用含 2,4-D 之培地，培養時，則有可能了。

西澤氏及西氏（1966）曾添加 mahchite green（孔雀石綠）（5，10，15 ppm），thiouracil（抗甲狀腺物質）（1 ppm），8-azaguanine（一種代謝阻害物質）（1ppm）于培地，並報告云：沒有阻害百合之生長。

如上所述，育成無 virus 病株時，利用抗 virus 劑，與熱處理同，有時可視為更為有效。

抗 virus 劑之研究，隨植物 virus 研究的進步，今後之發展，更可期待。若能發見不妨礙莖頂之生長，而能抑制 virus 增殖之物質時，則為農業上較此沒有再好的事。如斯的作用，雖可想像得到，依植物之種類、品種或依 virus 之種類，自難免有差異。但不論如何，此種物質，若能發見時，處理的操作，則比熱處理，更可簡化，因之，無病徵之育成能率，更可向上了。又在除去困難之種類，亦有除去之可能。

除去 virus 時，僅用簡單之插木，依熱處理或莖頂培養麼？或併用熱處理與莖頂培養麼？或併用抗 virus 劑麼？自應依植物之種類、品種，virus 之種類各各之特性，選擇能率最好之方法。

昆克氏（Quak, 1961）及其他之研究者，將依莖頂培養苦心除去之馬鈴薯 X virus ；麥羅氏與史塔斯斯密士氏（Mellor and Stace -Smith 1967 ），將此用氣溫 33～37 ℃，地溫 30～32 ℃，行 15 週以上之處理，除去之。

八、培地問題

在植物之組織、器官及其他部分之培養，供試之培地與培養之操作，如車之兩輪，不論任何一個，若有缺陷時，則不能達預期之目的。

莖頂培養之目的，是希望由莖頂，再生完全之幼植物，故培地不可不適合于此目的而組成。栽植之莖頂大時，除了特殊之種類外，關于培地之組成，雖無如斯考慮之必要，但莖頂小時，愈小，對于培地愈有考慮的必要。

但莖頂培養，所要求之培地，爲栽植莖頂之枝，眞實伸長，而在基部能生根之培地。到現在爲止，在組織培養想出之培地，多半以增殖瘉合組織爲目的的，故很難適于莖頂培養。例如卡沙尼斯氏（Kassanis 1957, b），當育成馬鈴薯之無病株時，曾比較莫賴爾氏與馬廷氏（Morel and Martin 1955）之修正培地（如表 4-10 ）與適于馬鈴薯組織培養之士鐵瓦得氏與喀普林氏（Steward and caplin 1943）之培地。後者，是以華特氏（White, 1943）之培地爲基本，在其中，添加椰子乳與 7ppm 之 2,4-D者。在此培地上，栽植 100～250 μ（微米）之莖頂了。在莫賴爾氏（More）修正培地，栽植 250 個之莖頂中，有 177 個生存了，在士鐵瓦得氏與喀普林氏之培地上，栽植 160 個之中，有 111 個生存了。在士鐵瓦得氏與喀普林之培地，枝與根，差不多沒有形成，僅瘉合組織之生長，甚爲顯著。反之，在莫賴爾氏修正培地上，生存了之 177 個中，爲數雖少，但有四個個體，已成爲完

表 4-10　育成無 virus 株使

研究者＼組成	White 1943	White (4) 1954	Morel 1948	Norris 1954	Morel and Martin 1955	Thomson 1956	Kassanis 1957 Morel et al. 1955
$Ca(NO_3)_2$	200	200	500		500		500
NH_4NO_3							
Na_2SO_4	200	200					
KNO_3	80		125		125		125
KCl	65	80					
$MgSO_4$	360	360	125	White (1943)	125	White (1943)	125
NaH_2PO_4	16.5	16.5					
KH_2PO_4			125		125		125
$MnSO_4$	4.5	4.5					
$MnCl_2$							
$ZnSO_4$	1.5	1.5					
H_3BO_3	1.5	1.5					
KI	0.75	0.75					
NH_4Cl							
H_2MoO_4							
$CuSO_4$							
$Fe_2(SO_4)_3$	2.5	2.5					
Na_4Fe-EDTA							
$FeC_6H_5O_7$							
微量要素 [1]							
Berthelot sol. [2]			0.5ml				0.5ml
Heller sol. [3]							
NAA			0.001~0.00001	1 0.1 或 2,4-D0.1			
IAA							
Cysteine			0.01				10
adenine							5

用之莖頂培養之處方 (mg)

Quak 1957	Nielsen 1960	Quak 1961	Baker and Phillips 1962	Belkengren and Miller 1962	Holley and Baker 1963	Stone 1963 Neergaard 之處方	Hackett et al. 1967 White 1943修正	農試培地 浜屋，森 1966
500	800		500		500	1,000	288	117
								57.5
							200	
125	200		125		125	250	47	
							65	43
125	200	White (1954)	125	White (1954) 無機鹽類	125	250	737	120
							16.5	
125	200		125		125	250		38.3
							5.1	
								0.4
							2.7	0.05
							1.5	0.6
							0.75	
							60	
								0.02
								0.05
					25			
							25.3	
	1g/200 ml 1ml							0.2% 5ml
	1 ml							
			0.5 ml		0.5ml	0.5 ml		
1ml								
1			1		1	1	1	
				0.5				
10								10
5			8		8			5

組成＼研究者	White 1943	White(4) 1954	Morel 1948	Norris 1954	Morel and Martin 1955	Thomson 1956	Kassanis 1957 Morel et al. 1955 修正
thiamine Hcl	0.1	0.1	0.001				
pantothen 酸鈣			0.001–0.00001		0.001	pantothen 酸加用	10
inositol			0.001–0.00001		0.1		0.1
biotin			0.001–0.00001		0.00001		0.01
nicotinic acid	0.5	0.5			0.001		1
pyridoxine Hcl	0.1	0.1			0.001		1
casein 加水物							
L-glutamin							
glycine	3.0	3.0					
coconut milk							
葡萄糖			30,000–50,000				
蔗糖	20,000	20,000			20,000		20,000
寒天	(5,000)	(5,000)	12,000	10,000 或 0		7,000	8,000
水	1,000ml	1,000ml	1,000ml	1,000ml	1,000ml	1,000ml	1,000ml
pH	(5.5)	(5.5)					
種類			病組織	馬鈴薯	馬鈴薯	馬鈴薯	馬鈴薯
殺菌				無	晒粉	centihormin	
莖頂				200 μ 出發		熱處理 5 mm	100–250 μ
培地				口紙床			

注）(1)微量要素

H_3BO_3 2.8 g ；$MnCl \cdot H_2O$ 1.8g ；$ZnSO_4 \cdot 7H_2O$ 0.2g ；$CuSO_4 \cdot 5H_2O$ 0.08g ；$H_2MO_4 \cdot H_2O$ 0.02g ；水 1,000 ml．

(2) Berthelot Sol.

$Fe_2(SO_4)_3$ *50 g ；$MnSO_4 \cdot 7H_2O$ 2g ；H_3BO_3 0.05g ；KI 0.5g ； $NiCl_2 \cdot 6H_2O$ 0.05 g ；$CoCl_2 \cdot 6H_2O$ 0.05g ；$ZnSO_4 \cdot 7H_2O$ 0.1 g ； $CuSO_4 \cdot 5H_2O$ 0.05 g ；$TiSO_4 \cdot 5H_2O$ 0.2g ；$BeSO_4 \cdot 4H_2^\Delta O^+$ 0.05g ； H_2SO_4 (con.) 1 ml ；水 1,000 ml．

　　　　* Holley et al. (1963) 除去
　　　　Δ Stone (1963) 除去
　　　　+ Holley et al. (1963) 0.1 g.

(3) Heller sol.

$FeCl_2 \cdot 6H_2O$ 0.001g ；$ZnSO_4 \cdot 7H_2O$ 0.001 g ；H_3BO_3 0.001g ； $MnSO_4 \cdot 4H_2O$ 0.0001g ；$CuSO_4 \cdot 5H_2O$ 0.00003g ；$AlCl_2$ 0.00003 g ； $NiCl_2 \cdot 6H_2O$ 0.00003 g ；KI 0.00001 g ；水 1,000 ml．

Quak 1957	Niel-sen 1960	Quak 1961	Baker and Phillips 1962	Belken-gren and Miller 1962	Holley and Baker 1963	Stone 1963 Neergaard 之處方	Hackett et al 1967 White 1943修正	農試培地 浜屋，森 1966
	1		1		1	1	0.1	1
0.001								10
0.1							Myo 90	0.1
0.00001								0.01
0.001	5						0.5	1
0.001	1						HC10.1	1
0.5								
							146.2	
							3.0	
				10％				
			40,000		40,000	40,000	40,000	10,000
20,000	30,000			20,000				
6,000-8,000	10,000	(5,000)		7,000		15,000	6,000	7,000
1,000ml	1,000ml	1,000ml	1,000ml	1,000ml	1,000ml	1,000ml	1,000ml	1,000ml
5.5		(5.5)			5.5-6.0	5.5		
康乃馨	甘藷	馬鈴薯 康乃馨	康乃馨	草 莓	康乃馨	康乃馨		
					無	無		
熱處理	mm 0.4-1.0	抗virus 劑熱處 理	mm 0.2-1.0	熱處理 0.5-1.0mm	mm 0.2-1.0	mm 0.2-1.0	0.5mm	
			濾紙床		濾紙床	寒天床 濾紙床		

(4) White（1954）之調合法

Ca(NO₃)₂ 20g 　MnSO₄ 0.45g

$$Ca(NO_3)_2 \quad 20g \qquad MnSO_4 \quad 0.45g$$
$$Na_2SO_4 \quad 20g \qquad ZnSO_4 \quad 0.15g$$
$$KCl \quad 8g \qquad H_3BO_3 \quad 0.15g$$
$$NaH_2PO_4 \quad 1.65g \qquad KI \quad 0.075g$$

溶解于8公升 ……(1)

$MgSO_4$ 36g 溶解于 2 公升 …………(2)　混合(1)與(2)為 10 公升……(1)′

glycine　　　　　　300mg
nicotinic　　酸　　50mg　　溶解于 100 公升 ………(3)
thiamin Hcl　　　　10mg
pyridoxine Hcl　　　10mg

蔗糖40g溶解于 1 公升 …………(4)

$Fe_2(SO_4)_3$ 10mg溶解于100ml 除去一半………(5)

混合(4)與(5)為 1.05 l ………(2)′

(2)′＋(1)′ 200ml ＋(3)20ml ＋水→2 l

全之幼植物了。

如斯可知培地之組成，能左右栽植莖頂之發育（圖4‧7）。在莖

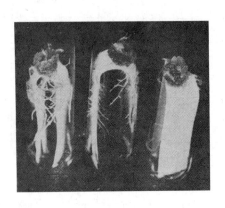

圖4‧7　　由于培地之不適，僅癒合組織被形成之康乃馨之莖頂

頂培養上，在以上之配慮基礎下，想出或選擇之處方，故被使用了。
此等處方之重要者，則如表4-10所示。

此等培地，大別之，可分爲二群。一爲由告塞賴地氏（Gautheret
）開始之小塊之無機鹽類添加種種物質之培地，一爲華特氏（White,
1943, 1954）所開始或修正之培地。在康乃馨，賀賴與貝克氏 (Hol-
ley and Baker, 1963) 之處方，爲最新之處方，培養莖頂亦佳。

植物之營養要求，依發育階段而異，故在栽植培地與移植培地，
除有促進生根之荷爾蒙外，好適處方之不同，自爲當然之事。濱屋及
森兩氏（ 1966 ），曾報告云：彼等新想出之農事試驗培地，做爲移
植之培地，爲特優之培地。

喀諾氏（Kano, 1967, a），爲簡化康乃馨莖頂培養之處方爲目的
，曾試用園藝用肥料 Hyponex (7-6-19 三要素比)（如表 4-11 ）。
組成之大要，爲 Holley and Baker (1963) 之無機鹽類與微量要素，

改換為 Hyponex 。此法雖甚簡單，但癒合組織形成多，結果尚未如理想。

　　對于培地之組成，同時，不能不加以顧慮的，為用寒天製為固形之培地？或用液體之培地？或用濾紙床保持培地？之問題。

　　魯利斯氏（ Norris, 1954 ），當培養馬鈴薯時，觀察在濾紙床養成強健而發育早之植物，貝克與飛立浦斯氏（ Baker and Phillips, 1962 ）及賀賴與貝克氏（ Holley and Baker, 1963），當培養康乃馨之莖頂時，已採用濾紙床了。

表 4-11　　康乃馨莖頂培養之 Hyponex 之利用性 *
（ Kano, 1967 ）

培　　　　　　地	栽　植　數	生 存 率％	生根率 **	萌芽率 ***
Holley, Baker	29	86.2	100	64.0
Hyponex ****	31	73.2	100	27.3

註：　*…植附後四星期，　**…生根株數／生存株數

　　***…萌芽株數／生根株數

　　****…　Hyponex 0.5 g/l; adenine 8 mg/l; thiamin 1 mg/l; NAA 1mg/l; glucose 40g/l 及寒天 8 g/l; 殺菌劑 pH略呈為 6.0

　　斯同氏（ stone, 1963 ），曾觀察用康乃馨莖頂培養之栽植培地與 – NAA 之移植各個培地，濾紙床與寒天床（ 0.6％ ），對于莖頂之生根與生長之影響。在栽植培地之生根，濾紙床為 68 ％，寒天床則為 85 ％，但將生根之苗，移植時，在濾紙床培養者，有 45 ％，能移植于盆中，但寒天床培養者，僅 9 ％能移植于盆中。在移植培地之生長，用濾紙床育成者，佳良甚為明顯。在寒天床培養者，根之生長不良，基部已形成癒合組織了。

　　此等之研究，在未分化組織之生長，寒天床甚佳，但由于通氣佳

良，根之發育則佳，進而生長良好之濾紙床，適于莖頂培養。

關于此點，狩野氏（ 1967 ），同樣用康乃馨做爲供試之材料，實行一次追試，結果取如表4-12 ，在栽植培地之濾紙床，生存率及生根率，均劣于寒天床。並說移植沒有再試驗之必要。上述研究者之結果與下村、森二氏（ 1967 ）之結果，並不一致。

表4-12　固形培地與液體培地及移植與上盆率 ＊

（狩野， 1967 ）

栽 植 培 地				移 植 培 地		上 盆 率		
培地種類	栽植數	生存[**]%	生根[**]%	培地之種類與栽培數[***]	萌芽率移植17月	栽植後1.5個月	栽植後3個月
固形	100	99.0	97.0	繼　　續　　29	51.9	27.6	44.8
				-NAA 之固體　35	20.0	14.3	17.1
				-NAA 之液體　35	31.4	17.1	20.0
液體	35	88.6	80.0	繼　續　　　　35	45.7	0	0

註：　＊培地= Holley 與 Baker　　＊＊調查= 栽植27日後

＊＊＊移植 = 栽植 270 日後移植。

寒天之堅固程度，後可依其物理的性質，亦有能左右培養之成否的時候。就中行胚培養時，寒天之堅固程度與栽植之深度，能影響于生育。同樣之事，縱在莖頂培養時，亦可想到。我想柔軟之寒天，待有促進癒合組織之傾向，是不錯的。

培地之化學組織與物理性，均能影響于莖頂之生長，故爲能率地育成莖頂，操作之間便，亦需加以考慮，我想依種類，亦有想出適當方法的必要。

培地之 pH 值，通過依微量要素過剩之溶出或沈澱之不可給態化及寒天之堅固，對于培養的組織或器官之生長，亦有影響。

斯同氏（ stone, 1963 ） 云：同寒天培地時，在生根上，PH 5.5

比 pH6.0　爲好。其他研究者，所採用之 pH 值，如表 4-10 所示了
。此種 pH 值，爲培地殺菌前之調整值。培地之 pH 值，依殺菌前後
之異。就中在沒有緩衝作用之培地，依殺菌而低下之事甚多。因此，
殺菌前之 pH 值，也不能說是沒有變的。關于 pH 之詳細研究，應待
今後研究之。

　　在莖頂培養之容器之栓上，多用被褥綿，被褥綿能通氣，故對于
莖頂之生長，是有利的。但長期培養時，在寒天培地，則生乾燥及養
液濃縮之現象，在液體培土時，則生養液之濃縮。爲避免此類事情之
發生，常使用塑膠軟膜（ plastic film ）類，從上覆蓋之。此時，對
于綿栓若不充分用藥劑消毒時，綿則易濕潤，因此，發生之黴有汚染
培地之虞。此事又在濕度高之場所，與僅用綿栓培養亦同。

九、培養法之概要

　　莖頂培養之技術的基礎，爲希望在無菌之人工培地上，將無菌之
莖頂，不讓雜菌侵入，栽植之，利用其再生之能力，獲得完全之無病
幼植物。

　　康乃馨莖頂培養之概要，依貝克氏與飛利浦斯氏（ Baker and
philips 1962 ），圖示過。隨此方式，擬以康乃馨爲中心，略述如次。

　　培養法之概略，則如圖 4·8 所示。

1. 穗之調製

　　在康乃馨：不論爲頂芽或側芽，均可使用，但就此等之生根率、
生存率及無病株之率，調查的結果，已如表 4-4 所示了。

　　在供試植物限用之一千個莖頂中，側芽佔 81 ％，頂芽占 19 ％
。生根率，在兩者之間，並無差異，但到能行 virus 檢定爲止，育成
大的莖頂之比率，頂芽比側芽爲高。完全育成莖頂之內，在頂芽爲57
％，但在側芽，有 64 ％爲無病株。又沒有被除去 virus 之個體中，
由頂芽生成者，占⅝，但由側芽生成者占 10/39 ，但尚有 virus 減
少之狀態（ attenuated form ） 者。

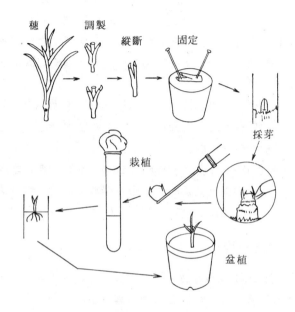

穗　　　調製　　　縱斷　　　固定

採芽

栽植

盆植

圖4・8　康乃馨之莖頂培養法的概要

在頂芽，得到無病株之比率，比側芽稍高，（對于栽植數，頂芽：11.4％，側芽8.4％）但獲得無病株之絕對數，側芽多。

從近于莖頂部側芽之莖頂，與下側芽之莖頂說，virus之濃度，在前者較低。因此，無病株，由頂部側芽之莖頂培養之植物，不一定能說是感染virus了。

由以上之事觀察時，僅使用頂芽之利益少，不論爲頂芽或爲側芽，所使用之莖頂，均無不可。採芽之操作，側芽則較容易。

用側芽時，採芽操作，似乎容易，可如次採之。卽將採集之穗，以節爲中心，切斷爲約3公分長，再縱斷之，分出有側芽之側。側芽之存在，從外觀則不易區別，可一一觀察判定之。

2.　穗之殺菌

　　莖頂一般爲外葉所包覆，像黴與細菌及其他雜菌，沒有侵入，差不多均爲無菌。故採芽前之殺菌，或切下莖頂栽植前之殺菌操作，並不必要。但露地降雨後，或藥劑散佈後，在濕潤狀態之植物莖頂，在栽植後，多易引起污染，故以不用此種莖頂爲可。

　　依研究者，有時有用晒粉溶液（ 10 g/ 140 cc），或次氯酸鈉（sodium hypochlorite： 20　倍液，在採芽前殺菌的（表 4-10 ）。在球根類等莖頂，沒有露出于空中之種類，也許有用此殺菌劑，將外部嚴密殺菌之必要。又若在採芽後，栽植前，殺菌時，則不可不將濃度稀釋之。

　　無殺菌之事，採芽之能率則佳，又傷害莖頂之事少，在各方面，都甚順利。

3　採芽與植附

　　操作以在沒有空隙，風不侵入之房間（無菌室，密閉房間，或洗像片之暗室），施行爲佳。採芽時，用 30 倍上下之雙眼實體擴大鏡。爲使採芽操作容易，將莖固定于橡皮栓，如圖 4·9 所示，用小刀（

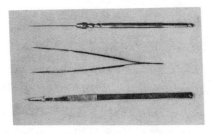

圖 4·9　採芽用器具

mes ）（折斷安全剃刀之刀片，夾入于木片或馬糞紙中用之 ）、鑷子、長針等，順次將外葉剝去，到莖頂露出爲止，將此切取之。若使用頂芽時？則想出適宜之夾着物，或插入針中，操作即可。

　　關于器具之消素，斯同氏（ Stone, 1963 ），用紫外綫燈。又莫

賴爾氏（Morel, 1964），除了記述用酒精以外，僅說用無菌之器具
，並無明確之記錄。用開水或火焰時，小刀之双尖，即刻會壞，而用

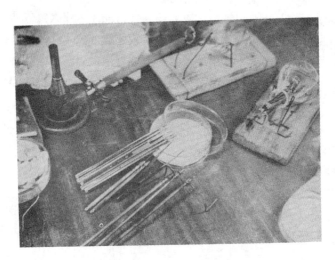

圖 4。10　器具之殺菌
右之燒瓶為酒精　左之燒瓶為殺菌水

紫外線燈時，甚費時間（在 10 公分下時時要回轉，需 1 小時或以上
之時間）。用酒精消毒時，雖無使 virus 成為不活性之確證，但 virus
淡薄時，則不感染，在此種考慮下，筆者，追隨莫賴爾氏，如圖 4·
10，用 70% 之酒精，消毒器具。即浸于酒精中之器具，急振之，使
酒精失去後，用打開一點之發芽皿，揮發酒精，再在使用前，為愼重
起見，再浸入于滅菌液中，把多餘之水分，除掉後，使用之。或繼續
使用此等操作。殺菌終了後之器具，排列于一定之處，以備用，不論
何時，使用過之器具，需繼續反覆消毒後，始可使用。為能牽地探芽
時，用肉眼粗削後，則使用顯微鏡。
　　探芽及栽植之狀態，則如圖 4·11 ，一般分為探芽系與植附系，

若有可能時，則以再加器具之殺菌系爲可。植附時，使用將銘鎳合金線之尖端，打平之接種針，最爲容易。

　　一人操作時，將切取之莖頂，放于濕潤之滅菌濾紙上，積聚有數

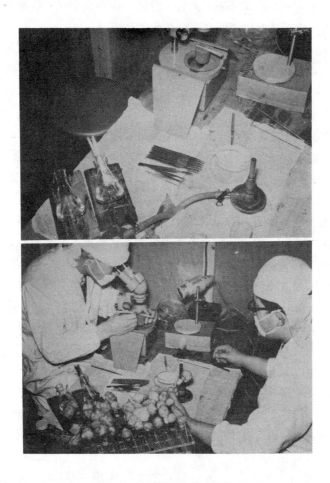

圖 4・11　採芽與植附之狀態

個時，則行植附，或每次採芽，即行植附。在前法，由于乾燥與操作多，莖頂損傷之比率，則高。

採芽之大小，以何種大小為可，則有問題。一般採芽太大時，生存率雖多，但 virus 不能被除去，反之，採芽太小時，縱無 virus 感染之虞，枯死及再生不能之事則多，生存率則低。

virus 侵入之深度，依植物之種類、品種、virus 之種類、枝條（shoot）伸長程度及季節等而異，自屬當然能想到之事。因此，切取之大小，亦受此等條件之支配。到現在為止之研究者，切取之大小，已記于表 4-10 了。

在康乃馨之 mottle virus （雜色萎縮病）在在 0.1 mm 長之莖頂處，亦被發現了，實際上，在被植附之 0.5 mm 前後之莖頂，不管以相當之頻度，virus 被發見了，依培養能除去之事甚多，已述過了。

飛利浦斯氏（Phillips 1962），曾報告康乃馨之縞紋萎縮病（Streak virus），用 1 mm 長之莖頂培養，依品種，完全被除去或大抵被除去了。賀賴氏與貝克氏（Holley and Baker, 1963），曾謂 ring spot，用 0.5～1.0 mm 之莖頂培養，已使之成為無病株了。一般用 0.2～1.0 mm 之莖頂培養。斯同氏（Stone, 1963），曾謂關于康乃馨之 mottle virus，以用 0.2～0.5 mm 之莖頂為佳。

甘藷之葉污點病（foliage spoting），用 ¼ 英吋之莖頂，接木，可以除去（Holmes, 1956, a.）。又內部木栓萎縮病（interanl cork virus），用 0.4～1.0 mm 之莖頂培養，可以除去（據 Nielsen, 1960）。森及濱屋氏（1966）云：feathery mottle virus（羽紋雜色萎縮病）等，比其他植物，用比較大的 1～2 mm 之莖頂培養，有除去之可能。

莫賴爾氏（Morel, 1952），曾成功地用 0.25 mm 之莖頂培養，除去大理花之萎縮病了。但下村與森氏（1966）曾云：已用 0.6 mm 以下之莖頂培養，除去了，用 1.4 mm 以上之莖頂培養，無除去之可能，用 0.8～1.0 mm 之間之長時，有被除去的時候，有沒有被除去的時候。

　　馬鈴薯，依 virus 之種類，其侵入之深度，則有差異。Y 及捲葉 virus　，侵入淺，用稍大之莖頂（1mm）培養，可以除去，但 X, S, G 等 virus，若不用 0.2 mm 前後大之莖頂培養，則不能除去（據森氏，1965）

　　菊花用 4～8 mm 之莖頂，行接木時，aspermy virus 可以除去（據 Holmes, 1956, b）。故此等 virus 之除去，縱用莖頂培養，亦不那麼困難。

　　重瓣矮牽牛花（petunia）之 TMV 病株，用 0.1～0.25mm 之莖頂培養，育成的一株，已完全除去了（據森氏 1965 ）。

　　甘蔗之嵌紋萎縮病，用 1.5 mm 以下之莖頂培養，已育成無病株了（據濱屋，森氏，1967 ）。

　　以上之處理，並未併用熱處理或抗 virus 劑。施行熱處理時，植附之莖頂，以稍大爲可。馬鈴薯之 Y virus，與熱處理併用時，用 5 mm 之莖頂培養，已被除去了（據 Thomson, 1956, a）。康乃馨之雜色萎縮病（mottle virus）及其他，用 1.0 mm 大之莖頂培養，可以除去（據 Quak, 1957, 1961）

　　抗 virus 劑之前處理，添加物質于培地等，對于侵入于莖頂深部之 virus 的除去；又對于無 virus 化之能率向上，是否有用？此種時候，植物何種大小之莖頂？又採用何種培養法？恐怕應爲今後研究之點。

4. 培地

　　培地作製之順序，則如圖 4·12 所示。

　　關于培地之組成，則如表 4-10 所示，關于主要之問題，則已述于八，培地問題項內。

　　植附之培地，用寒天床？或用濾紙床？又打算移植？不移植？此等問題，需在培養之初，預爲決定。但先用寒天床試植，若結果不如

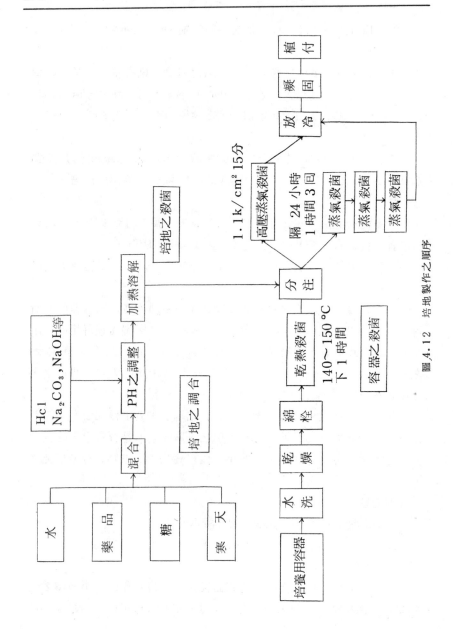

圖4.12 培地製作之順序

理想時，改用其他方法，我想亦可。

在植附之培地上，植附之莖頂，依種類，有成爲非常小之物，故在此種時候，植附操作本身，用寒天床，則較容易。

培地之組成，在同樣之種類，自以參考過去硏究者所使用之組成，決定較佳。若無關于培地之比較實驗成績時，過去所用之組成，是否適于種類，則難保證。

選擇新培地時，莖頂培養，需以莖頂能迅速再生爲目標，依植物之種類，其好適處方各異等，非置于念頭不可。

培養用之容器，以用口徑 18 mm 或 21 mm 之硬質試驗管爲可。此等試驗管，宜用磨粉充分洗淨，以備用，在外國，多用有蓋輕巧

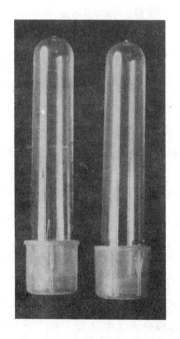

圖 4·13 培養用之塑膠試驗管

之塑膠試管（如圖4‧13　）。此種試管，培地則少乾燥，用時甚便。

在綿栓之方法，與植附之無菌揮作上，各有各的流儀，故初次施行時，以向無菌培養有經驗之人，請教爲可。

圖4。14　培養用陽光定溫器

5. 管理

植附後之莖頂，給與光培養之。培養在溫室施行亦可。但強大之直射，能提高容器內之溫度，須避免之。

爲使培養條件一定，以設備附屬于照明之陽光定溫器爲可（圖4‧14　）。在康乃馨培養時，一般多用 200 ft-C　繼續光，18～20 ℃下培養。

森氏（ 1965　），培養馬鈴薯、甘薯及其他時，一般採用25～29 ℃。

6. 移植

康乃馨，植附後，經2～3星期，可以看到生根，經過6星期時，差不多都能生根了。其後縱放置 14 星期，其生根率，充其量，亦不過增加5％而已。因此，培養沒有延長時間的必要。斯同氏 (Stone 1963) ，曾報告云 ：在認爲生根後，若移植于－ NAA 之濾紙 床時，生長則佳。但沒有移植之必要的結果，亦有報告，已如前述了。

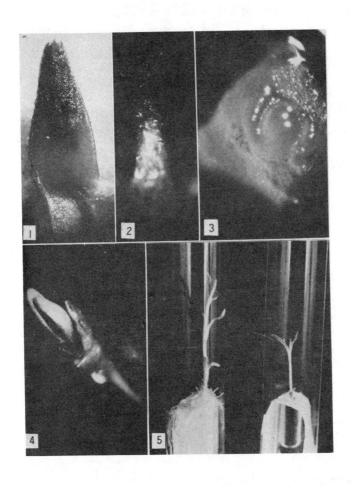

圖 4·15　莖頂之生長
(1)露出之側芽(2)露出之莖頂(3)植附直後
(4)開姓生根(5)幼植物之完成（植附後二個月）

　　賀賴氏與貝克氏（Holley and Baker, 1963 ），曾用濾紙床，行無移植之培養方法，圖4·15 為顯示莖頂之生長狀態。

　　馬鈴薯，休眠的時候，到移植為止，需要2年（據 Kassanis 1957, b.），甘藷到形成2～3葉為止，需要3～ 10 個月，到栽植為止，約需一年（據 Nielsen, 1960 ）。或到栽植為止，約需一年八個月到三年（據森氏、濱屋， 1966 ）。

　　行莖頂培養，如斯，需要很長之時期，故需要講求防止培地乾燥之處置，或移植于新鮮之培地，或如濱屋及森氏（ 1966 ）之推獎，以改植于能率優良之移植培地為可。

　7. **栽植**

　　在康乃馨，枝條伸長至 20 公分長，根多時，則可栽植于花盆。其間由植附起，約需6～ 12 星期（圖4·16 ）。栽植之培地，以用

圖4·16　栽植于花盆

砂與礫、砂與泥炭（ peat ），或砂＋泥炭＋土壤（ 1：1：1 ）之比例混合為可。不管用何種培土，此等材料，則不可不用無病之物。使用用過一次之培土與花盆時，需用蒸汽或乾熱殺菌消毒。為使活着容易，栽植前之幼植物，需帶容器，徐徐使之浴于日光下，有使苗木硬化之必要。又自栽植後，為暫時防止萎凋，或施行遮光，或用玻璃杯

（beaker）等物蓋之。若有噴霧設備時，放于噴霧下，亦可。

　　若栽植于肥料養分少之培地時，可施以 forgland （一種肥料），Hyponex （含荷爾蒙之完全肥料）或其他適當之肥料，以促進其生育。在康乃馨，若從 1mm 長之莖頂出發時，到開花爲止，需要7〜9個月。

　　當幼苗之育成，母株之繁殖，及 苗之育成等時候，即凡無病苗之育成時，對于環境衞生，需要充分注意，以防止再度感染（圖4‧17）。

圖4‧17　幼植物之育成

十、萎縮病（virus）之檢定及苗之增殖

　　植物長大時，萎縮病是否被除去了？需要施行檢定。檢定不止施行一次，縱費年數，需要反覆施行數次，確認爲完全除去後，然後增殖，最爲理想。

　　檢定之方法中，有汁液接種、血淸反應之利用及電子顯微鏡之檢查等法。血淸反應，判定確實而且迅速，但在各種植物之各個 virus，沒有做過。

表 4-13　康乃馨之 virus 病與其媒介及其他之宿主

(Holley and Baker 1963)

virus 病之種類	媒　　　　介	其　他　之　宿　主
Carnation mosaic	普通蚜蟲，依汁液傳染	Dianthus barbatus
Carnation mottle	汁液及根之接觸	Chenopodium amaranticolor
Carnation ring spot	汁　　液	Gomphren globosa
Carnation streak	接　　木	
Carnation latent	汁液及蚜蟲	
Carnation etched ring	依汁液及蚜蟲，傳染難	Carnation var. "joker"

　　關于花卉之 virus，研究特別遲慢。賀賴與貝克（Holley and Baker, 1963），所舉之康乃馨之 virus 病與其媒介及其他宿主，則如表 4-13。

　　在康乃馨，如斯，依 virus 之種類，顯出顯著之病徵。由于其宿主各異，其病徵自異，故複合感染時，用汁液接種，不能不一個一個檢查，甚爲麻煩。

　　在 virus 研究未進步之種類，檢定之方法，尚未確立，故病徵消失，生育順調，對于做爲目的之形質，若無害時，亦可供實用。

　　從實用之見地說，在花卉之某種種類或品種，被發現，所有種類之 virus，雖未能完全除去，只要有害生產之 virus，被除去時，對于生產，則無妨碍。此種思想，雖甚爲草索，但以除去 virus 之研究未進展之花卉之 virus 爲目的之時候，我想宜分別說之。

　　苗之增殖，不可不依計劃地行之。恰如馬鈴薯之種薯同，有分爲原原種、原種等階段，增殖之必要。表示增殖之方式，則如圖 4·18。

　　康乃馨，其生育習性、花瓣數、花形、花色及其他之形質，爲芽條變異甚多之花卉，故在除去 virus 上，用何品種之何種個體，需預

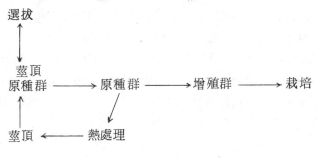

圖 4‧18　Colorado　大學式無病苗之生產方式

先加以選拔。若怠于選拔時，縱爲無病之株，有育成形質劣等之苗的可能。一個之莖頂，當實際被栽培時，可成爲數千乃至數萬之株。故若將劣等之苗，增殖時，則可成爲莫大之困擾。又縱用良好之個體，行莖頂培養，virus 縱被除去了，亦有依芽條變異而生劣化種，若成爲劣種的時候。此種個體，在育成過程中，需同樣淘汰捨棄之。

　　從試驗管栽植于花盆之幼植物個體，最後從小盆移植至大盆。若發生疾病或劣等之突然變異時，則宜將該個體即刻捨棄之。然後施行 virus 之檢定，使之開花，從確定形質後之個體，採取插穗，供繁殖爲原種群之用。原種群之管理，與前同。

　　在增殖群，則行移殖，此時，亦可觀察花色，觀察開花，確定其形質後，則採取插穗。在增殖群之做法，有三種方法。一剪下，見其開花後，然後開始採穗。二剪下，育成二株，看到開花後，然後採穗。三不剪下，看到開花後，則開始採穗。

　　使用于植附及處理之各種器具，均需消毒後，使用，對于施設之衞生，需要充分注意。就中，在原種群時代，更需嚴密注意，以免疾病及 virus 之再受感染。到達栽培爲止之期間，約需 3～4 年，不論爲莖頂培養，或熱處理，所育成之無病株，並沒有免疫性。

　　在外國，種苗高或行大規模之經營時，都能採取此種方式。在日本個人之經營，規模小，又植附之時期，多集中于 5～6 月，故在日本之康乃馨栽培，適應之原理卽根據于此，實情亦是如此，生產體系，亦可用此。例如各地之農試，確保原種，花卉組織，接受此原種，以共同之增殖群增殖，個個之農家在自己之增殖圃，增殖自家用的苗。

增殖時，需給與廣大之株間距離（ 20 公分平方 ），培養于日光充足之處，並充分施與肥料。增殖時，從一株一年能採取之穗，依繁殖季節之長短而異，但約可採取 30～50 穗。

強健而整齊之穗，能保持發育良好及整一之開花，故上述之一連增殖計劃，應符合于苗之需要期，計劃之。

溫室之冷房，噴霧繁殖及苗之低溫貯藏等被新發明之技術，若不有機地採入時，則難確立無病苗之完全的增殖體系，但一次欲將全部設備，準備起來，自甚困難。故宜從最根本的設備起，順次施設之。又在外國，年年更新新苗，此事，在現階段，應就適于日本個個之農家實情及經營方式，加以考慮。

無病苗與無病之土壤，恰如車之兩輪。在被疾病汚染之土壤，栽植無病之苗，亦無意義可言。反之，亦相同。在無病之土，栽植無病之苗，才能成立一種企業栽培。在增殖體系，栽培體系之各項，均宜努力使之成爲理想的狀態。

以上爲以康乃馨爲中心之檢定與增殖之方法。菊花，略可採用類似此法之增殖方式。其他作物，亦有採取適應其種類 virus 之檢定與合理的增殖體系的必要。

十一、virus free(無病株)之成功率與收量增加

在莖頂培養，爲獲得再生完全之幼植物，雖費不少之苦勞，但有成功比率非常少之種類。例如卡沙尼斯氏（ Kassanis, 1957, b)，用馬鈴薯，栽植 177 個個體，不過僅獲得四個之健全之幼植物。森及濱屋氏（ 1966 ），用甘藷植附 98 個芽中，能移植至土壤的，約經三年後，僅共計 5 個體，活着的個體，僅三個。又二氏用甘蔗植附莖頂 53

個中，活着6個，其中僅三個爲無病株。

縱僅得一株之無病株時，再費年數時，即可增殖，但一時若能獲得多數之個體時，管理亦甚便利，對于急速增殖，有利亦是事實。若欲使再生率向上，已如前述，宜在培地問題之改良上，圖之。

其次爲獲得能率佳之無病株，所期望者，爲再生個體之無病率之向上。

在斯同氏（Stone, 1963）之研究結果，用康乃馨，育成到mottle virus　試驗程度之個體中，約 60 ％爲無病株，此數恰合植附數之 10 ％。荷蘭之瓦格寧根氏（Wageningen）之無病株之成功率，不過爲植附數之 5 ％而已（據 Schaffer, 1964）。

在百合（據西澤及西氏， 1966 ），植附數8,881個體中，有109個體，尚在生育中，有 20 個體在試驗上爲陰性。爲使無病率向上，應考慮用前述之熱處理及抗 virus 劑之併用。

無病株之生產力，可以想像到依被除去之 virus 種類而異。

表 4-14　　virus 對于康乃馨品種之數量與萼裂病之影響
(F.A. Hakkart)*

品　　　　　　　　種	一株平均花數	一區平均花數	萼裂％
Harvest moon			
莖頂培養	12.0	215	3.4
對照	9.2	169	16.3
Tangerine sim			
莖頂培養(1)	12.0	202	6.5
莖頂培養(2)	13.1	218	4.7
對照	10.3	172	19.8
Shocking pink sim			
莖頂培養	11.5	206	1.5
對照	10.0	174	19.8

William sim			
莖頂培養(1)	11.9	206	1.5
莖頂培養(2)	10.3	197	5.2
對照(1)	11.3	182	12.0
對照(2)	11.3	163	9.9

註： *…1962 年 8 月～1963 年 3 月

表 4-15　virus　對于 William sim 之數量及品質之影響

(F. A. Hakkart, 1962)

被接種之 virus	一等級	二等級	三等級	萼　裂	合　計
莖頂培養（對照）	5.1	1.8	0.4	0.5	7.8
mottle	4.5	1.6	0.4	0.2	6.7
ring spot	0.4	0.2	0.9	5.7	7.2
mottle＋ring spot	0.4	0.1	0.1	5.8	6.4

註：1962 年 6 月－9 月，160 株平均

　　馬鈴薯之 King Edward　品種，依 paracrinkle virus 之除去，約有 10 ％之收量增加（據 Schaffer　氏，1964 ）。

　　據康乃馨之調查成績，則如表 4-14, 15 所示。依 virus 之除去，數量則增，萼裂則少，花色則佳化，又良質之花數則增多。其中 ring spot　株，萼裂特多。

　　如以前所述，無病苗，附着病菌，雖沒有完全無菌之苗，但從實用上觀察時，只要沒有引起生產上大害之病菌時，自無不可。又病菌快到沒有的程度時，例如在 virus 檢定時，縱為陽性，若在生產上，沒有到有害的濃度時，亦可視為或弱小形（ "attenuated" form ）。又在體內，縱有少量之 virus，virus 雖至于增殖，但在植物，也會抑制其增殖。要之，virus 之濃度，可以視為不增殖。因此，為使virus

之濃度不增高，注意環境衞生，同時注意培養植物之強健亦甚爲重要。

　　據荷蘭之經驗，將 virus 之無病株與感染株，接近栽培時，無病株一般二年間，能保持生產期間之優秀性（據 scheff, 1964 ）。恐怕爲顯示 virus 之害，依濃度表現之故。但此爲生產栽培之事，不能適用于無病母株之生產。

十二、器具之消毒，土壤之消毒及其他

　　育成無病株時，所使用之土壤、花盆、用具及其他物品，不可不施行消毒。欲大量在短時間而確實消毒時，以用蒸氣消毒爲可。康乃馨之 mottle virus 及其他，在 90 °C 之高溫下，用 10 分鐘，能完全消滅（據 Hollinge and stone, 1964, Kassanis, 1955 ）。其他之 virus，在此溫度下，差不多，亦可使之全死。

　　剪刀、小刀及其他，需反覆消毒，反覆用之爲佳。因此，希望有簡便之消毒方法。燐酸鈉 20 ％液，行 30 分鐘浸漬，適于此種目的，雙手亦以用此液浸洗之爲可。

　　依育成用土之蒸氣消毒，在日本剛剛開始，問題亦多。依 100 °C 之蒸氣消毒，若處理不切實時，依生育障礙，所生之障害，比病害蟲之驅除效果，還要多量發生。砂用 100 °C，縱行長時間處理，不會發生障害。但對于漸次分解有機物多之土壤，障害則甚烈。障害在幼植物甚烈。障害之程度，常左右于土壤之構造與多孔性，處理之溫度與時間，土壤濕度、有機質之含量、土壤中含有之鹽類種類與分量等。被認爲障害之原因，爲阿母尼亞之蓄積（硝化菌死滅，依熱之溶出，通過 pH 之上昇之 NH_3，NO_2 之發生及 Fe，Mn，B 之缺乏），由于加熱所引起鹽類之可溶化（例如 Mn，Al 增加到有害的程度），毒物之形成等。

　　從防止病菌再感染于消毒後之土壤及避免障害之點說，依空氣混合蒸氣之低溫消毒，最爲理想。但從設備，作業之迅速及其他之點說，現在不能卽刻改換此種設備，故現在只好用 100 °C 之蒸氣消毒，

採取防止再感染之方法。

在美國科羅拉多（Colorado）之康乃馨栽培（據 Holley and Baker, 1963），對于依 100 ℃ 之蒸氣消毒，所引起生育障害之對策，爲連栽培體系及特別施肥法等，均須加入考慮了。其方法，甚可做爲參考之用，故記之如次。

在鹽類濃度高之土壤，須預先想法用水流去腐敗之有機物，在消毒前，不施用外，其施肥的方法，基肥，用鋸末，無味乾燥物，切稿等有機質與過燐酸鈣（20％，2.5 Kg/ 10 m^2），碳酸石灰（2.5～5.0 Kg/ 10 m^2）等施入，充分耕起混合之，使土細碎而膨軟。蒸氣消毒，須俟最低部到了 82～93 ℃ 時，則停止加溫。施肥用粉末追肥時，在定植後，從第 2～3 星期起，開始，用硝安與氯化鉀施與。定植後，避免過剩或過少之灌水，時時施行少量之灌水。

培養之莖頂，縱不生根，枝條伸出時，可依接木法，育成之。

最近哈克地氏與安得孫氏（Hackett and Anderson, 1967），在康乃馨之莖頂培養中，見到有趣之事。將 0.5 mm 之莖頂（含有 4～6 個之葉原基），植附于 White 氏（1943）之修正培地，或 Murashige and Skoog 氏（1962）之培地，已能正常生育了。但將葉原基除去，植附于將 White 氏之無機鹽類，增加至五倍並加入 NAA 2ppm 之培地時，則形成多量之癒合組織，到了六星期後，在癒合組織內，現出濃色之部份。將此分割，繼續培養于加入 NAA 1ppm 之培地時，則形成癒合組織與着生多數之葉之枝。在此培地，每六星期，繼續分割培養時，此種狀態，則能保持十八個月之久。將此種狀態之物，切斷爲 5 mm 長，在－ NAA 之 Murashige and Skoog 氏之培地培養時，枝條則伸出，已獲得幼植物了。此種方法，能將無病苗，在完全無菌之狀態下繁殖，對于保持幼苗，極爲有用。但白花之 White Sim，爲接木雜種，曾看到變爲原來之赤花了。

此種方法，在必要的時候，諒能成爲必要之手段。

斯科克與密拉氏（Skoog and Miller, 1957），曾看到在 IAA

與 Kinetin 濃度適當配合之組成上，由菸草癒合組織形成之芽。在另一方面，奧吉氏與莫賴爾氏（Augier de Montgremier and Morel 1948）及卡沙尼斯氏（Kassanis 1957, a）等，曾謂培養中之菸草癒合組織之 TMV 濃度，約爲生育于土中植物葉之約 1/30～1/40。又累尼地氏（Reinert 1966）及近藤氏（1967），曾看到癒合組織之某種 virus，依繼代培養，減少或失去感染之力了。

　　在從癒合組織之植物再生與培養中之癒合組織，能降低 virus 之濃度考察時，若想一想 virus 消失之事時，在現在無病株之育成，依存于莖頂培養，但關于某種 virus，將來能從莖頂以外之部分，培養育成無病之株，也未可知。

　　此等事情，做爲今後育成無病株之問題，早加以考慮，也許好些。

第二節　蘭依莖頂培養之繁殖

　　Mericlone（莖頂培養）之語，開始于蘭業界，前已述過。卽法國之莫賴爾氏（Morel, 1960），在亞州蘭（Cymbidium）依莖頂培養，想育成無病株的時候，在蘭類，被用爲繁殖之手段，已甚爲明白了。在蘭依此方法，施行繁殖時，從有名品種之一芽，在一年間，能獲得保有同樣遺傳組織之小苗，有數萬個體之多。此事，在蘭業界，已喚起非常之關心，而且將被育成之小苗，爲使與實生苗，有所區別，至爲被稱爲 mericlone 了。

　　在蘭，隨研究之進步，莖頂培養之方法，知道依種類，有難易之分了。因此，在培養困難之種類，僅盡全力，注意繁殖之成功，而 virus 之點，完全沒有被考慮。從此事觀察時，縱在康乃馨，或菊花的時候，與蘭同，亦注意于由莖頂培養之體系，故雖可採 mericlone 之語，但在前者，爲重視無病株之育成，後者則爲僅注意急于繁殖，結局兩者均至于成爲重視特有同一組織組成之繁殖了。

　　到現在爲止，蘭之栽培，僅在有趣味之人士間，甚爲盛行，以切花或盆栽販賣爲目的之大規模栽培，尙未存在。然自此種方法開發後，蘭之營利的大量栽培，亦有可能了，對于有趣味之人士，對于開拓銘品能便宜到手之道了。

蘭之莖頂培養繁殖法，不僅蘭業界，對于全園藝界，確是一種革命的繁殖法，鬱金香等之繁殖率甚低，對于繁殖需要手數之種類，此種繁殖法，將來亦能適用，也未可知。

一、蘭之生長習性與營養繁殖

改良後之蘭，遺傳質，並非均一，故依種子繁殖時，則不能獲得與母株同一之物。因此，若欲獲得與母株持有同一形質之新植物時，則不能不行營養繁殖。但蘭科之植物，爲屬於單子葉植物，原來爲再生力弱小之種類。不如其他植物，能用接木或插木之營養繁殖法。由野生或雜交做出之優秀品種，歷來是依分株法，增殖其數。蘭原來爲生長遲緩之植物，故雖可依分株繁殖，但增殖率低，一時則不能生產大量同一品種之苗。由于此等情形，成爲原因，縱在花卉園藝之中，至于成立了名爲特殊蘭栽培之形態了。

蘭依種類，其生長習性則異。因此，分株之方法，亦隨其種類之生長樣式而有不同了。

在蘭科植物，大別之，有二種之生長樣式。即如圖 4・19 所示，在卡多麗亞蘭（Cattleya），石斛蘭（Dendrobium）等，營此種生長，即從成熟莖之基部，向側方伸出新芽，新芽生長完了後，再伸出新芽，生長之時期，縱有早晚之分，但花則着生于新莖上。此種生長，稱爲複莖性（Sympodial），在如卡多麗亞、石斛蘭之着生種及蕙蘭（Cymbidium）、兜古蘭（Paphiopedilum）之地生種，可以看到。

另外一種，稱爲單莖性（monopodial），在萬代蘭（vanda）、蝴蝶蘭（phalaenopsis）、愛立德蘭（Aerides）等之着生種，可以看到。在一個之莖上，繼續展開新葉，向上方不斷生長，從莖下部之節，生根，從上部之節，着生花，爲使年年開花，極少生出側枝。

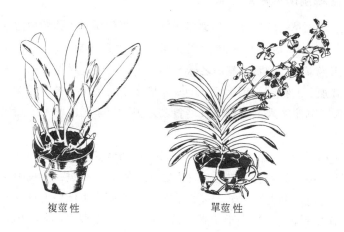

複莖性　　　　　　　　　單莖性

圖 4‧19　蘭之生長樣式

　　經過數年時，莖則增高，株之勢力則弱，開花亦減。因此，由根容易生出之側，切斷栽植時，其上部仍舊可以繼續生長，從下部之節，每每生出側芽，故用此，以供繁殖之用。無論如何，營此種型態生長之蘭，發生側枝之事極少，故施行截頭後，從下部之莖，則可生出側枝。若用此不能供繁殖時，確是一株爲一品種，其繁殖率，極爲低劣。

　　複莖性之蘭，與單莖性之蘭比較時，一定可伸出新芽，故其繁殖率高。又在石斛蘭之多數品種，如宿根性草本植物，可行分株繁殖，從開過花之莖所生之潛芽，亦可供繁殖之用。

　　單莖性，不待說，即在複莖性之蘭，在一年之內，亦難發生多數之側芽，故繁殖率，並不那樣高。此外，如斯繁殖之苗，到開花爲止，多半需要費相當的年數，故同一品種之大量繁殖，終至于不能普遍地實行了。

二、蘭之莖頂繁殖之歷史

被稱爲革命的蘭之莖頂繁殖方法，如屢次所述，開始於法國莫賴爾氏（Morel, 1960），同氏如在第一節所述，對于大理花、馬鈴薯，用莖頂培養，育成無病之株，已成功了，但復用此方法，適用于蘭之繁殖上，特別適用于受 virus 害最多之蕙蘭了。其次，擬將依莫賴爾氏及其他之人，所行莖頂培養之方法，依年代之順序，加以稍詳之敍述。

莫賴爾氏（1960）之方法，爲將受到篏紋萎縮病（Cymbidium mosaic virus）侵害之株的僞球莖之葉，剝去，不論在生長中，或休眠中，分離全部之芽，包卷發育中之芽之葉，約切爲½英吋長，切落之，用水洗淨後，浸漬于 75 %之酒精中，約數秒鐘，其次再將芽浸漬于晒粉溶液中（80 g/ℓ）約 30 分鐘。

殺菌後之芽，在解剖顯微鏡下，行無菌的操作，取出約 0.1 mm 厚之莖端。取出之莖端，卽刻植附于試驗管之 Knudson C(Knudson)，1946）培地。此試驗管，放于螢光燈 12 小時間照明下，保持 22 °C 之定溫。植附之莖端，其初爲無色，但在上記之條件下，不久則成綠色，漸次長大，形成非常類似播種時胚發育形成原塊體（或芽球體）（protocorm）的扁平小球（如圖 4·20），在球體之周邊，形成根塊（Rhizoid），在中心則現出小葉。以後則生根與葉，完全與由種子之實生，行同樣之生長（如圖 4·21）。

原塊體（protocorm）狀之球體，常常分裂，各各形成 4～5 個，像球狀體之新的幼植物了（圖 4·22）。

幼植物，達到 1.0 公分上下長，生出 3～4 枚之葉與數個之根時，則植入于羊齒植物中（osmunda），施入 Knudson 之無機鹽類，在溫室培養之。此等新植物，全部沒有 mosaic 之病徵，又依 Cymbidium mosaic virus 之抗血清，調查過，亦爲無病株。

如上所述，以育成無病株爲目的，施行蘭之莖端培養時，並不如

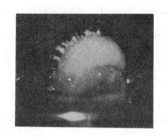

圖 4・20　莖頂形成之原塊體　　　圖 4・21　用莖頂發生之幼植物

圖 4・22　Protocorm 狀球體之增殖

其他植物，卽刻能形成生出枝與根之幼植物，但若用蘭之種子，播種繁殖時，則先形成塊狀體之球體，此球體常能增殖，此種事實，不久卽被導入于繁殖之上了。縱為偶然之事，對於如斯繁殖之人士，確是顯示其方便之本性了。

　　美國之文保氏（Wimber, 1963），以蕙蘭（Cymbidium） 急速繁
殖爲目的，施行莖頂培養。將從母株切取之長約3.0公分新莖之外葉
除去後，以晒粉溶液，浸漬 10 分鐘，分表面殺菌，並取出其頂端無
菌的分裂組織。將此卽刻植附于未添加之 Tuchiya 修正之寒天的液體
培地，容器之三角瓶，用橡皮栓，完全封閉了。三角瓶分爲用旋轉振
動器與以振動區，與不振動區，置于 22 ℃定溫之繼續光之下。振動
區，各種之分裂組織，在一星期內，顯示綠化與明確之生長了。而在
一個月內，成爲酷似于原塊體（protocorm） 組織之球體了。沒有振
動區之分裂組織，外觀上則呈類似于播種時之發育樣式了。卽球體約
達 4.0 mm 長後，則現出枝條，如種子發芽之狀，營分化生長了。有
時，亦看到有原塊體狀之增殖。一方面，在振動區，一般不形成枝條
，到了球體之直徑到 4.0 mm 上下時，此球體，則開始增殖，成爲附
着于原來之球體之原塊體狀組織之塊了。二個月後，將此塊狀體之一
部，細切爲 20 個以上之細片，在新的液體培地上，反覆施行振動培
養時，大部之細片，在一個月內，則成爲直徑 1.0公分前後大了。將
此種塊狀體之一部，再細切培養時，與前同，則行同樣之發育經過了
。因此，將此之一部，細切之，植附于加添寒天之固形培地時，各各
之細片之大部分，則先形成原塊體狀之球體， 其次則繼續生出枝與根
了。組織繼代之培養，施行到五回爲止，但在第五回，看到有多量之
黃化組織，故行無限培養，恐爲不可能之事。但施行此種方法時，由
一個之頂端之分裂組織，施行組織培養，到第三回之繼代培養爲止，
則能生產數百個之幼植物，故沒有施行長期繼代培養的必要。如斯，
被育成之植物染色體數，雖與母株相同，但沒看到開花。

　　文保氏之此種液體培地之振動培養，能阻止組織之極性分化，抑
制枝條之形成。因此可以促進原塊體狀組織之增殖。結果，可提高增
殖之速度。

　　蘭用種子播種時，原塊體（protocorm），亦可增殖，成爲數個

之塊，此種各各之塊，有發育成爲幼植物的，此爲據莫賴爾氏（Morel
）與文保氏（Wimber）之研究，在莖頂培養時，所形成之原塊體狀
球體，亦認爲能生同樣之原塊狀體之理由。

　　因此，莫賴爾氏，曾依原塊體狀球體之細切培養，試想促進其發
育過程，用此方法，試驗各種之蘭時，發現蕙蘭用此法繁殖，極爲容
易。取出其初之莖頂之方法，與 1960 年之方法，差不多相同。將厚
約 0.1 mm 之莖頂，植附之，再將在 1～2 個月後，被形成之直徑 1
～2 mm 長，開始生葉之原塊體狀球體，細切爲 3～4 個，植附于新
培地，約在一個月後，細片上，則有 4～8 個之新的原塊體狀球體，
被形成了。故當葉尙未伸出時，反覆將各各之球體，再細切，植附之
。用此種繼代培養，雖能無限地繼續此種原塊體狀態，但若停止細切
時，則生根與葉，卽刻可成爲完全之幼植物。

　　在細片被再生之原塊體狀之球體數，依種類及品種而異。據試驗
的結果，在大部分之卡多麗亞少（ 1～3 個 ），在蕙蘭（Cymbidium
）之羅沙娜（ Rosanna "pin kie"），則能形成 6～8 個，又在菫色蘭
屬（ Miltonia Bleuana ），縱一個之莖頂，植附 4 個月後，已形成
100 個以上之幼植物了。此當然爲一種例外。

　　在實際施行上，原塊體能確保相當之數時，將塊體分離之，以等
距離植附于大容器內，如斯，經 3～4 個月後，可以得到能栽植于花
盆之幼植物。

　　依此法之增加率，値得驚異，若各各之原塊體狀球體，假定一個
月，各能形成四個之新球體時，在一年間，由一個芽，可以得到 400
萬個之植物。

　　在以上介紹之三篇報告中，有在現在世界各地，所行之蘭的莖頂
培養之原型。

　　莫賴爾氏，關于莖頂培養，在 1965 年，美國之蕙蘭（Cymbidium
）協會，有稍爲詳細之報告（Morel, 1965, a ），根據其報告，蕙蘭
屬（Cymbidium），比卡多麗亞（Cattleya），用莖頂培養，容易。

以下，擬就此順次敍述之。

1. 蕙蘭屬（Cymbidium）

不論爲 Back Bulb 或 Green Bulb 均可使用，Back Bulb 之芽小時，可蒸之使用，將根、葉、鱗片或枯死之組織，用小刀削去後，使之乾淨，再用肥皂與水洗淨，其次，除去包覆芽之最外部之乾鱗片，將此浸入于酒精中，約2～3秒鐘，然後浸漬於晒粉60g/ℓ之液中，約 20 分鐘，以行殺菌。此種殺菌，用次氯酸鈉（Sodium hypochlorite）亦可。殺菌後，用滅菌水洗之，再用滅菌濾紙，拭乾。

採芽，在普通之室內，使用有柄針、鑷子、剃刀片之細片，在解剖顯微鏡下，行之。此等之器具，需用酒精殺菌後，再用滅菌水洗過後，在滅菌之濾紙之下乾燥保存之。

大小切下之莖頂，若欲使之形成球體時，費時頗長，多易死去，故以殘留2～4個之葉原基，在原基附着部之直下，組織尚未分化前，靠形成層之近邊，切取爲可。縱此下面之組織，則不能增殖。

植附之大小，約爲0.5～1.0 mm。此爲將葉原基之周圍，成直角狀，切下爲四塊，再在直下，橫切之。植附，在放入于小試驗管內之寒天培地，行之。

此種最初之培養，使用 Knudson C 培地培養，此培地常用于實生繁殖，爲含有香蕉、番茄汁、椰子乳植物之汁等複雜之培地，能引起不良之結果。

其初之生長，雖然緩慢，但經2個月，則成爲發生根塊（Rhizoid）數 mm 長之原塊體（protocorm），但植附非常小之莖頂時，需要3～4個月之久。

球體被形成後，認爲有初葉時，即可切爲細片。由試驗管取出，放于殺菌之水盤（schale），經過中心之軸，切爲4～6片。

此等細片，可植附于莫賴爾氏爲培養馬鈴薯之莖頂，所想出之高鹽類含量之培地〔$(NH_4)_2SO_4$ 1.0g　KCl 1.0g　KH_2PO_4·0.125g　$Ca(NO_3)_2$·$2H_2O$ 0.5g　$MgSO_4$·$7H_2O$ 0.125g　水 1,000 ml

〕。

此種時候，又常用于 Cymbidium（蕙蘭屬）之培養，此時，添加香蕉、番茄之搾汁亦可。

在切斷面上，急速生肉，在一星期後，表皮上則開始生芽，在一個月內，則成爲細切可能之新原塊體了。

爲節省時間及減少污染之危險，在試驗管內，細切，擴散于寒天培地面上，每經 4～5 個月，即可移植。此可永久繼續行之，停止細切後，不久，各各之原塊體（protocorm），均可成爲幼植物。

2. 卡多麗亞（cattleya）

蕙蘭用莖頂培養，雖甚容易，但卡多麗亞蘭，處理頗不容易，一般使用 5～10 公分長之強堅新莖。卡多麗亞之殺菌，與蕙蘭同。先剝去外皮，使側芽露出。側芽在一莖上，約有 2～4 個。培養時，有用相當長之莖頂，栽植的必要。若由莖頂在 5 mm 以下切取時，生長則甚遲，枯死率則甚高。

最好之大小，似乎爲 2～4 mm。此時，亦宜在葉原基之直下，不留其他組織，有細心留意切取之必要。

卡多麗亞，卽用寒天固化之培地，亦可育成，但用有振動之液體培地，培養時，則可獲得更佳之成績。用培養動物組織之回轉培養用之大鼓型振動培養器培養，極爲便利。莫賴爾氏，用 16 mm 之試驗管，使培養液擴展大而通氣良好，放入數 ml 培養液之試驗管，其回轉速度，一分間，約回轉 1～2 回。

多數品種之組織，切除後，則急速變黑，此由于切斷面之 phenol（石炭酸）系物質，依 polyphenoloxidase 被酸化之故。此種黑色化合物，擴散後，則容易使培地變爲黑色。此物質似乎有毒，故若有此種事態發生時，隔 2～3 日，以將莖頂移植于新培地 2～3 回爲可。

卡多麗亞之生長，其初比蕙蘭遲。在一月內，差不多沒有變化。芽從此膨出，破去切斷面之黑色薄板。葉原基依形成之原塊體（protocorm）之壓力而展開。大體從一個之莖頂，可以獲得到 12 個爲止之原塊體。根塊（Rhyzoid） 比蕙蘭少，成功率不出 50 ％。

關于栽培，很難說出良好之方法，爲甚麼？因爲各個卡多麗亞之育成者，各有各的方法，而且均自信自己之方法，比他人爲優。

故在此，僅將必需之事情，加以摘取。氮素應以用阿母宜亞鹽，或如尿素之還元型態，添加爲可。拉迦尼氏與托利氏（Raghavan and Torry, 1964），看到卡多利亞之胚，NO_3 還原作用，極爲微小，又 NO_2 電荷子，差不多不能利用。卡第斯氏（Curtis, 1947 ），看到含于消化蛋白質（peptone） 中之氨基酸混合物，對于生長，非常有刺戟的效果。

做爲基本鹽類液，將 Knudson C. 培地，如次修正，可以使用。

硝酸石灰之含量，每一公升，減爲 500 mg ， 加入硫安或硝安 500 mg

在馬鈴薯之莖頂培養之初期硏究，知道在生長上，高濃度之鉀，甚爲必要。縱在蘭類之莖頂培養，每一公升，添加 250 mg 之氯化鉀（KCl）時，其結果則更佳。

布斯曼氏（Boesman, 1962 ），曾表示生長素（auxin），對于卡多麗亞之生長上有效。對于莖頂之生長，生長素似乎亦甚必要。莫賴爾氏（Morel），常用 1ppm 之 IAA 或 NAA 之溶液。有很多人士，在實際上曾使用上記二種促進生長劑。用椰子乳、鳳梨或番茄之汁液等植物汁液，同樣有效。但其濃度，不可超過 10 ％，尤其在培養之初，更是如此。

3. 其他之屬

蕙蘭（Cymbidium） 與卡多麗亞蘭（Cattleya） 之外，在齒舌蘭（odontoglossum）、菫色蘭（Miltonia） 、捧心蘭（Lycaste） 、鶴頂蘭（Phaius）、石斛蘭（Dendrobium） 等，均得到良好之結果。此種新技術，似乎對于蘭類之大部分，均能適用。但在如蝴蝶蘭（Phalaenopsis）、萬代蘭（Vanda） 之單莖性植物，並沒有成功。在熊谷蘭（Paphiopedilum） ，結果亦不良。但可以期待將來，此種技術，有適用之可能。卽在某種培地，莖頂發動，極爲緩慢，故此生長，若能增進時，卽可。不論如何，在同樣之過程中，在熊谷蘭之實生，有增加數目之可能。卽在此種種類，種子只採取少許，由少數之胚，有不發育的時候，但若將發芽之原塊體，切斷增殖，極爲簡單。初切斷之細片，在一個月，能形成新的塊狀體。

莫賴爾氏（ Morel ）之報告，則如上所述，隨年月之經過，技術已詳細公表出來了。

佐川與床次氏（ Sagawa and Shoji (1966)，曾發表蕙蘭（ Cymbidium ） 之簡便增殖法。據其內容，如次，⑴使用 10 ％之 chlorox ；（ 在市販之 chlorox 10 cc 中，加入殺菌水 90 cc ）用充分消毒之小刀，切下 2～3 英时長之新莖，剝皮 3～4 葉，使側芽露出。⑵將材料浸漬於 10 ％之 chlorox 水中， 15 分鐘，施行殺菌。⑶再除去數葉，浸漬于 5 ％之 chlorox 水中， 5～8 分鐘。⑷留存一葉，除去其他之葉。⑸ a. 側芽：除去芽之 2～3 葉，與連莖部切爲 2～3 mm 立方塊，浸漬于 1 ％之 chlorox 水中， 3 分鐘。b. 頂芽：在頂部縱切爲四塊，切去約 2～3 mm 平方之邊緣，切去下部，切爲 2～3 mm 立方之塊，浸漬于 1 ％之 chlorox 水中， 3 分鐘。⑹用 10 ％之 chlorox 殺菌之鑷子，植附于寒天之固形培地上。⑺與實生時行同樣之管理。⑻植附後，約經 4～6 星期，生長達直徑 2～3 mm 大時，則切爲 3～4 片，移植于新培地上。此種操作，每隔 10 日，可以反覆施行。⑼生根時，可以移植于共用之地或小盆。此後應注意之事，與實生同。⑽變法：其初植附，用液體培地。此時將材料切爲 5 mm 立方大之塊。將容器放入于迴轉振動器內，給與 3～4 星期之振動。照明在頭上用 120 ftc 之光。在振動器放置 3～4 星期後，則可改植于固形培地。

用此種方法時，切取之部分則大，故沒有用顯微鏡之必要。又操作，在適于蘭之播種之普通房間卽可施行。做爲培地，可用 Knudson c 或 Vacin and Went 氏， 1949 之培地。

　　士卡利氏（Scully, 1967），曾發表依莖頂培養困難之卡多麗亞系蘭的操作及培地之改良，以成功率向上爲目的之研究結果了。卽莖頂 1〜8 cm 長之新莖的莖頂（圖 4·23 ），培地則用 Vacin and Went, 1949 年之培地，添加容量 25 ％之椰子乳或用 Morel 氏（

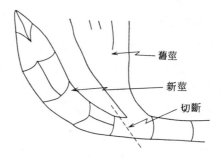

舊莖

新莖

切斷

圖 4·23　　新莖之切除（Scully, 1967）

1965, b）培地，添加 NAA 1 ppm 與椰子乳 10 ％。 pH 則調節爲 5.0〜5.2度。培養容器，則用 50 ml 三角瓶，用液體培地時，則用 5ml，固體培地（添加寒天 0.8％）分注 20 ml。培地之殺菌，則用 1.1Kg/ $c\,m^2$，10〜12 分鐘，培養則在 80 °F ± 5 °F，100–180ft-c 之繼續光下，施行。

　　採芽用器具，則用 100％之酒精消毒，又新莖，其初用 20 ％ chlorox 液消毒 5 分鐘，除去數葉，俟二個腋芽露出後，再用同樣之液，消毒 10 分鐘。

　　採芽，則如圖 4·24，採之。採側芽時，先除去 1〜2 葉後，在節之直下，橫切一切口（如 a ），其次在接近于葉之兩側，再縱切一切口。最後在芽之背後，將莖以 1 mm 之厚，薄薄切去（ B—C ）之。切取頂芽時，僅留一葉，將其他之葉，全部除去後，由頂部縱切爲四方形(A)，最後橫切，切取 1 立方 mm 之方塊，切取莖頂之大，約爲

1.0～2.0立方 mm 。切取之莖頂，置于滅菌碟（Schale）中之濾紙
上，其次則植附于液體培地。

　　液體之振動培養，約行2～5星期，依適當之方向，切斷後，植
付于同一組成之固體培地。細切，依莖頂之發育，關係于生長之軸，
施行縱切或橫切。原塊體（protocorm） 狀球體之增殖，一次開始後
，組織塊，不需考慮一個一個之原塊體，可在碟中細切之。細片，使
切斷面，接觸于寒天狀，植附之。一部之細片，放回于振動之液體培
地，約7～ 10日間，此能使組織之體積，增加五倍。此等組織，依
每二星期之細切與植附，能保持增殖的狀態。若不細切時，則能在6

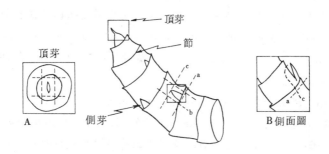

圖 4·24　採芽之方法（Scully, 1967）

～8星期內，形成生根良好，可以植出之幼植物。

　　成功的 12 種之培養中，有 10 個顯示同樣狀態之生長。那是
Cattleya bowringiana 2, C. Shinneri 1, Cattleya Sp. 6, Schombur-
gkia Superbiens 1 　等。細切後，由液體培地，移至固體培地時，
在4～6星期內，表面則膨大成凹凸狀。將此細切時，則圍繞其初之
細片原塊體，則行增殖。若不細切時，放置3～4星期時，生長點則
形成無根或無根塊之幼植物。在幼植物基部之周圍生成之小原塊體狀
球體，切除後，細切之，可以無限培養。

在兩個例外之 Epidendrus Conopseum （樹蘭）與 Cattleya Sp.
從莖頂僅能形成原塊體一個，彼等之繼代培養，則沒有成功。從 C.
Skinneri 之增殖組織，在繼代培養前之生長初期，缺少葉綠素。

在成功的 12 個之培養內，有 10 個，依 Vacin and Went 之培
地而獲得，剩餘之 2 個，依 Morel 氏培地而得到了。又 12 個之中
，8 個爲由側芽得的，4 個爲由頂芽得的。

植附之莖頂，到形成原塊體爲止之期間，依種類而異。在卡多麗
亞系，需 45 ～ 83 日，C. Skinneri ，需 85 日，在 C. bowring-
iana，需 56 日，在 Epid. conopseum ，需 95 日。在 Schomburgkia
superbiens 　　　，需 67 日。

此種方法之特徵，爲採取大的莖頂，用液體之振動培養，⑴使極
性消失，使分裂組織，趨向原塊體之形成，⑵不斷更新培液，除去形
成于切口處之抑制物質，⑶增加通氣，改善代謝，⑷增殖組織能不斷
接觸新液等。

佐川與床次氏（ 1967 ），用與 Cymbidium 同樣之莖頂培養法
（ 1966 ），以石斛蘭屬（ Dendrobidium ）之 Den. phalaenopsis （
石斛蝴蝶蘭）， Den. Jaquelyn 及其他之常綠種，爲材料，做試驗，
並報告其結果，即將 2～4 立方 mm 之頂芽或側芽及新莖之 2～4 立
方 mm 之節間組織，植附于 1. Knudson C. （固體、液體）， 2. Knu-
dson C. + 25% 椰子乳（固體、液體）， 3. Knudson C + NAA 1 ppm
（固形）， 4. White 氏（固形）及 5. White 生化學的化合物 + 25 %
椰子乳（固形）等之五種類之培地。培養于冷白色之螢光燈 100 ～
170 ftC.，連續光下， 27 °C 施行，並給與振動， 160 r p.m. 用連續
之 rotary shaker 。被形成之球體，縱切或橫切之，用 Knudson C +
25 % 椰子乳之固形培地，行繼代培養。結果如表 4-16 。

表 4-16　用 Knudson C 及其修正培地 Dendrobidium之莖頂培養（佐川及床次氏，1967 ）

植附部位	培　　　　地	植附數	成功數	成功率%
頂　　芽	K. （固形）	18	3	16.7
	K. （液體）	9	3	33.0
	KC （固形）*	3	0	0
	KC （液體）	3	0	0
	K-I （固形）**	2/35	1/7	50.0/20.0
側　　芽	K （固形）	56	17	30.0
	K （液體）	7	1	14.3
	KC （固形）	3	2	66.7
	KC （液體）	1	0	0
	K-I （固形）	1/69	0/20	0/29.0
節　　間	K （固形）	51	0	0
	K （液體）	2	0	0
	K-I （固形）	4/57	0/0	0/0

註：　* KC：Knudson C + 25% 椰子乳
　　　** K-I：Knudson C + NAA 1 ppm

由于供試材料類少，故不能明確說，但頂芽、側芽，用 knudson C 或其修正培地時，成功率則高，節間組織則未增殖。

在植附莖頂之發育上，有 1. 膨大後，二個月內即刻成爲一個或數個之枝。 2. 在 1.5 個月內，形成綠色之組織塊，此塊再在 1.5 個月內，則成爲原塊體（ protocorm ）。切斷能增加原塊體之形成，放置時，則形成幼植物。 3. 其初之培養開始後，經 2.5 個月，細切培養時，在 2.5 個月內，則形成原塊體狀球體，由此球體，雖能形成幼植物，但細切時，則可增殖原塊體狀之球體等三型。(1)與(2)之發育樣式多。

　　在球體細切試驗之結果，將沒有幼葉之球體細切時，增殖則著。橫切之細片，比縱切之細片，能增殖更多之球體。細片有葉之球體時，概能形成有葉之分枝，但有時，則能形成原塊體狀之球體。石斛蘭屬之球體，比蕙蘭屬，形成枝條早。

　　莖頂培養（mericlone）之某種類，在植附開始後，能在2年內開花，其花與母株無異。

　　White 氏培地，供試芽甚少，故其結果，被除去了。

　　如上上所詳說，蘭依莖頂培養之繁殖，雖由無病株出發，但由于專向增殖法之向上努力，virus 之點，則未被考慮了。如第一節所述，在康乃馨，莖頂 virus 濃度，被研究了，在蘭類，此種研究，尚未看到。蘭類雖有不易獲得材料之困難，但眞實之研究，誠爲一般所冀望。蕙蘭類從比較小之莖頂，容易再生，故育成無病株之可能性甚高。但在培養上，需要盡全力全心之種類，若非由無病株之母株之莖頂培養，virus 之點，則不能安心。

　　依莖頂培養，蘭類之繁殖，在現今，從蕙蘭（Cymbidium）、卡多麗亞屬（Cattleya）開始，石斛蘭（Dendrobium）、堇色蘭屬（Miltonia）、萬代蘭（Vanda）、鶴頂蘭（Phaius）、棒心蘭（Lycaste）、蝦脊蘭（Calanthe）、齒舌蘭（Odontglossum）、奧屯脫尼亞蘭（Odontonia）、雀蘭（Oncidium）、Wilstekeara蘭、軛瓣蘭（Zygopetalum）、向寶開蘭（Schomburgkia）等，在施行了。

　　縱在培養困難之卡多麗亞，依業者，其成功率，有達80～90%的。其詳細情形，被視爲商業上之秘密，但不久依研究者之手，無論爲誰，培養，其成功之方法，諒能被公開出來。

三、莖頂培養繁殖法之概要

　　莖頂培養繁殖法之概要，則如圖4‧25所示。

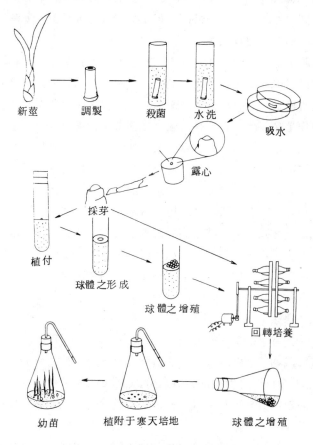

圖 4·25　蘭之莖頂培養繁殖法之概要

　　培養法，依研究者，採用種種之方法，此處所示者，並非唯一無二之法。又依蘭之種類，應採用能率最好之方法，不待贅述。

　　此種方法，與無病株之莖頂培養，相同，但蘭之繁殖時，原塊體狀（芽球體）之球體，被形成後，將此增殖之點，則異。其次，擬就比較培養容易之以蕙蘭屬植物為例，加以敘述。培養法之概要，曾在

"日本蘭協會誌"，11，No.2，1～3，昭和 40 年（1965 ）及"
農及園"43，5～7～61，昭和43年（1968 ），發表過。

1.　芽之準備與殺菌

將上端之球（backbulb ）　或用盆栽生長中之數 cm－20cm 之新
莖，從母球在基部切離之。其次將接觸于植入材料之外葉剝去，並將
節及附着于不定根之根，污染部分用銳利之小刀削去，使之乾淨。此
種操作，除了防止污染外，殺菌之效果，比藥劑還大。

將基部清淨後，將頂部，在不切取生長點的程度，切爲適當之長
。雖依新莖之大小而異，但調製爲2～3公分長之材料，用晒粉溶液
（ 10g/140cc ）之澄清液殺菌，約 10 分鐘，此是將材料與上澄液
放入不大不小之管狀瓶中，用手指做蓋，急搖之。殺菌後，用滅菌水
，洗1～2回，然後移至墊有濾紙之發芽皿上，使之脫水。

關于殺菌，有種種之方法，已敍述于報告文中，但爲使調製與殺
菌，確實施行，嚴守次述之採芽注意事項時，用于此所記之方法，甚
爲充分。

2.　採芽

最近爲生存率之改善，virus 之問題，可不需重視，常行相當大
之莖頂栽植，故採芽操作，從肉眼亦可施行。但將芽確實切取時，以
用15～30倍之解剖用顯微鏡爲可（圖4·26 ）。

培養地方，可用與無病株之莖頂培養同樣之地方。只要沒有隙間
風，進入房間，即可。

採芽所使用之器具，與無病株之莖頂培養時，完全相同。爲鑷子
、小刀、木棍柄針。

蘭之採芽時所用器具之殺菌，莫賴爾氏（Morel ），在其 1964
，1965，b 之發表報告上，僅記有酒精，而並沒有記出濃度。但在其
1965，a 之報告上，記有爲 96 ％之酒精。佐川（Sagawa ）　氏與床
次氏（Shoji）1966 年之報告中，記有用 10 ％ chlorox 浸漬或 100
％酒精，浸漬後，再用火焰消毒。士卡利氏（ Scully 1967 ），曾云

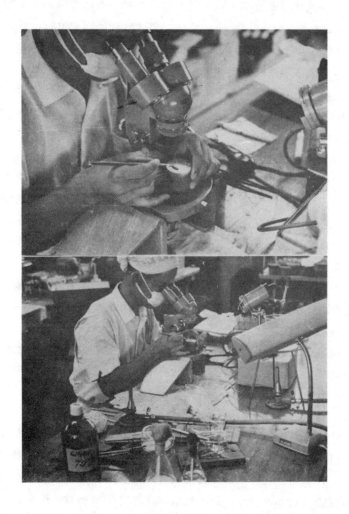

圖 4‧26　蘭之莖頂採芽之狀態

用 100％酒精浸漬消毒。

採芽從基部之芽起，順次向上採之。新莖若已形成僞球莖時，一節一節剪斷採芽亦可。在任何場合，爲使操作便利，可將材料用針固定于 15 號大小之橡膠栓上，依肉眼能看見時，即在肉眼下操作，若不能在肉眼下操作時，可使用顯微鏡。

採芽之大小，以何種大小爲可？依僅希望繁殖？或希望培養無病苗而異。僅希望增殖時，則以用相當大之莖頂（ 1～ 2 mm ）植附者，成功率則較高。

關于無病苗之培養，莫賴爾氏（ Morel, 1960 ） ，曾用 0.1 mm 之莖頂植附，除了蕙蘭（ Cymbidium ） 之 紋 virus 之無病化成功以外，則沒有報告。與康乃馨同，依 virus 之種類而異，可以想像，切取莖頂之大小，縱有不同，亦可。但在現在，尚沒有見到此種記述。又依熱處理與抗 virus 劑之併用，深望能增殖外，同時有能達成無病苗之希望的研究。

不論在何種場合，採芽需用殺菌後之器具，繼續剝出外葉，以迅速施行爲宜。最後之切取，不可帶多餘的組織，而盡量減少切傷，宜用銳利之小刀施行。

從基部之芽起，順次採取時，在大的新莖，從一芽，可切取 4～5 個之莖頂。此等莖頂，每次採取一個，即行植附亦可，又採取 4～5 個後，一起植附亦可。

3. 植附

將採取之莖頂，從最初起，以用液體之振動培養爲可？或以用寒天之固體培地爲可？關于此點，亦依研究者，其方法亦異。但在如蕙蘭（ Cymbidium ） 容易培養之種類，以用固體培地，出發，俟確實把握原塊體（ protocorm ） 後，然後依液體之振動培養，採取大量增殖之法爲可。但在培養困難之種類，以其初起，即開始用液體之振動培養爲可。用此方法時，如卡多利亞蘭（ Cattleya ） ，依三星期之液體振動培養時，則可提高成功率甚著（ 據 Reinert and Mohr. 1967 ） 。

　　植附之操作，與無病株之莖頂培養的時候相同。又植附之管理，
與種子發芽的時候相同。

　　栓用橡膠栓，比綿栓能密閉，而培地不易乾燥。莖葉與根之形成
，則被抑制，似乎對于原塊體狀球體之增殖有利。

　　植附後，經過1～2個月時，莖頂則形成原塊體狀之球體。再繼
續培養時，往往則至于形成數個乃至多數之球體，在形成莖葉前，將
此種球體一個一個切離時，再細切之，植附于寒天之培地上時，則可
反覆增加其數，最後停止切斷，縱能生長其莖葉，則可獲得大量的苗
木。但大量增殖時，以用如次述之液體之振動培養爲可。

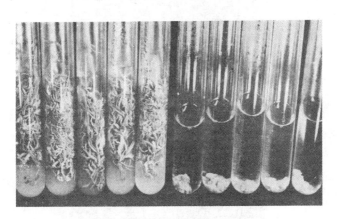

圖4·27　在寒天培地與液體培地生育之差異
，在液體培地莖葉及根之形成則被抑制

4. 振動培養

　　依細切之繼代培養，因細切可以抑制莖葉之形成，同時以增殖個
數爲目的。因此，此種方法，不可不在莖葉形成之前，早先着手。

　　對此，在液體培養時，則如圖4·27所示，組織則沉于液中，因
此，莖葉之形成，雖被抑制，但組織則增殖了。要之，莖葉之形成，
則被機械地被抑制了。液體培養，一日，雖僅振動2～3日，氧氣之

供給與液之更新，極性則至于消失，而達到目的，但自動地依如圖
4·28 之裝置，一分間與以 1～2 回之振動即可。此種培養條件，亦
與種子發芽的時候相同。

圖 4·28　培養用之振動器
　　　　　上：回轉鼓（Morel, 1965, a）
　　　　　下：　Tumbler（倒置）

圖 4·29　依球體之振動培養之增殖與依細切幼植物之形成
　　　　　上左：0.85 r.p.m.　　右：35 r.p.m.
　　　　　中：細片向寒天培地之植附
　　　　　下左：0.85 r.p.m. 之細片發生之幼植物
　　　　　　右：從 35 r.p.m. 之細片發生之幼植物

表4-17　蘭之莖頂培養

組成 ＼ 處方	White 1943	Knudson C 1946	Vacin and Went 1949	Morel 1965, a	Morel 1965, b
$CaHPO_4$					
$Ca_3(PO_4)_2$			200		
$Ca(NO_3)_2$	200	1,000		500	500
KNO_3	80		525		125
$(NH_4)_2SO_4$		500	500	1,000	1,000
Na_2SO_4	200				
$MgSO_4$	360	250	250	125	125
KCl	65			1,000	500
NaH_2PO_4	16.5				
KH_2PO_4		250	250	125	125
$Fe(C_4H_4O_6)_3$			28		
$Fe_2(SO_4)_3$	2.5				
$FeSO_4$		25			
$MnSO_4$	4.5	7.5	7.5		
$ZnSO_4$	1.5				
H_3BO_3	1.5				
KI	0.75				
trypton					
glycine	3.0				
nicotine 酸	0.5				
pyridoxine Hcl	0.1				
thiamine Hcl	0.1				
IAA					
NAA					
蔗　糖	20,000	20,000	20,000		
寒　天		15,000	16,000		
水	1,000ml	1,000ml	1,000 ml	1,000ml	1,000ml
液　體					
固　體					
PH		5.0			
種　類		蘭	蘭	馬鈴薯	馬鈴薯
莖　頂					
培養條件					

所使用之處方（ mg ）

Morel 1960	Morel 1964	Morel 1965, a	Wimber 1963	Sagawa et al. 1966	Sagawa et al. 1967	Scully 1967
Knudson C'	Knudson C	Cattleya 莖頂：Knudson C 修正＋榨汁　Cymbidium 莖頂：Knudson C 增殖：Morel (1965, a)	200 525 500 250 250 30 2,000 (1) (1) 20,000 12,000 1,000ml	Knudson C 或 Vacin and Went (1949)	Knudson C ＋25% 椰子乳　Knudson C ＋NAA 1ppm　White　White ＋25% 椰子乳	Vacin and Went (1949) ＋ Morel (1965,b) ＋ 10%＋NAA 1ppm　25% 8,000
○ Cym.	○ Cym. Catt.	○ ○	○ ○ Cym.	○ ○ Cym.	○ ○ Den.	○ ○ 5.0-5.2 Catt.
0.1mm		0.5　2.0 1.0mm　4.0mm		2-3 mm^3	2-4 mm^3	1.0-2.0mm^3
22°C 12時間照明	22°C 12時間照明		22°C 100 ft-c. 24時間照明	120ft-c. 24時間照明	27°C 100-170 ft-c. 24時間照明	80±5°F 100-180 ft-c. 24時間照明

雖然依種類而異，但經過二個月時，則可形成球體狀之塊。又將此細切，反覆培養時，株數則可增加甚著。

振動培養，回轉數快時，被形成之組織塊，凹凸則少，組織塊，則成圓形，細切後，由切斷面形成之球體則多，莖葉之形成則遲（圖4・29 Kano, 1967）

5. 向寒天培地之植附

反覆振動培養後，最後細切之細片，植附于用寒天固化之培地，並用通氣之栓時，多半細片，則稍行增殖，其次，則生出莖葉與根，成為完全之植物（圖4・29 ）。

6. 培地

關于莖頂培養時之培地組成，尚無詳細之研究。多半在種子無菌發芽之處方內，加入適當之物質與荷爾蒙。表4-17 ，為表示蘭之莖頂培養繁殖時，所使用之培地。

植附培地與移植培地，其組織不同，亦可。但在現今，關于蕙蘭屬（Cymbidium）之培地，僅有莫賴爾氏（Morel, 1965, a, b）之記載。蕙蘭之莖頂培養時，由莖頂使之形成原塊體（protocorm） 狀球體時，可用次記之處方（ Kano, 1967）

hyponex (7-6-19)	3 g
Difco-Bacto Trypton	2 g
蔗糖	35 g
寒天	15 g
水	1000 ml
pH	略調整為5.0度

液體之振動培養時，可從此處方，取去寒天。此處方，復可做為育成幼苗時之培地使用，但從細片之切口，形成之球體，似乎較多。

7. 盆植

長大之苗，則由三角瓶取出，用水洗去寒天，短時間浸漬于氯化水銀（uspulun）1000～2000 倍液後，依常法用水苔植于花盆中（

圖4·30），以後之管理，可依實生法行之。

圖4·30　植入于花盆

四、莖頂培養很難之種類及對于東洋蘭應注意之事

在前項（三）中，以蕙蘭為中心，敍述了莖頂培養。但對于卡多麗亞蘭（一般稱洋蘭）及其他培養困難之種類，要想培養成功時，以用何種方法為可？對于此種問題，在現在尚不能做明確的答覆。但若注意如次之事項時，我想成功率當可增加。

1. 開始施行液體之振動培養。

2. 用強堅之新莖，植附大的莖頂。

3. 不使附着多餘之組織，盡量使切傷減少，操作迅速。

4. 溫度以 25 ℃ 上下為適，就中應注意不使溫度過高。

5. 選擇適當之培地。

以上五者中，選擇適當之培地，最屬重要。此種培地，若能抑制酸化時，則佳。在夏季之高溫下，被形成之原塊體，縱用細片振動培養，亦多有死滅，故若沒有溫度調節時，高溫時之液體培地之採芽，增殖以停止爲宜。在寒天培地，枯死則少。此在液體培地，我想溫度，能影響于全培養之故。

縱在東洋蘭，亦有用莖頂培養之可能性。但此時，不如洋蕙蘭，能形成原塊體，而有形成如東洋蘭行插種繁殖時，可以看到之根莖塊之可能性（Kano, 1968, in press）。用播種繁殖時，根莖到形成枝條爲止，需要 2～3 年之久。故用莖頂培養時，恐怕也需要同樣長之年月。從三角瓶拿出，到生枝爲止，更需要較多之年數，故到開花爲止，恐怕需要 10～12 年之久。

又在此種莖頂培養，與用種子繁殖時相同，在培養之初期，我想有顧慮完全封閉斷絕通氣及防止莖頂褐變枯死的必要。

五、無病株及莖頂培養（mericlone）之遺傳組成

如上所述，在蘭之莖頂培養繁殖，關于無病株，差不多沒有被注意。在此方面，正待今後之精確的研究，但關于 virus，從實用的見地說，在現在之階段，抱有如前述之感覺，諒甚必要。

在實際上施行時，做爲母株，我想應當選擇無病之株。莖頂培養與母株，持有同樣之遺傳組織，是否能開相同之花？無論爲誰，均持有疑問。在到今天爲止之報告內，尚沒有與母株，開不同之花之記載。但若開花有變化時，則將想到如次之事。

1. 與受到嚴重 virus 之母株比較，virus 被除去之株，能着生比母株更優良之花。

2. 有生成母株染色體倍加之染色體數之株的可能。

3. 有生成芽條變異之可能。

其中第 3，爲自然的場合，蘭不像康乃馨與菊那樣多，故縱顯出來，其頻度，恐怕亦極少。

六、與莖頂培養類似之繁殖法

石斛蘭（phalaenopsis），從採花後之花穗基部之芽，往往能萌出新芽，由此可育成新的植物。

琴盛氏與村茂氏（Kotomori and Murashige, 1965），為提高此種頻度，將芽在人工培地上養成了。即將到頂部為止，開過花後，花穗基部之毒，用 1：10 之 Chlorox 液，行 15 分鐘殺菌後，將芽與花穗之組織，一起削下來，將此植附于 Vacin and Went (1949) 培地，添加椰子乳 15 ％之培地。植附後，經數日，由組織向培地，則分泌赤褐色之分泌物，此種分泌物，對于組織，似乎有毒，故宜在三星期後，移至新培地。依此方法，雖依品種而異，約有 26 ％萌芽了，在三個月後，則可獲得生出根與芽之幼植物了。

同樣之事，依浦田氏與岩永氏及斯卡利氏（Urata, Iwanaga and Scully, 1966），亦做過了。此等方法，並非削取芽，而是將芽附着之花枝，帶一葉，削短而行培養。在前者，將殺菌之基部，通過橡栓，插入于 Knudson C + peptone + coconut milk 之液體培地，芽則使之曝露于器外之空氣中。在後者，將基部插入于容器內之寒天培地，將枝全體放入器內，使之萌芽。若芽成為花穗時，或將基部一芽留存，將其他部分切去之，或放置時，則可獲得幼小之植物。成功率，除去污染及其他，後者約有 70 ％之成功率。

此種方法，一時雖不能多量繁殖，但在如蝴蝶蘭（Phalaenopsis）單莖性，一株一株及貴重之種類，在試行莖頂培養前，是可以試一試之繁殖法。

七、蘭之莖頂培養繁殖法之將來

在蘭之品種改良上，倍數體關與之事，為吾人所深知。因此，縱到了現在，使用秋水仙素（Colchicine），以圖使染色體倍加之試驗，常常被試驗過。但處理實生時，到底能使何種植物之染色體被倍加

了，不能預知。又在成株，如在萬代蘭（Vanda）、蝴蝶蘭（Phalae-
nopsis） 等之單莖性蘭，雖能繁殖倍加之部分，但在複莖性蘭，其
次之芽（lead），若不能完全倍加時，則不能達到目的。又尚有供試
數少之缺點。在莖頂培養，想欲倍加之品種的球體，有如山之多，故
只要考慮秋水仙素之處理方法時，自能得到相當能率高確實倍加之個
體。

事實上，美國之文保氏（Wimber, 1966），曾用蕙蘭（Cymbidi-
um） ，在以液體回轉培養之液中，添加秋水仙素，已成功得到倍加
率約 40 ％頻度之結果。此由于組織全體能接觸秋水仙素之溶液，故
倍加之能率佳，乃當然之事。

此種方法，恐怕不久即可應用于其他之種類。就中，如園藝用之
作物，異質倍數，與異數體甚多，對于採種困難之種類，可以應用。
若能成功于倍加育種時，則甚有趣。不久我們沒有想到之品種，被育
成之日，亦可來到。

包含蘭之莖頂培養之分裂組織之培養，在植物生產學上，我想定
能開拓輝煌之前途。

參考文獻

1) Abbott, E. V. 1945. The relation of the occurrence of foliage symptoms of chlorotic streak of sugar cane to the distribution of the virus in the plant. Phytopath. 35 : 723 736.

2) Augier de Montgremier, H., and Morel. G., 1948. Sur la diminution de la tencur en virus (Marmor Tobaci Holmes) de tissus de Tabac cultivés in vitro. Compt. red. 227 : 688-689.

3) Baker, R.E.D. 1939. Papaw mosaic disease. Trop. Agr. (Trinidad) 16 : 159-163.

4) Baker, R., and Phillips, D.J. 1962. Obtaining pathogen-free stock by shoot tip culture. Phytopath. 52 : 1242-1244.

5) Ball, E. 1946, Development in sterile culture of stem tips and subjacent regions of Tropaeolum majus L. and of Lupinus albus L. Am. J. Bot. 33 : 301-318.

6) _____. 1960. Sterile culture of the shoot apex of Lupinus albus. Growth 24 : 91-110.

7) Barrett, B. J. 1962. Heat therapy of chrysanthemum. Gard. Chron. 151 : 504-505.

8) Baur, E. 1906. Über die infektiöse Chlorose der Malvaceen. Kgl. Preuss. Akad. der Wiss. Math. u. Naturw. Sitzber. 1906 : 11-29.

9) Belgraver, W., and Scholten, G. 1954-56. Jaarversl. Profest. Bloemistery Nederland te Aalsmeer. 31-32 (1954); 25-26 (1955); 39 (1956).

10) Belkengren, R. O., and Miller, P. W. 1962. Culture of apical meristems of Fragaria vesca strawberry plants as a method of excluding latent A virus. Plant Disease Reporter 46 : 119-121.

11) Bird, J., and Adsuar, J. 1952. Viral nature of papaya bunchy top. Puerto Rico Uni. Jour. Agr. 36 : 5-11.

12) Boesman, G.1962. Problémes concernant le semis et l'amélioration des Orchidées. Advances in Horticultural science, Vol. 2.

368-372. Pergamon Press.

13) Bolton, A. T., and Turner, L. H. 1962. Note on obtaining virus-free plants of red raspberry through the use of tip cuttings. Canadian J. Plant Sci. 42 : 210-211.

14) Brierley, P. 1962. Heat treatment restores King Cardinal carnation to health (Abstr.). Phytopath. 52 : 163.

15) Campbell, A. 1965. The growth of young pear trees after elimination of some viruses by heat treatment. Long Ashton Agric. Hort. Res. Sta. Ann. Rep. 111-116.

16) Chambers. J. 1954. Heat therapy of virus-infected raspberries. Nature 173 : 595.

17) _____. 1961. The production and maintenance of virus-free raspberry plant. J. Hort. Sci. 36 : 48-54.

18) Converse, R. H. 1966. Effect of heat treatment on the raspberry mosaic virus complex in Latham Red Raspberry. Phytopath. 56 : 556-559.

19) Curtis, J. T. 1947. Studies on the nitrogen nutrition of orchid embryos. I. Complex nitrogen sources. A. O. S. Bull. 16 : 654-660.

20) Dillon, G. W. 1964. The meristem Merry-go-round. A. O. S. Bull. 33 : 1023-1024.

21) Fernow, K. H., Peterson, L. C., and Plaisted, R. L. 1962. Thermotherapy of potato leafroll. Amer. Potato. J. 39 : 445-451.

22) Frazier, N. W., Voth, V., and Bringhurst, R. S. 1965. Inactivation of two strawberry viruses in plants grown in a natural high-temperature environment. Phytopath. 55 : 1203-1205.

23) Grant. T. J., Jones, J. W., and Norman, G. G. 1959. Present status of heat treatment of citrus viruses. Proc. Florida State Hort. Soc. 72 : 45-48.

24) Hackett, W. P., and Anderson, J. M. 1967. Aseptic multiplication and maintenance of differentiated carnation shoot tissue derived from shoot apices. P. A. S. H. S. 90 : 356-369.

25) 浜屋悅次・森寬一，1966.組織培養によるウイルズ罹病植物の無毒化—特にその能率向上に對ずる培地の檢討，日植病會報 32：92.

26) ＿＿＿．＿＿＿. 1967.組織培養法によるモザイク罹病サトウギビの無毒化，日植病會報 33：102.

27) Hildebrand, E. M. 1957. Freeing sweetpotato varieties from cork virus by propagation with tip cuttings. Phytopath. 47 : 452.

28) ＿＿＿. 1964. Heat treatment for eliminating internal cork viruses from sweetpotato plants. Plant Dis. Reptr.48 : 356-358.

29) ＿＿＿. 1967. Russet Crack— A menace to the sweetpotato industry. I.Heat therapy and symptomatology. Phytopath. 57 : 183-187.

30) ＿＿＿., and Brierley, P. 1960. Heat treatment eliminates yellow dwarf virus from sweetpotato. Plant Dis. Reptr. 44 : 707-709.

31) Hirth, L. 1965. Virus multiplication in tobacco tissue cultures. In P. R. White and A. R. Grove(ed). Int. Conf. Plant Tissue Culture, Proc. McCutchan Publ. Corp. Berkeley Calif. pp. 521-528.

32) Hitchborn, J. H. 1956. The effect of temperature on infection with strains of cucumber mosaic Virus. Ann. appl. Biol. 44 : 590-598.

33) Holley, W. D., and Baker, R. 1963. Carnation Production. W. M. C. Brown Co. Inc. Dubuque, Iowa.

34) Hollings, M. 1959. Ann. Rep. Glasshouse Crops Res. Inst. pp. 65-67.

35) ＿＿＿., and Kassanis, B. 1957. The cure of chrysanthemums from some virus disease by heat. J. Roy. Hort. Soc. 82 : 339-342.

36) ＿＿＿., and Stone, O. M. 1964. Investigation of carnation viruses. Ann appl. Biol. 53 : 103-118.

37) Holmes, F. O. 1955. Elimination of spotted wilt from dahlias by propagation of tip cuttings. Phytopath. 45 : 224-226.

38) ＿＿＿. 1956 a. Elimination of foliage spotting from sweetpotato.

Phytopath. 46 : 502-504.

39) ＿＿＿. 1956 b. Elimination of aspermy virus from the nightingale chrysanthemum. Phytopath. 46 : 599-600.

40) 狩野邦雄，1967. 無病苗の育成について，園藝學會昭和42年度秋季大會シンポジウム講演要旨。

41) Kano, K. 1967. The non-symbiotic germination of orchids and their clonal propagation by meristem culture. Advances in Germ Free Research and Gnotobiology. 398-405. Iliffe Books Ltd. London.

42) ＿＿＿. 1968. Acceleration of the germination of so-called "hard to germinate" orchid seeds. A. O. S. Bull. 37 : (in press)

43) Kassanis. B. 1949. Nature 164 : 881. Potato tubers freed leaf-roll virus by hedt.

44) ＿＿＿. 1954. Heat therapy of virus-infected plants. Ann. appl. Biol. 41 : 470-474.

45) ＿＿＿. 1955. Some properties of four viruses isolated from carnation plants. Ann. appl. Biol. 43 : 103-113.

46) ＿＿＿. 1957 a. The multiplication of tobacco mosaic virus in cultures of tumorous tobacco tissues. Virology. 4 : 5-13.

47) ＿＿＿. 1957 b. The use of tissue culture to produce virus-free clones from infected potato varicties. Ann. appl. Bio. 45 : 422-427.

48) Knudson, L. 1946. A new nutrient solution for the germination of orchid seeds. A. O. S. Bull. 15 : 214-217.

49) 近藤章，1967. 保毒カルスの培養と病原性，日植病會報33：102.

50) Kotomori, S., and Murashige, T. 1965. Some aspects of aseptic propagation of orchids. A. O. S. Bull. 34 : 484-489.

51) Kunkel, L. O. 1924. Studies on the mosaic of sugar cane. Hawaii. Sugar Planters' Assoc. Exp. Sta. Bull. Bot. Ser. 3 : 115-167.

52) ＿＿＿. 1935. Heat treatment for the cure of yellows and rosette of peach (Abs.) Phytopath. 25 : 24.

53) ＿＿＿. 1936. Heat treatment for the cure of yellows and other

virus diseases of peach. Phytopath. 26 : 809-830.

54) ＿＿＿. 1939. Movement of tobacco-mosaic virus in tomato plants. Phytopath. 29 : 684-700.

55) ＿＿＿. 1941. Heat cure of aster yellows in periwinkles. Amer. J. Bot. 28 : 761-769.

56) ＿＿＿. 1943. Potato witch's broom transmission by dodder and cure by heat. Proc. Amer. Philos. Soc. 86 : 470-475.

57) ＿＿＿. 1945. Studies on cranberry false blossom. Phytopath. 35 : 805-821.

58) ＿＿＿. 1952. Transmission of alfalfa witch's broom to nonleguminous plants by dodder, and cure in periwinkle by heat. Phytopath. 42 : 27-31.

59) Kurtzman, R. H., Hildebrandt, A. C. Jr., Burris, R. H., and Riker, A. J. 1960. Inhibition and stimulation of tobacco mosaic virus by purines. Virology 10 : 432-448.

60) Limasset, P., and Cornuet, P. 1949. Recherche du virus de la mosaique du tobac (Marmor Tabaci Holmes) dans le méristémes des plantes infectées. C. R. Acad. Sci., Paris 228 : 1971-2.

61) ＿＿＿.,＿＿＿., and Gendron, Y. 1949. Titrage du virus de la mosaique du tabac (Marmor Tabaci Holmes) dans les organes aériens de tabac infectés. C. R. Acad. Sci. Paris 228 : 1888-90.

62) Maramorosch, K. 1949. Occurence of virus-free cuttings from sweet-clover infected with wound-tumor virus. U.S. Dept. Agr. Pl. Dis. Reptr. 33 : 145.

63) Mellor, F. C., and Fitzpatrick, R. E. 1961. Strawberry viruses. Can. Plant Disease Survey 41 : 218-255.

64) ＿＿＿., and Stace-Smith, R. 1967. Eradication of potato virus X by thermotherapy. Phytopath. 57 : 674-678.

65) Morel, G. 1948. Recherches sur la culture associée de parasites obligatoires et de tissus végétaux. Ann. Epiphyt. N. S. 14 : 123.

66) Morel, G. M. 1960. Producing virus-free Cymbidiums. A.O.S.

Bull. 29 : 495-497.

67) _____. 1964. Tissue Culture-A New means of clonal propagation of orchids. A. O. S. Bull. 33 (6) : 473-478.

68) _____. 1965 a. Clonal propagation of orchids by meristem culture. Cymbidium Society News. 20 (7) : 3-11.

69) _____. 1965 b. Eine neue Methode erbgleicher Vermehrung : Die Kultur von Triebspitzen-Meristemen. Die Orchidee 16 (3) : 165-176.

70) _____., and Martin C. 1952. Guérison de Dahlias atteints d'une maladie à virus. C. R. Acad. Sci. Paris 235 : 1324-1325.

71) _____., and _____. 1955 a. Guérison de pommes de terre atteintes de maladies a virus. C. R. Acad. Agric. 41 : 472-475.

72) _____., and _____. 1955 b. Guérison de plantes atteintes de maladies à virus par cultures de meristems apicaux. Rep. 14th Int. Hort. Congr. Vol. 1 : 303-310.

73) 森寛一，1965. 組織培養によるウイルス罹病植物の無毒化，農及園，40：21-24.

74) _____,浜屋悅次，1966. 組織培養法によるfeathery mottle virus (FMV)罹病サツマイモの無毒化，日植病會報32：92.

75) Murashige, T., and Skoog, R. 1962. A revised medium for rapid growth and bioassays with tobacco tissue cultures. Physiol. Plant. 15 : 473-497.

76) Nielsen, L. W. 1960. Elimination of the internal cork virus by culturing apical meristems of infected sweetpotatoes. Phytopath. 50 : 840-841.

77) 西沢正洋，西泰道，1966. 組織培養法によるウイルス罹病ユリの無毒化，日植病會報32：93.

78) Norris, D. O. 1954. Development of virus-free stock of green mountain potato by treatment with malachite green. Australian J. Agr. Res. 5 : 658-663.

79) Oshima. N., and Livingston, C. H. 1961. The effects of antiviral chemicals on potato virus X-1. Amer. Potato J. 38 : 294-299.

80) Parke, R. V. 1959. Growth periodicity and the shoot tip of Abies concolor. Amer. J. Bot. 46 : 110-118.

81) Phillips, D. J. 1962. Control of carnation streak virus by shoot tip culture. Phytopath. 52 : 747.

82) _____., and Matthews, G. J. 1964. Growth and development of carnation shool tips in vitro. Bot. Gaz. 125 : 7-12.

83) Poham, R. A., and Chan, A. P. 1950. Zonation in the vegetative stem tip of chrysanthemum morifolian Baily. Amer. J. Bot. 37 : 476-484.

84) Posnette, A. F. 1953. Heat inactivation of strawberry viruses. Nature 171 : 312-313.

85) _____., and Cropley, R. 1958. Heat treatment for the inactivation of strawberry viruses. J. Hort. Sci. 33 : 282-288.

86) _____., and Jha, A. 1960. The use of cuttings and heat treatment to obtain virus-free strawberry plants. East Malling Res. Sta. Ann. Rep. for 1959. p. 98.

87) Quak, F. 1957. Meristeemcultur, gecombineerd met warmtebehandeing, voor het vekrijgen van viusvrije anjerplanten. Tijdschr. Pl. Ziekt. 63 : 13-14.

88) _____. 1961. Heat treatment and substances inhibiting virus multiplication in meristem culture to obtain virus free plants. Rep. 15th Int. Hort. Cong. 144-148.

89) Raghavan, V., and Torrey, J. G. 1964. Inorganic nitrogen nutrition of the seedlings of the orchid, Cattleya. Amer. J. Bot. 51 : 264-274.

90) Reinert, R. A. 1966. Virus activity and growth of infected and healthy callus tissues of Nicotiana tabacum grown in vitro. Phytopath. 56 : 731-733.

91) _____., and Mohr, H. C. 1967. Propagation of Cattleya by tissue culture of lateral bud meristems. P. S. A. H. S. 91 : 664-671.

92) Robbins, W. J. 1922. Cultivation of excised root tips and stem tips under sterile conditions. Bot. Gaz. 73 : 376-390.

93) Sagawa, Y., and Shoji, T. 1967. Clonal propagation of Den-
drobiums through shoot meristem culture. A. O. S. Bull. 36 :
856-859.

94) _____.,_____., and Shoji, T. 1966. Clonal prapagation of
Cymbidiums through shoot meristem culture. A. O. S. Bull.
35 : 118-122.

95) Samuel. G. 1934. The movement of tobacco mosaic virus within
the plaht. Ann. appl. Biol. 21 : 90-111.

96) Schaffer, H. G. 1964. Carnations raised by meristematic pro-
pagation. Gard. Chron. 155 (6) : 93-94.

97) Scully, R. M. Jr. 1966. Stem propagation of Phalaenopsis. A.
O. S. Bull. 35 : 40-42.

98) _____. 1967. Aspects of meristem culture in the Cattleya alliance.
A. O. S. Bull. 36 : 103-108.

99) Sheffield, F. M. L. 1942. Presence of virus in the primordial
meristem. Ann. appl. Bio. 29 : 16-17.

100) 下村徹，森寬一， 1966. 組織培養法によるウイルス罹病ダリア
の無毒化，日植病會報32 : 92.

101) _____, _____. 1967.組織培養法によるウイルス罹病カーネーシ
ョンの培養と無毒化日植病會報33 : 101-102.

102) Shushan, S., and Johnson, M.A. 1955. The shoot apex and leaf
of Dianthus caryophyllus L. Bull. Torrey Bot. Club. 82 : 266-
283.

103) Skoog, F., and Miller, C.O. 1957. Chemical regulation of growth
and organ formation in plant tissue cultured in vitro. Symp. Soc.
Exp. Biol. 11 : 118-131.

104) Stace-Smith, R. 1960. Current status of bramble viruses. Can.
Plant Dis. Surv. 40 : 24-42.

105) Stangler, B. B. 1956. Origin and development of adventitious
roots in stem cuttings of chrysanthemum. carnation and rose.
N. Y. Agr. Expt. Sta. Mem. 342.

106) Steward, F. C., and Caplin, S. M. 1951. A tissue culture from

potato tuber: the synergistic action of 2, 4-D and of coconut milk. Science 113 : 518-520.

107) Stone, O. M. 1959. Annual Report 1959. Glasshouse Crop Research Inst. 1-141.

108) ＿＿＿＿. 1963. Factors affecting the growth of carnation plants from shoot apicies. Ann. appl. Biol. 52 : 194-209.

109) Thomsen, A. 1961. Termoterapeutiske behandlinger af Nelliker. Horticultura 15 : 136-139.

110) Thomson, A. D. 1956 a. Heat treatment and tissue culture as a means of freeing potatoes from virus. Nature 177 : 709.

111) ＿＿＿＿. 1956 b. Studies on the effect of malachite green on potato viruses X and Y. Australian J. Agr. Res. 7 : 428-434.

112) Tsuchiya, I. 1954. Possibility of germination of orchid seeds from immature fruit. Na Pua Okikao Hawaii Nei 4 : 11-16.

113) Urata, U., and Iwanaga. E. T. 1965. The use of Ito-type vials for vegetative propagation of Phalaenopsis. A. O. S. Bull. 34 : 410-413.

114) Vacin, E. F., and Went, F. W. 1949. Some pH changes in nutrient solutions. Bot. Gaz. 110 : 605-613.

115) White, P. R. 1934. Multiplication of the viruses of tobacco and aucuba mosaics in growing excised tomato root tips. Phytopath. 24 : 1003-1011.

116) ＿＿＿＿. 1943. A Handbook of Plant Tissue Culture. Ronald Press Co. N. Y.

117) ＿＿＿＿, 1954. The cultivation of animal and plant cells. Ronald Press Co. N. Y.

118) Wimber, D. E. 1963. Clonal multiplication of Cymbidium through tissue culture of the shoot meristem. A. O. S. Bull. 32 : 105-107.

119) ＿＿＿＿., and Ann van Cott. 1966. Artificially induced polyploidy in Cymbidiums. Proc. of the 5th World Orchid Conference. 27-32.

第五章　接木之基礎知識與綠枝接木

第一節　接木之活著經過與接木時養水分之移動

接木爲砧木與接穗之間，發生癒合組織，在其間生成連絡組織，於是養水分能自由移動交換，開始新個體之生育時，稱爲活着。明瞭癒合組織，被形成的經過與其間由砧木向穗木，養水分移動之狀態，在接木技術之基礎知識上，極爲重要。

但關于此等事情，以前素未被詳細調查過。在此，關于此等基礎的問題，著者主擬就花木調查的資料，加以敍述。

一、接木之癒合

1. 癒合組織形成之經過

木本植物，接木後，台木與穗木之形成層，到連絡爲止之經過，

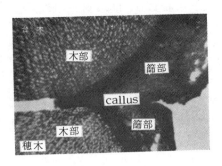

圖 5·1　第 1 段階癒合組織 從砧 木與穗 木之篩部組 織被形成，兩者已接觸了（梨，先年生枝，第二星期）

將接木部橫切細心觀察時，爲癒合發生癒合組織之部位與發達之速度，依樹種、接木部之年齡、環境、個體等，而有多少之差異。但組織學的一般之經過，則略同，大抵可分爲三個階段。

第一段階　依接木作業，在被接合之台木與穗木之切斷面之附近，近于形成層之組織柔細胞中，由切斷面，位于 2～3 層位置沒有受到傷害之細胞，則先開始分裂。此等細胞，繼續增殖，成爲不定形之柔細胞之塊，在切斷面上，形成押出狀之形成層，此種癒合組織之細胞，再行增殖，至于互相接觸了。此時期，爲第一階段。

此段階，爲傷面治癒之時期，台木與穗木之癒合組織，僅互相接觸而已，尚呈極易分離之狀態（圖5‧1）

第二段階　癒合作用，能順利進行時，接觸癒合組織之細胞，再繼續分裂增殖，互相交錯接觸，成爲堅固交錯之癒合組織。此種時期，爲第二段階，砧木與穗木則成爲稍難分離之狀。

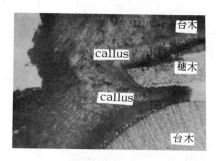

圖5。2　第2段階由砧木與穗木之篩部組織形成之癒合組織，互相交錯抱合（梨，先年生枝，第3星期）

第三段階　交錯抱合之癒合組織之細胞，再行分裂增殖，填充附近之間隙，同時，近于癒合組織中形成層之一部組織，分化後，形成短弧形狀之連絡形成層，與台木及穗木之形成層相連絡。此種時期，稱爲第三段階。此種連絡之形成層，在其內外，開始形成新木部與篩部組織時，癒

圖5‧3　第3段階　台木與穗木之連絡形成層亦完成了，已新生木部及篩部（梨，先年生枝，第6星期）

合則完成，接木則活着了。

在此時，將癒合部縱切觀察時，癒合組織中之一部細胞則分化，成爲彎曲之通導管，可以看到台木與穗木之通導組織已連絡了（圖5·4）。然在此種時期，就癒合者，亦僅爲近于採木接合面之形成層之周邊部而已。其中心部之間隙，需少遲由新組織填充之。又依樹種與個體，亦有相當遲緩之時候（圖5·5）。

此等進展之經過，在接木部之縱的部位，有若干遲速之別。換言之，在一般基部快，尖端部慢。又從台木與穗木形成之癒合組織之量說，依接木部之位置與其他之條件各異，在接木當初，一見似乎由台木所生之癒合組織量多。但全般的觀察時，台木與穗木爲對等的，由兩形成同樣之癒合組織者，對于活着，似乎癒合作用，能順利進行。

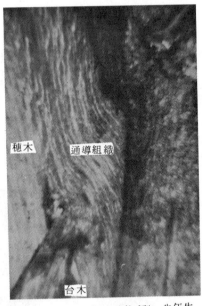

圖5·4　通導組織之連絡（梨，先年生枝接，第6星期）

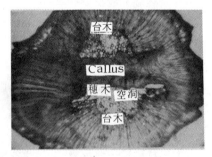

圖5·5　中央部之空間，有長久存在之事（楓，綠枝葉）

西瓜等草木植物接木時，台木與穗木，均由傷口全面，形成癒合組織細胞，就中，在切斷之維管束附近最盛。從髓部形成癒合組織遲，而量亦少。其後不久，接木面由癒合組織細胞所塡充，但傷面死沒之細胞，則成爲濃番紅（safranin）染成之層，形成台木與穗木之癒合細胞之境界（圖5‧6）。

此種層界不久，在近于維管束之處，被破壞，開始溶解，漸次消失了。在此前後，在近于維管束之柔細胞中，則生出分化爲新維管束之物，縱向伸長連絡台木與穗木之通導組織，至此時，癒合作用，則均至于完成了。

2. 癒合組織發生之部分

爲接木之癒合，發生癒合組織之部位，依樹種、接木部之年齡、環境及個體等而異。

將梨于 3～4 月，在露地，用先年生枝，接木時，癒合組織，差不多均由形成層外側之篩部放射組織，被形成出來（圖5‧1）。但在同時，將接木之苗，放置于 25～30 ℃之癒合組織最易形成之溫度下時，癒合組織，從篩部不待說，從木部髓部等處均能形成。

又在 5～6 月前後，用生育中之新梢，行綠枝接木時，癒合組織，先從近于形成層之篩部、木部形成甚多，但稍遲時，從髓部、原生木部、皮層等，亦能形成提

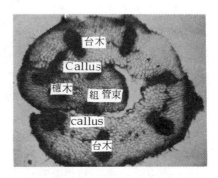

圖5‧6　草本之癒合組織　由全面形成癒合組織在維管束之附近最盛，此時境界處所生之膜層，則開始消失（扁蒲×西瓜，第4日）

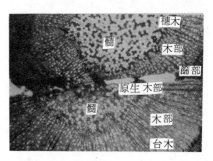

圖5‧7　癒合組織之形成
癒合組織由形成層附近之木部、篩部、原生木部、髓部等之種種組織之柔細胞所形成（梨，綠枝接，第12日）

早癒合（圖5·7）。

這樣之事，在桃、楓樹、白木蓮、茶樹等，亦被觀察過（圖5-8,9）。

又佐藤氏（ 1959 ），在北海道，曾觀察過赤松、白樺等之接木癒合情形並報告過。

即接木癒合之癒合組織，主從近于形成層之篩部、木部之柔組織，形成，但細胞膜若為尚未木化之柔細胞時，不論在何部分，均具有關于形成之能力，支配此種癒合之主要要素，被認為為接木部之年齡與接木時之環境條件（就中溫度）（表5·1）。

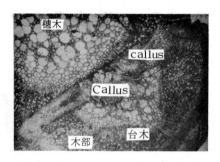

圖5·8　癒合組織形成　從髓部形成量頗多（山茶，綠枝插，第25日）

表5-1　癒合組織形成之部位（庵原， 1963，1964 ）

植物名	先 年 生 枝	綠				枝
	形成層附近	形 成 層 附 近		髓	原生木部	皮 層
	篩　　部	篩　部	木　部			
梨	○	○	○	○	○	○
桃		○	○	○	○	○
楓		○	○		○	○
木 蓮		○	○	○		○
臘 梅		○	○		○	
茶 花		○	○	○		
山茶花		○	○	○		

在西瓜、番茄等草本性植物，由于切斷面為柔細胞，癒合之癒合

組織，亦能由切斷面全面形成，但就中，近于維管束之部分，似乎發生特多。

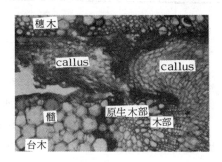

圖5‧9　癒合組織之形成　癒合組織，從木部放射狀組織與原生木部之柔細胞被形成（白木蓮，綠枝接木，第22日）

3. 癒合組織發達之速度

在接木上，這樣的癒合組織（Callus），務望盡量使之早日形成，但一般到底以何種速度被形成？

將梨于3～4月，在露地，用先年生枝接木時，接木後，約經一星期上下，細胞則開始分裂，經2～3星期，則成爲第一段階，再過5～6日，成第二段階，再過10～12日，則成第三段階。

用楓接木時，在3～4月，用先年生枝，在露地接木時，癒合組織，差不多看不到，活着亦沒有。但在5～6月，用綠枝接木時，經5～6日，卽達第一段階，經過15～20日，卽達第二段階，經過25～30日，卽達第三段階了。

又在3～4月，用先年生枝，接木者，放置于25℃前後之房內時，比用綠枝接，要早3星期上下，卽進入第三段階。

如斯，癒合組織發達之速度，亦依樹種、接木部之年齡、環境條件，尤其依溫度等，而有種種之變化（表5-2，圖5‧10，11，12，13）。

內部癒合組織之發達，有如斯不平淡之經過，故接木之穗木的生

表5-2 癒合組織發達之速度（庵原，1963，1964）

接木法	植物名	接木時期	接木後之日數		
			第一段階	第二段階	第三段階
先年生枝	梨	三月下旬	14-21	21-28	35-42
綠枝	梨	五月中旬	3-4	5-6	10-12
	桃	〃	〃	〃	〃
	楓	六月下旬	5-6	15-20	25-30
	木蓮	七月上旬	5-6	10-15	20-25
	臘梅	六月上旬	8-10	15-20	25-30
	山茶茶椿	七月下旬	5-6	10-15	20-25
	茶梅	〃	〃	〃	〃

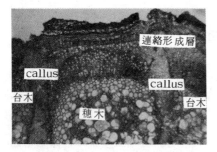

圖5·10 形成層之連絡（山茶茶椿，綠接枝，第25日）

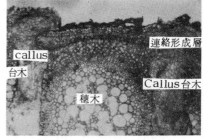

圖5·11 形成層之連絡（茶梅，綠枝接，第25日）

育，不一定能與此相平行。

　梨用先年之枝，接木時，穗木在接木後1～2星期之間，則開始伸長，到了第二段階前後，新梢則可生長至5～6公分之高，葉亦可展開5～6枚之多。

　第三段階，即在5～6星期後，長可達 20 公分，葉可達 10 枚

前後，幹之肥大生長，亦能
看出。

　　但用楓樹綠枝接時，內
部癒合組織之發達，如前所
述，縱急速進展，但穗之生
長遲，到了第三段階，新芽
僅達膨大的程度。

　　此種不同之情形，想為
由于穗木之內的狀態有差之
故。

　　西瓜等草本性植物接木
時，癒合組織之發達，最早
，一般在 48 小時以內，在
切斷面之維管束附近，細胞
則開始分裂，接木後，經3
～4日，砧木與穗木之接木
面，全面則為癒合組織所包
覆，不久，境界部之死細胞
層，則開始消滅。癒合早時
，到第五日前後，砧木與穗

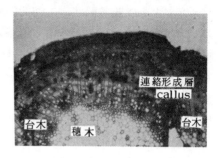

圖 5·12　形成層之連絡（楓，綠枝接
，第30日）

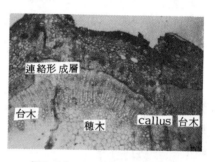

圖 5·13　形成層之連絡（白木蓮，
綠枝接，第20日）

木之維管束，則至于取得連絡了。但砧木與穗木，以癒合組織為
死細胞層，依部位不同，有殘留至很遲之事。

二、接木時養水分之移動

　　接木後，到活着為止，當癒合組織（Callus）被形成中，從台木
向穗木，有何種程度之養水分，被供給之事，對于考慮接木之活着，
復為使管理作業適切施行上，誠為重要之基本問題，但此種調查方法
，在技術上，由于甚難施行，故至今尚未完全詳細調查過。

　　著者，曾用放射性同位元素 P^{32} 為養水分之追踪材料，調查過接

木後之養水分吸收移動狀態之時間的變化。即用實生5年生之灌木野叢生山茶爲台木，接上錦佗助（山茶之一品種），每一星期，掘出少數，將根部浸漬于含有 P^{32} 之水耕液中。浸漬 48 小時後，切取砧木部與穗木部二部，分別燃燒之，由灰中所含之 P^{32} 之計數機之數，用比例地表現其大小之方法，比較了。又同時，用實生5年生之叢生山茶切短之苗木，做爲對照區，並將切取之穗木的吸收量用同樣之方法，合併調查了。

　　當然 P^{32} 之吸收量與水之吸收量之關係，水耕栽培與普通栽培之不同，磷酸吸收之季節的變化，及水耕液之 pH，濃度等，成爲問題的甚多，故其結果，即刻不能視爲與普通之狀態下接木者，與養水分之吸收狀態相同，但可視爲大致的標準。

1. 砧木之 P^{32} 吸收

　　山茶，依砧木之狀態，即在地上4～5公分處剪短時，P^{32} 之吸收，非常少，其含量，只有沒有剪短之苗木（對照區）之4～5%。又在此種剪短之砧木上，縱接上沒有芽，沒有葉，僅有軸之穗木，或接上有2～5枚之葉之穗木時，接木後，約經一星期，差不多，沒有變化（圖5·14）。

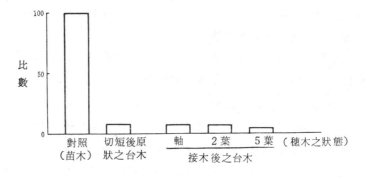

圖5·14　剪短直後台木（山茶茶椿）吸收之 P^{32}
（庵原，1966）

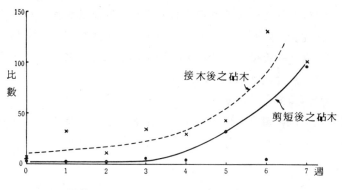

圖 5·15 接木後之砧木與剪短後之砧木之
P^{32} 的吸收量 (庵原,1966)

　　將剪短後之砧木,不接木,放任時, 3〜4星期間,差不多P^{32}之吸收量,沒有增加,到了第五星期,砧木潛伏芽之活動,肉眼能看出時,始至對照區之 30 ％的程度,到了第 7 星期時,台芽伸長至 3〜4公分,葉亦展開 2〜3 枚前後時,其吸收量則者對照區相同。

　　接木後之砧木,在接木當初,與沒有接木之砧木,爲同樣之程度,但隨癒合組織之形成,其含量則漸次增多,在三星期後,則成爲對照區之 40 ％的程度,經過第六星期,到了穗木開始伸長時,則比對照區還要多,將穗木接木時,癒合組織則顯示給與砧木之 P^{32} 的吸收,有很重要之影響。(圖 5·15)。

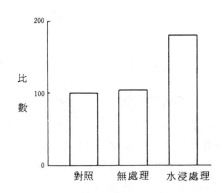

圖 5·16 切取直後穗木之 P^{32} 吸收
(庵原,1966)

2. 穗木之 P^{32} 吸收

採集山茶之枝，調整為穗木之狀態，分為浸水者，與不浸水者，及有根同大之對照區比較時，沒有浸水者，與有根之對照區，相同，但浸水者之吸收量比對照區，有近于對照區二倍之多（圖 5·16 ）。可知吸水能提高穗木之吸水力。

又將穗木分為僅有軸的，除葉僅芽的，制限芽及葉數的等區。就此等區，調查其 P^{32} 之吸水時，葉附着多者，壓倒的吸收量多（圖 5·17 ）。可知葉之有無，關係于穗木之吸收力甚大。

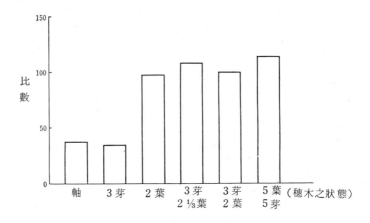

圖 5·17　　穗木之狀態與 P^{32} 之吸收（庵原，1966）

3. 由台木向穗木之 P^{32} 的移動

對于使之吸收 P^{32} 之台木，接上沒有吸收 P^{32} 之穗木後，移至于沒有含 P^{32} 之水耕液中，被吸收于台木之 P^{32} 的移動情形，曾被調查了（圖 5·18 ）。結果知道台木之 P^{32} ，雖能向穗木移動，但其量極微。

將接木後，被台木所吸收而上昇至穗木之 P^{32} 量，與沒有接木之吸收量，做為比較，曾經調查過，其結果則如圖（ 5·19 ）。即 P^{32}

在接木直後，當然沒有上昇，在接木後，經過一星期上下，差不多沒有上昇到穗木。從台木與穗木之癒合組織細胞，開始交錯之第二星期起，始被認爲有上昇之事。但縱到了癒合組織相當發達，連絡形成層，亦開始分化之第3～4星期，亦不過爲接木之對照區之 20 ％而已。

到完全活着，接穗之

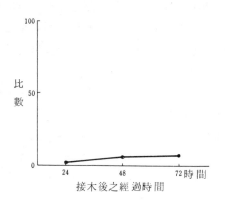

圖5‧18　從台木向穗木移動的 P^{32} 與
　　　　　經過時間（庵原，1966）

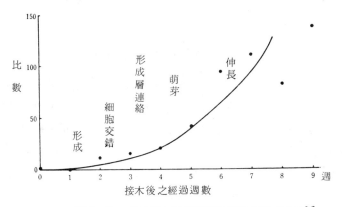

圖5‧19　接木後之經過時間與移動至穗木之 P^{32}
　　　　　（庵原，1966）

芽，伸長至2～3公分長之第6～7星期，始與對照區同量，或較此爲多。

如斯，在山茶，接木後，從第2～3星期起，始由根吸收，到穗木爲止，上昇養水分之量極少，再經3～4星期，到連絡形成層完成

了，也不過爲接木之對照區之 30 ～ 40 ％，故癒合組織，縱已順調
完成，在接木後6～7星期間，不可不注意管理，與以充分之濕度。
此種現象，即爲山茶接木被稱爲甚難之原因之一。

又四手井、岡田（ 1957 ）、吉川、眞鍋氏（ 1962 ）等，亦各
以赤松、黑松爲材料，用同樣之方法，調查過，而獲得略同的結果。

又廣野氏、吉川氏（ 1958 ）等，對于 Metasequoia（ 松科水杉
屬植物 ），接上 Metasequoia, Sequoia （赤杉屬）、 Sequoiaden-
dron （世界爺屬）、 Taxodium （二列葉水松）等六種之接穗，
用同樣之方法，調查過，並報告顯示台木與穗木之接木親和性之生長
量與 P^{32} 向穗木之移動量略等云。

從此等結果，可知穗木爲了生存，需要相當多之養水分，但上昇
到穗木之量，非常少。而其期間，相當長，縱在接木部之完全癒合後
，比尚未接木者，多未充分。因此，在接木後，在相當長之期間，不
使乾燥，在活着上，極爲重要。

第二節　接木活著之條件

所謂接木成功者，一定需要台木與穗木，活着生育，如以果實爲
目的接木者，不可不使結果作用；以花爲目的者，不可不使開花作用
，多年能繼續其作用。在此種情形下，台木與穗木之間，稱爲有接木
之親和性。

在接木不親和之中，有穗砧兩者完全不活着者，有一旦活着生長
了，但不久即枯死者，等種種的程度。

在兩者縱有接木親和性，但在活着上，亦有難易之分。在此，擬
就有接木親和性者，敍述其活着之條件。

接木活着時，在台木與穗木之接合面上，則形成癒合組織，但癒
合組織形成之第一步，爲傷面之癒傷組織，即癒合組織（ Callus)之形
成。

因此，關于有接木親和性之樹種，對于癒合組織之形成，尋出內

外的條件時，此即可以納入接木活着之條件。

　　從此種立場說，關于台木（砧木），穗木及環境等，主擬就楓、山茶等，加以敍述。

一、植物之種類、品種

　　縱爲具有接木親和性之台木與接穗，依種類、品種的不同，有接木容易活着的，有不易活着的，其原因之一，則由于植物之種類、品種、癒合組織之形成，有難易之故。

　　高馬氏（1951），當施行研究胡桃之接木時，將數種落葉果樹之插穗，于2月27日，插木于電熱溫床（濕度25℃，關係濕度90％，經過一個月，觀察癒合組織之形成狀態了。其結果，看到接木活着容易者，癒合組織，形成快而量多，比較活着難者，癒合速度慢而量少。故曾說：果樹依種類，其活着之難易與癒合組織形成作用之強弱之間，被認爲有密切之關係了。（表5-3）

表5-3　數種落葉果樹插枝之癒合組織形成量（高馬，1951）

調查日 3月	3	6	9	15	18	21	24	27
（國　光）	＋	＋＋	＋＋－	＋＋＋＋	＋＋＋＋	＋＋＋＋	＋＋＋＋－	＋＋＋＋－
（廿世紀）	－	＋－	＋＋－	＋＋＋＋	＋＋＋＋－	＋＋＋＋＋	＋＋＋＋＋－	＋＋＋＋＋＋
（銀　寄）	○	○	○	＋	＋＋＋	＋＋＋＋	＋＋＋＋－	＋＋＋＋＋
（蜂　屋）	○	○	－	－	＋＋－	＋＋＋	＋＋＋＋	＋＋＋＋－
點心核桃	○	○	○	－	－	＋	＋	＋－
鬼核桃	○	○	○	－	＋－	＋＋＋	＋＋＋	＋＋＋＋－

　　註：＋容易觀察可能，－極微量，○完全難認

　　如斯，在某種環境之下，癒合組織形成之難易，與接木活着之難易，是一致的。但可知依種類、品種，對于爲形成癒合組織之環境的要求，亦異。

表5-4　　溫度對于插木生根與癒合組織形成之影響

（鳥潟、土橋，1962）

溫度 \ 種類項目	葡萄 Neo Muscat				中國實櫻			
	根長	根重	callus 形成率	callus 重	根長	根重	callus 形成率	callus 重
10°C	0 cm	0 mg	0 %	0 mg	1.4 cm	5 mg	175 %	23 mg
15°C	0.7	34	100	38	15.6	104	75	20
20°C	11.8	142	100	274	6.4	26	42	10
25°C	31.4	293	100	223	8.2	48	42	8
30°C	5.2	28	80	498	0	0	0	0

註：各種供試數平均均爲1枝

　　溫度爲插木室之溫度

　　鳥潟氏、土橋氏（1962），曾將葡萄 Neo Muscat （新香）與中國實櫻，在種種之溫度下，施行插木，調查其生根與癒合組織形成之適溫，指出生根與癒合組織形成之適溫，依種類而異（如表5-4）。

　　又西匹氏（Shippy 1930），在同樣之條件下，觀察了數種苹果品種之癒合組織形成之狀態。並云：黃魁、狼河（Wolf River）、花嫁、倭錦等，形成早，紅玉、元帥、柳枝（Willow twig）等，比較遲，早者，結局形成量多。

　　如斯，可知在癒合作用之形成上，依樹種及品種，有難易遲速之分，又依其環境要素，各異，此事自與接木活着之難易，有相連的關係。

二、穗木

　　穗木，當接木時，由供給養水分之母株，被剪下，成爲數公分數公克之大，爲便接木活着，以被削爲平滑之切面，接觸于台木之切面，從此僅不過獲得微量養水分之補給。

　　穗木，在此種狀態下，形成接木癒合上必要之癒合組織，故穗木癒合組織形成之能力與形成癒合組織時必要之環境條件，爲能支配接木活着之成功與否之重要因素。在此種構想下，就穗木之癒合組織之形成，做了一次之調查，茲將其結果，敍述于次。

　　在比較癒合組織形成量之方法中，或測定其重量，或直徑，或用＋、○等之記號表示，有種種之方法，但在此，將穗木一端之片側，如圖 5·20，削之，削面在接于髓之部分，用手用檢鏡用薄切片切斷器，切成橫斷切片，測定削面之幅（ℓ）與被形成癒合組織斷面積（C_1，C_2），算出對于削面之幅 1 mm 所生癒合組織之面積 mm²，比較之（圖 5·20）。

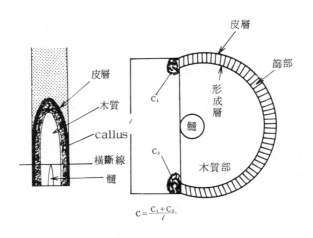

圖 5。20　癒合組織形成量之測定法

1．充實體

　　選擇穗木時，以避免弱枝、徒長枝，選擇健全，生育中庸充實之枝爲可。依所謂充實枝，與不充實之枝，在癒合組織形成能力上，到

底有何種程度之差異？伊
呂波紅葉（楓樹之品種），
從實生二年生苗之一定部
分採取４～５公分長之穗
木，將其一部與接木相同
，切削之，置于近于飽和
之高濕度，２５～３０℃之
定溫下，六日間，使之形
成癒合組織，觀察了。其
結果，則如圖５·２１及５·
２２之狀。

　　苗木之幹，平均一公
分之重量，愈重者，與平
均節間長愈短者，癒合組
織之形成則愈佳。

　　換言之，幹之平均一
公分之重量愈重者，或平
均節間長愈短者，若視爲
充實時，則充實之苗與不
充實之苗，其癒合組織形
成之能力，被認爲有相當
之差異。

2.　切削之部份

　　切削穗木之何部接木
時，最易形成癒合組織，
容易活着？在楓樹，爲先
年生枝之中央部，在山茶
從先年生枝之尖端，採取

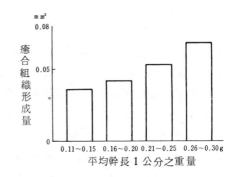

圖 5·21　楓樹苗木平均幹長一公分之重量
　　　　與癒合組織之形成量（庵原，1966）

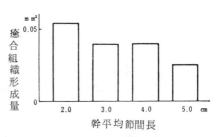

圖 5·22　楓苗木之平均節長與癒合組織形
　　　　成量（庵原，1966）

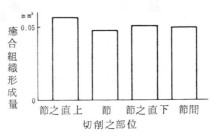

圖 5·23　楓之穗木切削部與癒合組織之
　　　　形成量　（庵原 1966）

各種穗木，並將節部、節間
等種種部分，切削之，使之
形成癒合組織觀察時，在楓
樹，無論為何部分，均能形
成癒合組織而無大差，但在
山茶，依切削之部分，在形
成癒合組織上，則有相當之
差異，在節之部分，特別呈
壓倒地量多（圖5‧23，24
）。

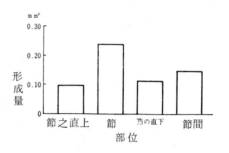

圖5‧24　形成量（庵原，1966）

此由于枝跡、葉跡之柔
細胞，均已參加癒合組織之
形成了（圖5‧25 ）。此與
將山茶接木時，挾着穗木最
下之芽，削去芽之一部的程
度，切削穗木，同時使砧木
之裂口，接觸于芽時，則易
活着之事實，甚為一致（圖
5‧26 ）。

3. 附着于穗木上之葉與芽之量

在常綠之山茶，從穗木
取去葉與芽時，癒合組織之
形成量，則減少。而且葉之
影響，比芽還大。但縱着生

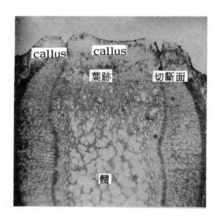

圖5‧25　由顯現于山茶穗木之切斷面
葉跡細胞形成之癒合組織

完全葉二枚，與附着縮小為$\frac{1}{3}$之葉一枚，其差異差不多沒有，如圖
5‧27 。因此，山茶施行接木時，以用有葉之穗木為有利。

楓樹行綠枝接木時，與山茶同，用有葉之接穗接木者，成績良

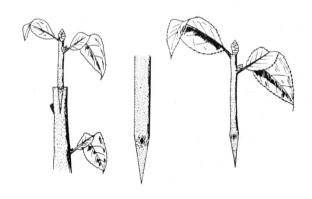

圖5·26　山茶之接木法

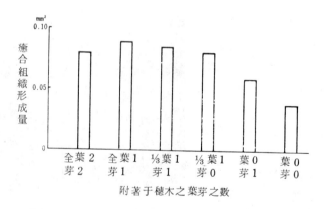

圖5·27　附著于山茶穗木之葉芽之數與癒合組織之形成量
（庵原，1966）

好。但活着率，雖無很大之差異，用生育中之先年生枝，爲接穗接木時，有葉與無葉，並無大差異（圖5·28）。

　　穗木之芽，對于癒合組織之形成，似乎沒有很大之影響，但對活着後之生育伸長，有重大的關係。故不能不選持有健全芽之穗木，乃當然之事。

4．組織之年齡

如在接木之癒合處所述，砧木與穗木之組織，愈年輕，癒合組織之細胞，不單從形成層之附近，從連木部、髓、皮層等種種之部位，亦能分裂發生，因此，形成之速度亦早而量多。

將楓樹之先年生枝，于休眠最深之一月採集，貯藏于冷藏庫，又在5〜6月，將生育中之先年生枝及新梢採集之，將此三種之枝，爲穗木，使之形成癒合組織，觀察了。

如斯觀察此等穗木之癒合組織形成量時，則可看到其間，有相當之差異。卽生育中之先年生枝癒合組織形成量，不到新梢及貯藏枝之形成量之½，（如圖5·29）。與癒合組織形成量之傾向，甚爲一致。

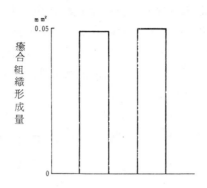

圖5。28　生育中之楓先年生穗木葉之有無與癒合組織之形成量（庵原，1966）

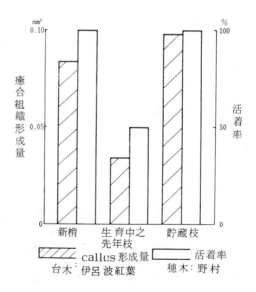

圖5·29　楓穗木之年齡與癒合組織形成量及接木活着率（庵原，1966）

新梢形成癒合組織甚佳而活着者，可以說是由于其組織甚幼之故。貯藏枝之場合，則由于貯藏于低溫下，其組織能保持採取時之一月前後之幼少狀態，而且爲休眠枝，故貯藏養分，甚爲充分之故。

生育中先年生之枝，癒合組織形成量少，活着率亦劣者，由于其芽，爲新梢之生長，體內之貯藏養分，消費太多，組織亦老化之故。要之，在楓樹時，新伸長之枝，由新梢之時代，到翌年萌芽前爲止，形成癒合組織佳，接木後，活着亦良。但從此以後，癒合組織形成量及活着率，似乎有低下之勢。

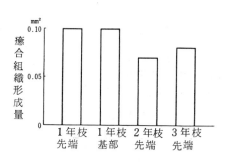

圖 5·30　山茶穗木之年齡與癒合組織之形成量（庵原，1966）

此種傾向，依樹種而異，例如以山茶爲例說時，用一年生枝，二年生枝及三年生枝，比較時，一年生枝，癒合組織形成量最多，二年生枝與三年生枝之差異，並不如楓樹之顯著（圖5·30 ）。

三、台木（或砧木）

台木與穗木不同，具有根部，故縱在地際處切短，少有卽刻枯死的，有萌出基部之芽，潛芽及不定芽之生長力。此種力量，對于癒合組織之形成，亦極有關係，一般只要有健全之砧木時，大抵均能形成癒合組織。但其生育狀態，有能相當于接木之活着的時候。松野氏及林氏（ 1957 ），當養成桃之砧木時，曾調查肥料要素之種類，對于芽接活着率之影響，結果知道Ｎ區（ 硫安 ）乃 NPK 混合區，活着率最佳，Ｐ區（ 過磷酸石灰 ），Ｋ區（ 硫酸鉀 ），無肥料區等，無論爲何區，其活着率均劣。

表 5-5　桃之台木施肥與芽接之活着率（松野，林，1957）

處 理 區	N區	P區	K區	N.P.K 區	無 肥 區
活着率%	89.6	70.7	74.2	93.5	76.7

並云：在接木前，施與N（氮），頗爲有利（表5-5）。

即就台木說時，充實之砧木，活着率高。

又如楓樹，依接木部位、組織之年齡及季節之生育狀態，在癒合組織形成之能力上，亦有差異甚大之種類（圖5·29）。

關于此種楓樹，在台木組織老之部位，想要接木時，當休眠期中，溫度，保持 25 ℃，關係濕度保持飽和狀態，施行接木時，活着則良。但在生育期間中，縱施行環境之調節，其活着率亦低。

如斯台木，選擇充實健全者，接木時，自佳，但依季節，亦有不能不考慮接木之部位的。

四、環境

到現在爲止，關于接木之環境條件，除了一部外（核桃，高馬，1956），僅不過考慮到將台木之萌芽狀態等與季節之關係而已。多半依經驗所得的適期施行接木。遇到活着難時，則視爲活着困難之物，用呼接，寄接或用變更時期之芽接等法，施行接木。但已如前述，接木活着第一步，爲台木與穗木之癒合組織之形成，其癒合組織之形成，已如多數研究者所指摘，癒合組織之形成，支配于溫度及關係濕度等之環境條件，故接木之活着與否，亦同樣支配于環境之條件。

在環境條件內，接木技術上，影響最大者，爲溫度與關係濕度。

1.　溫度

溫度爲影響于癒合組織最大要因之一。西匹氏（Shippy，1930），曾將含有適當水分之泥岩沼（peat-moss）與苹果之穗木，放入試驗管中，將此放于種種之溫度下，調查癒合組織的形成情形，結果知道癒合組織，在5℃以下時，縱經過四十三日，亦未能形成。在

35°C時，癒合組織則急速形成了，但不久則發生障害。在40℃時，組織則枯死，而生黴，癒合組織，則未能形成。並云：苹果的場合，如欲接木之長期間之癒合組織形成，溫度以在20℃以下爲適宜（圖5·31 ）。

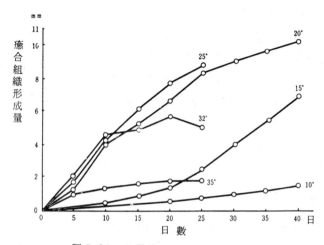

圖 5。31　苹果穗木之癒合組織形成量與溫度
（ Shippy，1930 ）

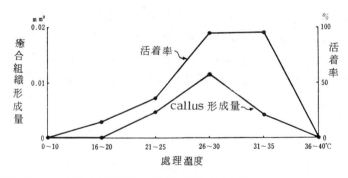

圖 5·32　溫度對于山茶穗木之癒合組織形成量與接木癒合組織發達之影響
台木：叢生山茶　穗木：錦詫助山茶（庵原，1966）

就山茶與楓說，若將其穗木，在飽和狀態之高濕度下，放置于種種之溫度下，6日間，調查各各之癒合組織形成量，同時，將接木之苗，在同樣之條件下，放置三星期，調查接木之癒合組織發達狀態時

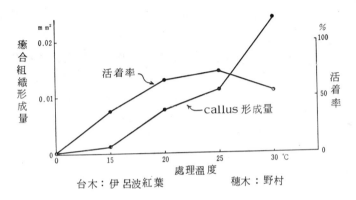

台木：伊呂波紅葉　　穗木：野村

圖5‧33　溫度對于楓之穗木癒合組織形成量與接木癒
　　　　合組織發達之影響（庵原，1966）

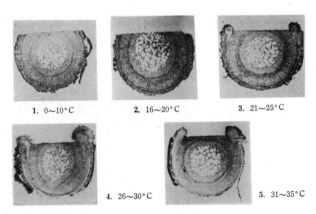

1. 0~10°C　　2. 16~20°C　　3. 21~25°C

4. 26~30°C　　5. 31~35°C

圖5‧34　溫度對于山茶穗木癒合組織形成之影響（第6日）

，其結果，則如（圖 5·32、33、34 ）。

關于癒合組織之形成，不論爲楓樹或山茶，其最適之溫度，約爲 30 °C。但楓樹之 30 °C，爲西匹氏（ Shippy, 1930 ）所說的。在此種溫度下，癒合組織，雖被急速形成了，但不久，即成爲引起障害之溫度，對于需要長期間之癒合，不能認爲適宜之溫度。若從全體觀察時，楓樹比山茶，縱在較低之溫度下，亦能充分形成癒合組織。

癒合組織發達之程度，以達到第三段階者，則視爲活着，用百分比表示了，但其活着率則略與癒合組織之形成量，呈同樣程度之傾向。又山茶在 31～35 °C下，癒合組織之形成量與活着率之關係，並不一致者，即由于癒合組織形成時，被雜菌污染甚烈，但接木時，偶而由于雜菌之污染甚少，而此種溫度，對于山茶之接木癒合，不能視爲溫度適宜之故。

綜合此等各點，考慮時，爲需要長期間之接木癒合，楓樹以 20～25 °C爲適溫，山茶則以 25～30 °C爲適溫。如斯，可知在癒合組織形成時，有適溫，同時在接木癒合組織發達時，亦有適溫，而且依樹種，其各個之適溫則異。

楓樹、山茶等，儘管有接木親和之關係，一般被視接木困難之植物原因之一，我想是由于以前之接木時期，溫度過低之故。

2. 關係濕度

關係濕度，亦與溫度同，做爲形成癒合組織時之環境條件，同屬于重要條件之一。

西匹氏（ Shippy, 1930 ），使用種種鹽類，調節關係濕度，成爲種種之狀態，在此環境下，觀察苹果枝條形成癒合狀態了。其結果，癒合組織，在關係濕度 95～100 ％之狀態下，形成最佳，而隨關係濕度之低下，其形成量亦減。在 56 ％之下時，則至于被妨礙了。並看到水成爲直接層，包覆材料者，比單在濕氣中，癒合組織形成較佳（如表 5-6 ）。

表 5-6　　關係濕度對于苹果穗木癒合組織形成之影響

(Shippy，1930)

調節關係濕度之鹽類	關係濕度（％）	癒合組織形成狀態
$Ca(NO_3)_2 \cdot 4H_2O$	56	○
$NaNO_2$	66	＋
NH_2Cl	79	＋
$(NH_4)_2SO_4$	81	＋＋
$ZnSO_4 \cdot 7H_2O$	90	＋＋
$Na_2HPO_4 \cdot 12H_2O$	95	＋＋＋
$H_2C_2O_4 \cdot 2H_2O$	96	＋＋＋
$CaSO_4 \cdot 2H_2O$	98	＋＋＋
Water	100	＋＋＋

註：○…無形成，＋…痕跡程度，＋＋…稍多，＋＋＋…最多。

3．其他

溫度與關係濕度之外，想到的影響于癒合組織之環境要素，尚有光、氧素、黴等。直射日光，對于癒合組織之形成，有害（據廣瀨氏，1941 ），反以在黑暗之中，容易形成。接木的時候，常將接木部縛之，或加以被覆，或埋于土中，以遮斷光線，故在實際上，沒有充分考慮光的必要。

關于氧氣，西匹氏（Shippy，1930 ），曾報告云：空氣中之氧素，不論在 12 ％以下或 20 ％以上，均能妨礙癒合組織之形成。又 CO_2（二氧化碳）增多時，癒合組織之形成，亦能被妨礙。但在接木時，縱將接木部，用沒有通氣性之塑膠帶縛之，或用接蠟或石蠟將接木部包覆，亦未發生障害，故在實際上，亦未有充分考慮氧氣的必要。

適于癒合組織之形成與發達的良好環境，即為適于黴類與雜菌繁殖之環境。因此不能不注意防止此等微生物之繁殖，乃當然之事。

　　如以上所述，環境條件，尤其溫度與關係濕度，對于接木癒合組織之發生，保有非常重要之影響。

　　佐藤氏（1960年），在日本北海道，使用數種林木，將多季在溫室接木的，與從春到夏，在圃場施行接木的，做了一種比較試驗。

　　今將其結果之一部表示時，則如圖5·35，縱用同樣之方法，在溫室接木者，其活着率，則非常良好。

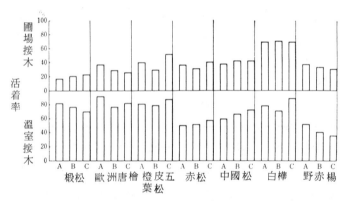

A：割接　　B：腹接　　C：削接　　各90本（佐藤，1960）

圖5·35　　溫室與圃場接木法之活著成績

　　佐藤氏並云：此事由于台木、穗木之生育狀態，亦有影響，但在溫室，能人工地，在某種程度，支配其環境條件，而在圃場時，則為其環境條件，支配于天候，遭遇不適當的環境之故。關于依以前之接木法，活着不良者，我想從同樣之立場，有再檢討之必要。

五、季節

　　接木之時期，依樹種與地方而異，但自古以來，一般以春初砧木之芽，開始萌動之時期起，實施接木，則被視為一種之常識。在事實上，到今天為止，從多數人之經驗與發表之成績觀察時，此時期，亦爲接木最易之時期。

　　但此，已如前反覆所述，此爲自然環境下，接木之適期，若考慮調節爲瘉合之環境條件時，依別的立場，自可選擇接木之其他適期。

　　在此，從此種立場，關于接木之時期，擬加以敍述。

1. 砧木（台木）

　　如前所述，除了特別的場合，砧木爲施行接木，被剪短，能以自力生活，維持其生育伸長，因此，砧木不論爲何季節，縱被接木，亦有形成瘉合組織之力。在事實上，將楓樹或山茶，在各種季節，施行接木，觀察時，只要能置于好適之環境下時，僅有砧木，能形成相當量之瘉合組織。但在楓樹時，在生育期間，接木于二年生以上之老部時，其瘉合組織之形成則不充分。但在此種場合，若接木于當年生之部分時，瘉合組織，亦能形成，接木可以成功。又縱在二年生以上之部分，若爲休眠期間中時，則亦能充分形成瘉合組織。

　　如斯，關于砧木，可以視爲沒有特別被限定之接木的季節。

2. 穗木

　　穗木爲從母株切下之枝的一部分，其本身並無生存之力。因此，對于瘉合組織形成之內在的條件如何，對于瘉合作用，能敏感地發生作用。

　　將楓樹當年生能使用之新梢，從五月起，每月，將本年生枝、生育中之先年生枝及貯存之先年生枝，接木于與穗木同年齡之砧木部分時，其活着率，則如表 5-7。

表 5-7　調節環境條件接木後之楓樹穗木之種類及季節與活着率（％）　　　　　（庵原氏，1966）

接木之時期 穗木之種類	5月	6月	7月	8月	9月	10月	11月	12月	1月	2月	3月	4月
今年生枝	100	100	80	—	100	100	100	100	80	80	100	90
生育中之去年生枝	50	50	70	50	50	60	70	8				
貯藏枝	100	100	80									

註：砧木…伊呂波紅葉，穗木…野村

即使用今年生枝時，從綠枝之時候起，到翌年該枝萌芽爲止，不論何月，均能充分活着。但在 8 月，接木室之室溫，超過 30 °C，穗木之受傷與雜菌之繁殖甚烈，故被除去了。

先年生枝的場合，成育中，約有 50 ％之活着率，到了十一月，十二月時，活着率則稍高。與此同，將同年次之枝，于休眠期之嚴寒期，採下，貯藏于 5 °C之冷藏庫中者，活着則甚佳。

從此種結果，就新生之枝說時，從新梢起，到翌年萌芽爲止，活着良好，但萌芽後，活着則困難。卽由于有季節關係之故。但人爲的，依貯藏穗木接木時，能使之同年成功。換言之，可以說沒有接木之季節。

在山茶的場合，從新梢稍堅硬之六月下旬起，採取做爲穗木，行接木時，到翌年二月爲止，活着甚良，但從其芽開始活動時之翌年三月起，到該新梢堅固之六月前後，爲止，活着則非常困難。但在春季，將沒有萌芽伸長之希望之懷枝，做爲穗木時，縱在該年之 3 月～6 月之間，活着甚良。換言之，與楓樹相同，亦可以說沒有接木之季節（表5-8）。

表5-8　調節環境條件接木的山茶穗木之種類及季節與活着率　　　　　　　　　（庵原氏，1966）

穗木之種類 接木之時期	6月	7月	8月	9月	10月	11月	12月	1月	2月	3月	4月	5月
今年生枝	90	90	93	90	100	100	91	100	90	37	34	0
懷枝										100	100	100

此等事情，依萌芽、伸長等穗木內部之生理變化，被認爲對于穗木之癒合組織形成有影響。是由于體內成分之變化？或基于生長荷爾蒙之變化？在現在尚未明白。但在楓樹、山茶縱兩者接木活着之點說，依穗木、台木之選擇及環境條件的調節，就中有充分考慮接木季節的必要。

　　但從接木苗之生產立場說，施行接木之季節，愈遲，苗木年內之
生長，則愈少，故不可不從此立場，考慮接木之季節。

第三節　接木技術

　　據菊池氏（1953）云：接木從有史以前，已經被施行了，其起
源完全不明。其方法與樣式，依經驗，被種種地考慮，有多種多樣。
都因氏（Touin, 1810～1811），曾說明119種之方法與樣式，諾塞
特氏（Noisette 1926），曾舉出有137種方法，加納氏（Garner,
1958）之 "The Grafters Hand book" 書中，亦列舉有 70 種之方法
。此等方法樣式，主依樹種、氣候、風土及接木之目的等，想出之方
法，但其成為主體之方法，則為枝接與芽接。

　　做為接木之技術，除了此等方法樣式外，為穗之削法，砧木之切
法及束縛方法等之接木操作上之技術；接木後之調節環境條件之管理
技術及考慮台木、穗木之生育狀態，接木時期的選擇等。

　　在此，擬以剛述之事項為基礎，以穗木之選擇與管理技術為中心
，敍述2～3之接木方法。

一、綠枝接木

　　綠枝接，為使依以前之接木法不易活着之接木活着，想出之接木
方法。即在剛伸長之新梢上，接上同樣伸長之新梢，不使乾燥，用塑
膠布包覆，為極為簡單之方法。

　　新梢組織柔軟，極易切削，縱無經驗之人，施行接木，亦易活着
。並可在苗床，行大量之接木，故不論為普通之人，或為專門家，均
能利用之接木方法，做繁殖作物之用。

1. 砧木

　　台木只要是普通一年生以上之樹，落葉時，在春季于地際處，將
苗木剪短，盡量使新梢從地際處萌出。在山茶等常綠樹木，做為砧木
者，用主軸之新梢亦可，用枝尖之新梢亦可。又落葉樹及常綠樹，均

可用當年生之枝，做爲台木。

2．穗木

　　穗木，當接木時，以採取充實之新梢爲最佳，但需要注意，勿使折斷，勿使蒸散萎枯，放入于塑膠紙袋，給與充分之濕氣，數日貯藏之，運送之，亦能充分活着。一般以帶 2～3 葉剪短，做爲穗木，但穗木之葉，以不除去者，成績較優。

　　勿論用新梢之何部，均能同樣活着，但在山茶、楓樹、梅、桃等，以用伸長剛停止伸長之新梢，成績較佳。伸長中之新梢，若用尖端部接木時，活着率，似乎惡劣。但將木槿屬植物等，在溫室內，接木時，將伸長中之尖端部，做爲接穗接木時，則能不停止而繼續伸長。

3．接木操作

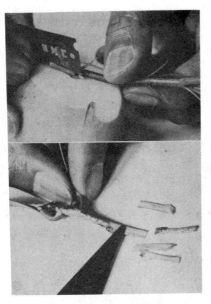 

圖 5‧36　穗木之削法　　　　　　　　圖 5‧37　傷口之癒合
上：如木槿之柔軟穗木，可在馬鈴薯上切削之。
下：削面之中央部，需成直線的削平，不可削窪。

　　砧木之新梢，可留基部之1～2葉，切斷，削爲平滑，其次用安全剃刀之刀片，如割接之狀，從中央部削入，約1.5公分長，此時，若將割口之末端與穗木之節或芽相接時，成績則較佳。

　　穗之基部，削爲2公分長之鍥形。如木槿層之穗木柔軟者，在馬鈴薯上切削時，最易切削（圖5・36上）。

　　削面之中央部，不可窪下，需削平，甚爲重要（圖5・36下）。

　　此種將鍥形之部分，插入砧木之裂口內，使兩方之形成層相合，若砧木與穗木之大小不一時，則可使一方之形成層相合，甚爲重要。此時穗木之外緣，比砧木之外緣，稍外出時，兩方之形成層，則能充分吻合。穗木之鍥形部，需充分插入台木之裂口，但穗木之開始切削之部，比砧木之切口，稍高出 5 mm 程度時，將穗木稍長削時，以後判定活着與否，則甚便利。換言之，接木經過1～2星期後，穗木之傷口稍高部，若以肉眼能看出之癒合組織時，即可判定其活着了。

　　又穗木此部之癒合組織，與砧木切口之癒合組織接觸成一體，則可使傷口早日癒合（圖5・37，38）。

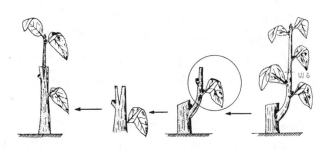

圖5・38　綠枝接木之順序

　　又削切台木時，若將形成層相合之側，稍斜削時，則可使癒合早日完成。

　　其次相接部，不可使之動搖，用塑膠袋或毛線縛之。又若用蔬菜接木用之卷帶（ wrap band ） （ 茄科蔬菜用 ）時，操作簡單而便利。
又用仙人掌之刺針，插入相接部，以防止動搖亦可。

圖 5‧39　　綠枝接木之束縛與防止動搖

4.　管理

　　綠枝接木活養之良否，支配于管理之技術，其管理技術，比接木
操作之技術更爲重要。其管理之要點，爲溫度與關係濕度之調節，關
于活着，日光並不需要。如前所述，癒合組織，在關係濕度 100％之
環境下，形成甚佳。又剛施行過接木之時，由台木向穗木移動之養水
分量極少，就中用新梢接木時，穗木則極易萎枯。故關係濕度之保持
，極爲重要，但其方法，甚爲簡單。即當接木完後，須注意灌水于株
間，若在花盆中接木時，每盆須施行灌水，若在苗床接木時，每床灌
水後，可用拱門式，以塑膠布覆蓋密閉之（ 圖 5‧40 ），以防止乾燥
。

　　如斯管理時，就這樣，到綠枝接木之癒合組織完成爲止，在 2 ～
3 星期之間，其內部濕度，則能保持充分必要之濕度。但在花盆接木
時，若用口徑 20 公分以下之花盆，而培養土含有機物少許，則易乾
燥，故每星期，有灌水一次之必要。

圖5・40　綠枝接木之被覆

　　綠枝接木之時期，此時氣溫，則相當高，而又在密閉下栽植，故對于癒合組織之形成上，必需之溫度，在自然狀態下，極易保持。

　　在密閉狀態下，若受到直射日光時，內部之溫度，則易過度上昇，故有蓋覆竹簾等物，以遮斷一部日光之必要。

　　在露地之苗床接木時，大抵在五月用竹簾一枝，6月密閉之期間中，若在玻璃室內時，約需一星期，即可。但在露地，在活着早之梨、桃等，約需 10 日上下，在活着慢之楓樹、山茶、素心臘梅，約需2〜3星期，即可。若密閉過長，在必需以上時，黴等微生物，則易繁殖而爲害。密閉期間終了時，則將簾之兩端揭開，使之習慣于乾燥，經過10〜20日上下時，則將塑膠布等覆蓋物取去。山茶的場合，爲使之適于乾燥期間，更需多費2〜3星期爲佳。

　　遮斷日光之葦簾等物，恰當盛夏之時，故需在2〜3星期內，取去，徐徐使之慣于日光爲安全。

　　綠枝接木，癒合組織之形成及活着後之伸長肥大，比以後一般所

(1) 5 月上旬蓋葦簾 1 枚　(2) 6 月中旬蓋葦簾 2 枚　(3) 7 月中旬蓋葦簾 3 枚

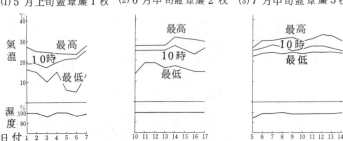

圖5‧41　　塑膠布室內之氣象（ 1958 ）

行之接木，甚早，若用毛線或塑膠帶，捆縛時，若不早日解除時，其纏縛材料，則易嵌入于木部內。大概當癒合組織完成前後，卽經過2～3星期時，以取去爲可。又砧木之芽，亦易伸長，宜注意隨時除去，甚爲重要。

5. 綠枝接木之特徵

綠枝接木之接木操作，與管理技術，非常簡單，爲誰都能做之操作。而且在有接木親和性之樹種時，並能適于任何樹種，就中到現在爲止，被視爲接木困難之山茶、楓、白木蓮、素心臘梅等，用綠

圖5‧42　　接木于當年生台木之桃
　　　　　台木：桃實生
　　　　　穗木……白鳳（接木之年之秋季）

枝接木時，亦能充分活着。

　　爲使用伸長中之新梢接木，故無早日採取接穗貯藏之必要。春季開花之花木，在觀賞花後，均能施行接木。又在新梢之生育中，無論何時，均可接木，故接木時期甚長。例如楓，從 5 月下旬起，到七月下旬爲止之兩個月，山茶從 6 月下旬起到八月下旬爲止之兩個月，縱在露地，亦能充分接木。但爲使活着之苗，在年內充分生長時，則以盡量早日施行接木爲有利。

　　對于當年之實生苗，亦能接木，故育苗期間，有縮短爲一年之可能。例如在先年秋季播種之桃，在伸長至 10 ～ 15 公分高時，接上白鳳品種時，在該年之秋季，可成爲超過一公尺高之良苗（圖 5‧42 ）。

二、山茶、楓樹等之接木

　　山茶及楓樹，在日本，自古即爲一般所重視之花木，其品種數亦相當多，其繁殖之方法，主用接木繁殖，但若用普通之枝接法接木時，活着不易之品種甚多。在種種考慮後，則想出呼接、寄接、山茶之瓶接（ Bottle grafting ）及保育式種子接木（ Seed grafting ）等之方法。

　　但若在有接木親和性之品種時，詳細調查接木之活着條件，使之合于接木之條件接木時，縱用普通之枝接法接木，亦應能充分活着。從此種立場調查觀察時，依以前之接木法，不能活着者，爲由于癒合組織形成之溫度與關係濕度不充分，爲其最大之原因。其基礎的事項，已于「接木活着之條件」之項下，詳細說明了。故在此，僅將具體的方法，加以敍述。此種方法，在山茶、楓樹以外之被認爲接木困難之樹種，亦可應用。

　　其要點，即爲調查台木、穗木之選擇與環境條件之管理技術。

1. 砧木

　　台木首需與穗木，要有接木親和性，並需健全，不待贅述。

　　山茶，從實生 2～3 年生之幼樹起，到 10 年生以上之老樹爲止，均可供砧木之用。又在相當老之部分，施行接木，亦能充分活着。若爲經年累月，根部充分發達之樹時，比根伸長少之幼樹，活着後之穗木生育，似乎更爲良好。

在楓樹，台木之年齡，縱老亦可，但接木之部分，盡量宜使之年齡相近爲可，即使用一年生之部分較爲適宜。但若非老部不可時，則不可不避免生育期接木，可在休眠期，加溫接之。

2. 穗木

穗木以用芽健全充實之一年生枝爲可。

山茶，從新梢堅實時期起，到翌春芽發動直前爲止，無論何時，均能充分活着。春季萌芽伸長中之枝，活着甚難。在 3～4 月前後，萌芽之狀態，尚未爲肉眼所確認，但其內部，已經開始萌芽了。將此種枝條，做爲穗木、接木時，當癒合組織，尚未能形成中，穗木之芽，則開始伸長，在此種情形下，多不能活着。故在二月末以前接木者，最爲安全。若不得已，從三月中旬，到新梢堅固之六月爲止，不能不施行接木時，可從母株腹部，將保有當年不能發芽之芽之枝，做爲接穗，接木爲可。

山茶形成癒合組織，需要三星期之久，其後馴化時，亦需三星期，合計約需 6～7 星期後，始爲安全。但接木直後，遇到嚴寒，甚爲不利，故接木時期之選定及馴化後之環境，則不能不預先考慮。

楓樹，從新梢硬化之 5 月下旬前後起，到翌年萌芽爲止，無論何時，採取穗木，接木，均能充分活着。但考慮接木後苗木之生長時，將穗木在嚴寒期採取，爲使其不乾燥，放入于噴霧之塑膠袋中，貯藏于冷藏庫之中，到春季，施行接木，似乎最佳。

在普通之電氣冷藏庫 5℃ 之溫度下，貯藏之先年生枝，到七月爲止，充分可供接木用之穗木。此種穗木，若不能準備時，在 5～6 月，以採取綠枝接木爲可。

夏季以後，施行接木時，雖能活着，但因年內之生育期間短，不能成爲優良之苗木，故須避免接木。

3．接木操作之管理

接木方法，無論用何種方法均可，但在山茶或楓樹，以用劈接爲最易而簡單。最重要之事，爲如以前曾數次所述過，爲環境條件之調節。卽在山茶，需要維持 25〜30 ℃之溫度，在楓樹，需要維持 20〜25 ℃之溫度與飽和狀態之濕度，約三星期之久。就中，在最初 7 日〜 10 日間之維持溫度與濕度，極爲重要。

關係濕度與綠枝接木，用同樣之方法，能充分保持。溫度，沒有比利用溫室再好的，但依接木季節，也有利用太陽熱及溫床等保持的時候。若在寒冷之期間時，在木框內，上蓋以塑膠布，使用發熱電球與金屬溫度計（Bimatel）時，則容易獲得必要之溫度。此種時候，砧木需預先在一個月前，移植于花盆內，較爲安全。

依這樣之接木法，將楓、白木蓮、梅、桃等之貯藏枝，用爲穗木，曾接木過，

1.楓（台木：伊呂波紅葉　穗木：野村）

2.白木蓮：（台木：辛夷　穗木：白木蓮）

3.梅（台木：野梅　穗木：紅梅）

圖 5．43　調節環境條件活着之樹種（1 − 5）（第 4 − 5 圖見續頁）

但無論何種種類，均活着了
（圖5‧43，1～5）。

三、瓜類之呼接法

　　草本作物，施行接木繁殖的亦多。近年，尤其在果菜類，爲避免依連作之病理的障害，或爲提高不時栽培之環境適應性，施行接木繁殖者，甚多。

　　草本作物之接木，關于其癒合經過與活着條件之基本的原理，與木本作物的場合，雖無大差，但其組織，比樹木之綠枝接木，更爲柔軟，柔細胞多，在癒合組織容易生成之反面，對于環境，甚爲敏感，容易受到其影響，並容易受到病害之侵害。故在黃瓜、西瓜等，用以前所行之劈接、或挿接法時，需要高度之技術與集約的管理，因此，在實際栽培上，草本作物之接木栽培，僅限于一部之人士而已。但最近，日本千葉農試之石橋技師與奈良農試之藤本技師，所倡導之瓜類呼接法，甚爲

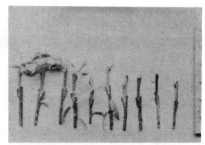

4.桃（台木：野桃　穗木：垂枝桃）

5.垂枝槐

（台木：槐樹　　穗木：垂枝槐）

簡單而安全，不論爲誰，均能實用，爲一種優良之方法，故擬將此

表 5-9　瓜類台木之特性一覽（石橋，1961）

項目	耐病害蟲性 蔓裂病	耐病害蟲性 炭疽病	耐病害蟲性 瓜蠅之幼蟲	耐低溫性	發育	耐移植性	對子品質之影響	活着之難易	養成之難易	備考
扁瓠	強	成病為源	稍	稍弱	稍弱	稍弱	易	最少	稍	發芽不齊以自家採種為宜
冬瓜	？	？	？	弱	弱	強	同上	同上	同上	發芽需要高溫
日本南瓜	強	不成病為原	強	稍強	稍旺	稍強	稍多	稍	易	
洋南瓜	同上	同上	同上	最強	稍弱	最弱	少	稍	〃	
雜種南瓜	同上	同上	同上	強	旺盛	稍弱	同上	稍	〃	種子價高
抬坡南瓜	？	同上	同上	最強	同上	最弱	同上	易	〃	

等諸氏之研究結果，加以介紹。

1. 砧木與穗木

在西瓜、黃瓜及網瓜（西洋甜瓜）等之台木中，有扁瓠、南瓜等，被使用過，但此等台木中，關于接木活着之良否、耐病性、低溫伸長性、生產力等，各有各的特徵，故宜依栽培之穗木種類、品種、栽培目的等，不可不選擇適宜之砧木（表5-9）。

a　西瓜之台木　在親和性上，以扁瓠爲佳。印度扁瓠，雖在低溫之環境下，亦能充分伸長，但軸細，有不易接木之缺點。

日本扁瓠，對于蔓裂病，抵抗性強，但依系統有草勢過強的。南瓜一般草勢弱，有收穫量少之傾向，但雜種南瓜之新土佐，爲比較安全之品種。

表5-10　西瓜接木台木之種類與接木西瓜之草勢
（藤本，1965）

台木一種類	同品種	接木西瓜之草勢	收　量	
			個　數	重　量
扁　瓠	印度系-1	最　強	12 個	29.3 kg
	2	中	13	32.4
	3	強	13	33.5
	4	稍　強	14	35.3
	5	同　上	13	32.2
	6	強	12	30.2
	7	稍　強	11	36.7
	8	最　強	9	25.3
	大圓系	強	9	33.9
	F1	同　上	8	23.4
	瑞士系	同　上	12	25.9

南 瓜	縮 緬	弱	3	7.1
	新土佐	稍 弱	10	15.1
	錦甘露	弱	4	9.5

註：西瓜品種爲旭大和，平均1區一千株。

b 黃瓜、甜瓜 蔓裂病抵抗性，低溫伸長性，均佳之砧木，爲如新土佐之雜種南瓜。日本南瓜，在此等點稍劣，但耐移植，而種子價亦廉，容易買到。

呼接，爲將台木與穗木之莖軸，斜斜刻入，使兩方之刻傷部嚙合，故莖軸若不肥大時，則有折斷之虞。台木之南瓜與扁瓠，從發芽之當初起，莖軸甚大，但穗木之西瓜與瓜類，一般在發芽當初軸細，故有特別育成軸大之苗的必要。爲此，與以前之方法，相反，早將穗木之種子早播，延長育苗之期間，俟本葉第一葉，呈半開的程度，然後用此爲穗木。此時，播種若太深，覆土太厚時，則易徒長，故宜疏播或在發芽後，以4～5公分之間隔移植之，養成軸大之穗木。

舉一播種期之實例說明時，則如圖5·44。

在7～8月前後，氣溫高，穗木之生育亦早，在同時播種，似乎

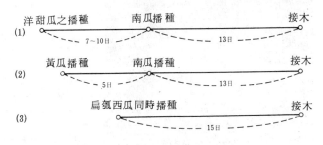

圖5.44 台木與穗木之播種期
（石橋，1965）

亦可。

又台木與穗木之軸長，若差異太大時，接木則難順利接活，故盡量育成同長之穗砧，亦甚重要。

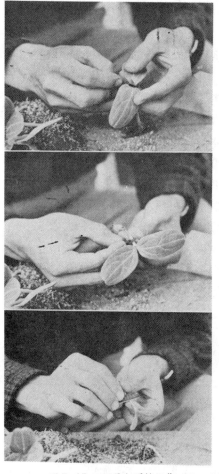

1.除去台木之芽

2.將台木之軸，在子葉之直下斜斜切下

3.將穗木之軸向上斜切

圖 5‧45　西瓜之呼接操作（1－8）

（第 4－8 圖見續頁）

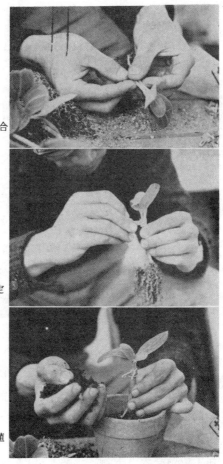

4.將台軸與穗軸之切口嚙合

5.將接木部用接木夾固定

6.將接木苗栽植

2．接木操作

　台木與穗木，無論在軸之何部分，接木對于活着率，雖無影響，

7.切取穗軸

8.生長後之接木苗

但穗木在中央部以下之部分，接木時，由接木部之上部，則易伸長，依自身之體重，則易垂下，或在接木部，則易折斷，或在管理上不便。若在軸之最上部，即子葉之基部接木時，穗軸則在接木部之下，伸長，故決無此種事情發生，又以後將穗木從根部切斷時，作業則容易而便利。故將台木近于軸之上部，以45°之角度，向下切爲銳角狀，，穗木亦以同樣之角度向上切入。同時，在斜面上用安全剃刀之刀片，以切入達到軸大之一半深程度爲可，切入淺時，兩者之相接部則小，活着率則劣，故宜盡量使相接部切入深者爲可。

其次將此種刻口，使穗砧互相嚙合，並用接木夾，或薄鉛板，束縛材料，固定之。用接木夾時，能率佳，活着率亦高，但以後，則不能不取去。若用鉛板或色帶縛束時，則無取去之必要，但束縛之緊度，甚難，有先練習之必要。

接木操作終止時，以後爲切離穗軸的方便，宜盡量使台木與穗木之軸離開栽植之（圖5·45，1-8）。

3. 管理

接木後之管理，兩者生有根，故極爲簡單，比普通育苗之移植管理，稍加細心卽可。卽從接木後之翌日起，使之沐浴日光，並使之換氣，若開始有萎凋之狀態時，則蓋覆竹簾等物，同時中止換氣。回復時，再使之沐浴日光而行換氣。經過2～3日時，則不萎凋了，故以後，則用普通一般之育苗管理法管理卽可。

接木後，經過10日上下時，則切去穗軸之下部。此時，可先切去4～5個試試，若不萎凋時，則將全部之穗軸切去之，若有萎凋之情形發生時，則再待2～3日切去之（表5-11）。

表5-11 切去穗軸之時期與活着率（石橋，1965）

項目＼切去時期	三 日 後	六 日 後	九 日 後	十二日後
接木株數	100	100	100	100
活着率	49％	76	92	91
活着苗之發育 ｛株高	13.2cm	24.4	31.9	27.1
｛葉數	3.4枚	4.6	5.3	4.5

註：接木後第26日之調查

切去穗軸之時刻，以黃昏時爲宜，萬一切去後，萎凋的多時，可施灌水與遮光，恢復時，再使之浴光，將接木直後之管理，反覆行之卽可。切去時，最好在接木部直下切去爲宜。在近于土壤部切去時，由切口，往往有生根之事發生。又在切去後，切口與接口接觸時，再有癒合之事發生，故切去適當長之穗軸，甚爲重要。切去時，經過五日前後時，可將接木夾除去。

又將穗軸不切，定植時，發育與收穫，雖早，蔓裂病之抵抗性，似乎則完全至于消滅了（表5-12）。

表 5-12　切去穗軸之接木苗與不切去穗軸之接木苗之蔓裂
病抵抗性　　　　（石橋，1965）

試　　驗　　區	定植株數	依蔓裂病枯死數	同　　率
切去穗軸之接木苗	41　株	0	0%
不切去穗軸之接木苗	41	35	85.4
不接木之苗木	41	38	92.7

註：台木…白菊座。穗木…常盤新地爬黃瓜

4. 特徵

a. 活着率高而安定

在以前之劈接、揷接，技術熟練之人，亦僅爲60～70%，而且不安定，但用本法接木時，初次接木之人，其活着率，亦可達90%以上，而且甚爲安定。故能獲得預定之苗數。

b. 能率佳

用本法之接木能率，約爲比前方法能率之二倍以上，接木十公畝之黃瓜苗，有 16 小時即可，而苗甚整齊。

c. 由穗木之接木部，生根之事少。

d. 管理容易。

e. 因有根，故發育早，較之以前之接木苗、育苗期間能短縮5～7日。

f. 從在7～8月之高溫下，亦能接木。

g. 由穗木之接木部，有容易折斷，彎曲或剝落之缺點。

四、仙人掌之接木

　　仙人掌科之植物，用接木繁殖的亦多。此種接木操作，比較簡單，只要具有關于栽培之基礎知識時，活着亦極爲容易。但接木後之仙人掌的壽命，到底有多少長？活着之穗木，與自根者，是否能同樣長期生長？或關于是否能發揮穗木之本來性質問題，似乎有疑問之點尚多。

　　仙人掌類，種類非常多，其種類，約有三千餘種以上，原產地，爲美國大陸，但不單在熱帶之乾燥平原，在相當高度之地域及其他植物自生之處，亦有分布。對于環境之要求度，似乎亦有種種不同之處。儘管如斯，個個之特性，尚未充分明白，又其栽培，由于多爲欣賞珍奇形態之好事家的趣味栽培，故關于接木之親和性等，調查的成績甚少。

　　那些，雖爲興趣頗多之材料，但在此，到現在爲止，僅限于經驗所得的，名稱亦用一般使用之名稱，加以說明。

1．仙人掌接木之目的

　　現在仙人掌，大體依次記之目的，施行接木了。

　　a．保存、救急

　　將栽培法不明之物，或生活力弱之物，接于生活力強之台木上，以冀獲得保存。此種情形，其壽命似乎意外甚短的多。

　　又受到病害等之侵害，健全部，僅存一部分時，將此接木于健全之台木。

　　b．繁殖　　將插木不易生根者，或差不多不分歧者，或將綴化之物，細切之，施行接木，以增加其株數。

　　c．促進生長與開花　　在依實生育成之物，需要很長之時間，始成爲成球而開花，將此接木時，則可促進生長及開花。

　　d．便于觀賞及栽培　　將下垂之蟹足仙人掌，施行高接，以供觀賞，又將栽培困難之物，接于栽培容易之台木上，以簡化栽培之技術，

2．台木

　　仙人掌之接木，亦與普通之樹木同，選擇台木與穗木在分類學上近緣者，施行接木時，活着則易而以後之生長亦甚順調，但在實際上，並非一定如斯，應考慮者，爲對于病害抵抗力強，生長旺盛，繁殖容易，價格便宜，刺少，操作容易等特性。

　　現在常用之仙人掌砧，則如次。

　　a. 拍依賴斯奇亞（peireskia）　　比普通之仙人掌，耐濕力，耐寒力均強，插木亦易生根，而生長亦旺，故爲供金紐、珠毛柱、蟹足仙人掌等，接木之良好砧木。但玉物用此爲砧木接木時，型態則易崩壞而難維持。故拍依賴斯奇亞，對于玉物仙人掌，僅不過可以利用爲暫時的台木而已。玉物仙人掌接木時，以用木麒麟等爲台木爲可。

　　b. 扇狀仙人掌

　　此類仙人掌，種類甚多，但做爲扇狀仙人掌之台木的，多用生長早之大型寶劍、寶劍、拿夜牙拉（Niagara）等。將扇狀仙人掌接于此等台木時，生長最佳，長刺武藏野、用此爲台木，接木時，生長則被促進，白雞冠、金鳥帽子、還城樂等品種，多用此等砧木接木。但玉物用此爲砧木接木時，其型態，與拍衣賴斯奇亞同，型態則易崩壞。

　　c. 海膽仙人掌

　　此類仙人掌，價廉而易活着，生長亦快，但做爲砧木時，樹節則短，將小苗施行接木，使之長大，生根時，極適于做爲改接之台木。短毛丸、花盛丸、Wilkenthy 等，常用此，做爲砧木。

　　龍神木，價廉而容易購到，差不多無刺，接木極易，故用爲砧木時最多。但耐寒力極弱，故若欲將冬季能生長之仙人掌接木時，以避免用此種台木爲宜。

　　黃大文字，比龍神木，價稍貴，而刺密，接木操作較難，但做爲耐寒性砧木，甚良。

3. 接木操作

　　一般所用仙人掌之接木法，主以割接、鞍接及置接三種爲主。所

謂置接，爲仙人掌獨特之接木法，用海膽仙人掌，扇狀仙人掌、柱狀
仙人掌爲台木時，多用此法接木。

　　台木切斷時，水太多時，接穗亦不易固定，而易腐敗，故在接木
前，不可灌水。先將台木之上部⅓，用薄双之小刀，一氣削爲水平，
並將邊緣之稜，斜斜削去。若在太上部切斷時，每有殘留生長點之事
，故不能不加以注意。但台木與穗木之切口組織，大體若爲同齡之幼
組織時，對于活着，極爲重要。因此，若在台木之下部接木時，由于
其組織老化，癒合組織不發達，多至于失敗。

　　用小苗做穗木接木時，特別宜用台木上部幼組織，接木，甚爲必
要。

　　穗木亦將基部削爲水平，爲使台木與穗木切口之維管束，充分相
合，將穗木之基部，放置于台木切口上，爲防止動搖，用毛線縛之，
此時不可傾斜，使縛力平均，甚爲重要。

　　又將台木之維管束部分，削爲突起狀，穗木在維管束之部，爲吻
合于台木之突起部，削爲穴孔狀，使台木之突起部，嵌入于穗木之孔窪
處之鞍接法，亦爲防止台木與穗木搖動之良法（圖5‧46，1～5）。

　　用木麒麟爲台木時，先將台木之尖端，削尖，押入穗木挿之，用
仙人掌之刺，從傍挿入，以固定之。

　　束縛用之線或毛線，依穗木之大小，在一星期後，到一個月後，
解除之卽可。在一般之情形下，經過一個月時，兩方之維管束，似乎
已充分連絡了。

4．環境條件

　　一般仙人掌，濕氣多時，則易腐敗。當癒合組織形成時，一般氣
溫，以氣溫15～20 ℃，關係濕度，以在 50％以下時，似乎傷口卽
刻乾燥時，較佳。

　　仙人掌挿木時，將挿穗放置于高溫乾燥之室內數日乃至數十日時
，切口上則形成癒合組織，其次則開始生根。然採取挿穗，不使切口
乾燥，卽刻挿木時，腐敗率則多。在此種癒合組織形成上，保持乾燥

圖 5·46　　仙人掌之鞍接法（1－5）

　狀態者，容易活着之事，與一般樹木，爲非常相異之處。

　　因此，插木之適期，以3～5月，或8～10月之晴天相繼之日之午前中，爲最宜。

　　但在三角柱之生長點附近，將發芽後經過一個月之小苗，橫切接木時，似乎以放置于濕氣多之室內爲可。此由于三角柱仙人掌，爲好濕氣種類之故。

參考文獻

1) 明永久次郎・有村常清・小野陽太郎・1934．栗樹の接木について，東京營林局
2) Back, G. J. 1953. The histological development of the bud graft union in roses. Proc. Amer. Soc. Hort. Sci. 62 : 497–502.
3) Dickson, A. G., Samuels, E. W. 1956. The mechanism of controlled growth of dwarf apple trees. Journ. Arnold Arboretum 37 : 307–313.
4) 士居一海. 1951 農及園，26 : 1166–1168.
5) Ernest, B. 1953. Hitological effect of absorbed radioisotopes upon the callus of Sequoia sempervirens. Bot. Gaz. 114 : 353–363.
6) Esau, K. 1953. Establishment of vascular union in grafting. Plant Anatomy. 391–393.
7) Evans, G., D. P. Watson and H. Davidson. 1961. Initial evaluation of grafting some species of the Rosaceae. Proc. Amer. Soc. Hort. Sei. 78 : 580–585.
8) 藤井利重・大友忠三，1953. 園學雜，22:149-152.
9) ＿＿＿＿＿＿. 1959. 農及園，34 : 1373–1376.
10) ＿＿＿＿＿＿. 1960. 農及園，35 : 1471–1474.
11) 藤田克治，1958.農及園，33:493-496
12) Garner, R.J. 1958. The Grafter's Handbook.
13) Gill, D. L. 1961. Use of water emulsifiable asphalt with fungicides to protect camellia grafts. The American Camellia year book. 1961. 149–153.
14) 浜田成義，1950. 育種と農藝，4.5：21.
15) Harmon, F. N. 1954. A modified procedure for green wood grafting of Vinifera grapes. Proc. Amer. Soc. Hort. Sci. 64 : 255–258.
16) 橋詰隼人，1956. 鳥取農學會報11⑴

17) Higdon, R. J. 1956. Graft-union disorders in certain Blight-resistant pear root and trunk stocks. Proc. Amer. Soc. Hort. Sci. 68 : 44-47.

18) 平井重三，1950. 育種と農藝 5：376-377.

19) 廣野好彥・吉川勝好・衣川堅二郎，1959. メタセコイアとその近緣種屬間のつぎ木について，つぎ木後のつぎ穗及び台木間の物質移動と水分關係，日本林學會講演要旨。

20) 廣瀨恒久 1941. 農及園，16：1934-1935.

21) 堀登龜男 1960。農及園，35：981-983.

22) 堀江聰男 1965. 挿木と接木の仕方，金園社。

23) Howard, G. S. and A. C. Hildreth. 1963. Induction of callus tissue on apple grafts prior to field planting and its growth effects. Proc. Amer. Soc. Hort. Sci. 82 : 11-15.

24) Ichicawa, H. 1958. A few findings in Pecan propagation. 園學雜，27 : 101-107.

25) 稻村敬一　1963. 農及園，38 : 80-82.

26) 石橋光治　1959. 農及園，34 : 343-347.

27) ＿＿＿. 1963. 農及園，38 : 61-65.

28) ＿＿＿. 1965. 農及園，40 : 1899-1902.

29) 石井勇義，1963.最新花卉園藝，溫室植物 I. 實際園藝社。

30) 石丸莊介，1965 . 誰にも出きる接木と挿木，泰光堂。

31) 豬崎政敏，1960. 茨城大農學報，8：33-30.

32) Jacques, L. 1965. Crown-Gall Tum-origenesis: Effect of temperature on wound healing and conditioning. Science 149 : 865-867.

33) Jaynes R. A. 1965. Nurse seed grafts of Chestnut species and hybrides, Proc. Amer. Soc. Hort. Sci. 86 : 178-182.

34) 笠原潤二郎，馬場宏，1953. 胡桃の接木に關する硏究，園學會講演要旨。

35) 葛西善三郎，1960. わが國土壤肥料學硏究への同位體利用，Isotopes and Radiation 3.

36) 川原治之助，1954。茨城大農學報 2：1-8.

37) 神田武，1949. 育種と農藝，4.6：209-213.

38) 河合一郎，1956. 農及園，32：49-51.

39) 川田信一郎，1942. 農及園，17：645-648，773-776，912-922.

40) 貴田忍，1957. 主要林木の接木について，日林會講演集。

41) ＿＿＿. 1959. 主要針葉樹のツギ木親和性について，日林會東北支部會誌。

42) ＿＿＿. 1960. 主要針葉樹のツギ木親和性について，日林會講演集

43) 菊池秋雄，1949. 農及園，24：445-448，517-521.

44) ＿＿＿. 1953. 果樹園藝學（下卷），養賢堂。

45) 小林章，1955. 農及園，30：625-628.

46) 古越隆信，1960. アカマツの接ぐ位置とその後の榮養生長，山梨縣林試報

47) 高馬進，1951. 園研集，5：69-72.

48) ＿＿＿. 1951. 農及園，26：1201-1202.

49) ＿＿＿. 1953. 園研集6：3-7.

50) ＿＿＿. 1956. 胡桃の接木に關ずる研究，信大農紀要，5.

51) Kostoff, D. 1928. Studies on callus tissue. Amer. Journ. Bot. 15：565-576.

52) 倉岡繹，1953. 落葉果樹の接木育苗法，農及園 28：269-272.

53) ＿＿＿. 1953. 果樹苗の芽接繁殖法，農及園，28：727-732.

54) 松野正明・林克彥・1957. 桃の砧木への施肥と芽接の活着步合について，園研集，8：24-26.

55) Miller, L. and F. W. Woods. 1965. Root-grafting in loblolly pine. Bot. Gaz. 126：252-255.

56) 森田修二，1953. 柿樹に於ける移行 ^{32}P による研究，農及園，28：879-880.

57) Mosse, B. and M. V. Labern. 1960. The structure and development of vasecular nodules in apple bud-unions. Ann. Bot. 24：500-507.

58) 永田武雄，川合恭司，1951. 接木の養分吸收に關ずる研究，西瓜とかんぴようの交互割接，靜大農研報 1：137-146.

59) 中坪賢雄，1957．針葉樹の接木について，日林會講演集。

60) 小原赳，近藤雄次，難波宏之，1962．甜瓜の接木に關する研究 ⑴，甜瓜に對する各種砧木の接木親和性について，農及園，37：1185-1186．

61) 王子林木育種研究所，1960．ツギキの癒合，北海道の林木育種 2.

62) 岡田正順，1957．10月の花卉園藝（ボタンの接木），農及園，32：1559-1562．

63) 大野正夫，1966．果樹のつぎ木とさし木，博友社。

64) 大崎守，横尾宗敬，小國照雄，1962．ブドウの溫床接ぎ，農及園，37：995-999．

65) Polunin, N. 1959. Auxins as stimulants of cambial activity; use in grafting and wound healing. Plant Growth Substances. VII. 157-164.

66) Roberts, J. R., and R. Brown. The development of the graft union. Journ. Exp. Bot. 12 : 294-302.

67) Roberts. L. W. 1960. Experiments on Xylem regeneration in stem wound responses in coleus. Bot. Gaz. 121 : 201-208.

68) Ryan. G. F., E. F. Flolich, and T. P. Kinsella. 1958. Some factors influencing rooting of grafted cuttings. Proc. Amer. Soc. Hort. Sci. 72 : 454-461.

69) 齋藤達夫・橋本英二・伊佐義朗，1957．外國產マツの枝接と芽接について，日林會關西支部大會講演集 7.

70) Samish, R. M., P. Tamir and P. Spiegel. 1957. The effect of various dressing on nealing of prunning wound on apple trees. Proc. Amer. Soc. Hort. Sci. 70 : 5-9.

71) 佐藤清左衞門，1960．ツギキの基礎とカバ・ハンノギ類のツギキ，北海道林木育種協會。

72) 關岡行，1963．九大農學雜，20, 21.

73) 四手井綱英・吉川勝好，岡田滋・1956．日林會關西支部大會講演集 6.

74) 四手井綱英・岡田滋，1957．第67回日林會講演集。

75) 色部昭夫・千葉茂・小竹稿・小幡宗平・1962・農及園，37：

712-714

76) 清水基夫，1956. 農及園，31：317-322.

77) Shippy, W. B. 1930. Influence of environment on the callusing of apple cuttings and geafts. Amer. Journ. Botany. 17 : 290-327.

78) 新園藝手帖編集部，1966. 花と植木のふやし方百科，誠文堂新光社。

79) 傍島善次，1949. 園研集，4：37-41.

80) Stoutemyer, V. T. and A. W. Close. 1953. Propagation by seedage and grafting under Fluorescent lamps. Proc. Amer. Soc. Hort. Sci. 62 : 459-465.

81) 田中諭一郎・中間和光・小池章・石田隆・西垣晉・洪谷政夫・小山雄生，1960. 園學雜，29：63-69.

82) 谷口治右衞門，1954. 農及園，29：596 .

83) 鳥潟博高，1962. 農及園，37.

84) 塚本忠男，1955. 農及園，30：803-808.

85) 塚本洋太郎，1952. 花卉汎論，養賢堂。

86) ＿＿. 1958-1959. 農及園，33-34.

87) ＿＿. 1964. 農及園，39：819-872.

88) 渡邊柳藏，1956. 農及園，31：977-978.

89) ＿＿. 1956. 園學雜，25：125-132.

90) Westervelt, D. D., and R. A. Keen. 1960. Cutting grafts of Junipers. (II). Stonic effects. Proc. Amer. Soc. Hort. Sci. 76 : 637-643.

91) Williams, W., and G. J. Dowrick. 1958. The uptake and distribution of radioactive phosphorus (P^{32}) in relation to mutation rate in plants. Journ. Hort. Sci. 33 : 80-95.

92) 吉川勝好・眞鍋逸平，1962. 第72回日林會講演集。

93) 吉村幸三郎，1959. 農及園，34：1692-1696.

94) ＿＿. 1962. 農及園，37：1636-1640.

95) 庵原遜・玉利幸次郎，1961. 綠枝接による園藝植物の繁殖に關ずる研究（第1・2報），園學雜 **30**：253〜258，361〜365.

96) Ihara, Y. 1964. Histological observations on the process of

graft-union in green wood grafting. Journ. Biol. Osaka City
Univ. 15 : 39–43.

97) 庵原遜，1966．綠枝接による園藝植物の繁殖に關する研究（第
3・4），園學雜，35：183-189，405-412．

98) 庵原遜，生野昭二，1966.'67,'68．綠枝接による園藝植物の繁
殖に關する研究（第5・6・7報），園藝學會春季大會講演要旨，
昭41・42・43年。

99) 中森英太郎・石井滋規，1961.1962．マクワウリの接木栽培に
關する生理生態的研究（Ⅰ・Ⅱ）奈良學藝大紀要，自然科學10
：65-77，153-157．

第六章　接木技術之問題點與實際方法
第一節　關于接木繁殖

　　一般稱爲繁殖者，其供給繁殖之材料，不論爲種子或植物體之一部，供爲繁殖之用，並不以材料做爲問題，而是企圖增加目的植物之數，卽增加個體之數，不待贅述。又此種繁殖，隨園藝之生產時，除了增加個體外，無形中，亦含有趨向經濟基礎的意義。因此，縱在研究室，在實驗上，有增加個體之可能，尚未能稱爲吾人園藝家所謂之繁殖法。例如今日莖頂培養，做爲高級的蘭花之繁殖法，在經濟上已成爲合算之方法，故已成爲園藝植物繁殖法之一部了。但在被稱爲組織培養之時代，並未能加入繁殖法之中。

　　接木繁殖法，與實生法及挿木、分球、分株等無性繁殖法，爲完全不同之繁殖材料。換言之，卽是將二個個體之一部，接合起來，產出一個新個體之法，個體數之增加，專由台木個體之一部所擔當。其上之穗木，可以匹敵于分株及挿木，但其目的所由來，亦與其他繁殖法不同，乃當然之事。因此，挿木、莖頂培養、分球、分株等之研究，是關于繁殖技術自身所行的，若不如斯，卽是對于繁殖需要給與最實在的影響及合于目的之功能，成爲中心的工作。

　　然而在接木繁殖之研究上，關于其技術本身，僅爲如綠枝接木之開發，或埋伏于溫床，改變環境要素的程度而已。接木本來之研究，並不甚多。例如接木親和性，也沒有將此，試行科學的解明之研究，接木之環境，亦只以實用研究爲主，並無基礎的研究。

　　現在各地，栽培之園藝植物，在人智之許可範圍內，曾加以改良，若極端表示時，則從生物本來之生存目的，逸脫之物不少。例如有依自身自體獨自繼續生存甚爲困難之物，又有如一個有數十公斤重之櫻島蘿蔔，超過畸形境地，使人感到奇怪之物，又有爲生物本來之大

369

目的，結果之果實中，不單不能形成種子，而有爲此種無用果實之形成，付出莫大犧牲之物等。在另一方面，枝之一部，葉之一部，根之一部，有容易再生成爲新個體，而且如葡萄，用一小枝，很容易再生，但對于害蟲之抵抗力，特別弱小，在生產上，不能以自根生存的亦有。

在如此種園藝植物中，特別如果樹，在現在具有被稱爲最良形質之品種，由于在遺傳上，爲極爲複雜之雜種，故不能採用依種子繁殖之法，又在無種子之無核果，則完全不能用種子繁殖。此種事情，並不限于果樹，關于其他園藝作物，亦屬如斯，在今日若欲維持所謂品種之特性，除了用無性繁殖之法外，尚沒有其他方法。無性繁殖，若依插木、壓條、分球、分株等，亦不能繁殖時，除了行接木外，則無維持品種之繁殖方法。

在本書所敍之接木繁殖，是立于經濟基礎上，而敍述普遍之方法，太過于特殊而稀奇，不能採用之接木技術，則從略，不加敍述。爲使易于瞭解，故以圖示之。

第二節　接木繁殖之歷史

接木繁殖法中，最重要的，一爲在台木上，接上小枝之所謂枝接之枝，一爲在台木上，接上有芽之樹皮所謂之芽接技術。

此種枝接之技術，起源于亞洲，在亞洲，是否起源于中華民國？或爲日本獨自開發之技術？尚未明白（譯者認爲接木技術，應爲我國所發明的）。

插木技術，散見于本草書，但接木技術，在古書中，則沒有看到（譯者註：古書中，並不是沒有，而是著者沒有看到）。但在禪寺丸柿之發生地川崎市柿生附近，有超過二百年之柿樹，其根基顯爲接木的。故可以推察在日本德川中期，接木技術，已相當普及于農家了。

反之，以芽爲接穗之芽接技術，被認爲起源于歐洲諸國，但其發祥地及年代，亦不明瞭。

　　天保 3 年（ 1832 ）6 月刊行之佐藤信淵著之草木六部耕種法中，關于接木，有次記之文章。

　　「在我家，接換諸木時，有換接、高接、枝接、腹接、皮接、壓接、插接、水接、擔接、劈接、根接、順接、逆接等十三法，凡此種十三法，可使牡木，變爲牝木，可使不結果之樹，結果，或使劣惡之果實，變爲美果，或使無花之樹，開艷麗之名花，利益甚廣。」云。接木之目的，在今日之各法，均已記述。

　　又在櫻花之項中云：「彼岸櫻、絲櫻、寒緋櫻（即現在之緋寒櫻），可用八重櫻爲砧木接之，八重櫻，可用山櫻爲砧接之，觀察花師（養花者）、山師（造園者）等養成櫻行接木時，在圃地，並列有多數之砧木，皆在此上接木，並覆土，使接梢稍現出于外，並在圃場之四周，設立杭柱，做成低棚，上蓋防雨物，其周圍用藁簾等物圍之，到了活着生芽時，則漸次將土與圍物取出時，均能活繁榮了。」。由此，不僅可知依品種而選擇台木之知識，在此時代已存在了，並可察知其接木技術，亦相當普及了。此外對于柑橘之種類，亦依種類而選擇台木，台木之選擇，並非自今日起始成爲問題了。

　　再在貝原蓋軒著之花譜卷上內，有「接樹」之項，記有如次之技術。

　　農政全書云：「接木時，需選良好之接穗，二年之幼枝肥大者，以向陽生者爲佳，宜用細齒之鋸，鋸之，小刀宜用銳利者，大體應在春分前後，接之。」又在農政全書三十七卷，曾有如次之詳細記述。

　　農政全書云：「接木時，綑縛不可太鬆，不可急，須細心爲之，接穗之皮，需對合砧木之皮，接穗之骨，須對台木之骨。」。復云：「春分以後，不可接木，夏至以後，不可搖動樹。」。又云：「正月下旬，可接梅、桃、杏、梨、李、棗、栗、柿、楊梅等，二月上旬，可接橙、橘、柑柚。接金橘以稍遲爲可。」

　　按現在之情形說，接木不可不守時節，凡接木時，以在開花發芽前，施行爲可。王昏抄云：「接木時，生意已動，而在芽尚未萌出前，可早接而不可遲，此時最易接活。台木大者，可行高接，小者可行低接，將要接時，可將接穗含于口中，溫之，以助其生氣。」。

農政全書又云：對于一個台木，可接上二個接穗，兩個均活時，俟其生葉時，可將弱小者剪去之。接木之台木高時，可將穗木長留之，將其基部插入于土中，將尖部接木于砧上。接木時，若用當日光，發育良好之枝做接穗時，結果則多，日陰下之枝，則不可用。接木用之接穗，若欲從遙遠之地，購求時，可將土放入于小箱，將枝橫埋于土中，縱經數十日，亦不至于枯死。

或云：接木時，宜盡量將台木剪低，接木，以將客土輕輕埋覆爲可。

或云：取牛之涎，當接木時，塗于接穗上接木時，則沒有不活的。在本草綱目上，記有取集牛涎之法。

物類相感志云：桑木上接上楊梅時，則不酸。又種樹書云：桑上接梅時，則不酸。又云：桑上接梨時，梨則甘美，將胡桃之枝，接于柳上時，則易接而結果早。

在墨莊漫錄中，記有「樹大則花開，不結果者，可剪去接之，銀杏不結果者，爲男樹，宜切去接之。」。

由台木萌出之不定芽，萌出時，宜摘去之，若不摘去時，接穗則易萎枯或發育不良。

從今200年前，關于選擇台木，台木之影響，亦瞭解頗多，對于接木之時期，亦有相當之研究，以牛涎爲活着促進劑，使用之思想，與用藥品雖有不同，但其思想之基礎，縱在今日，並非無理之事。但以桑樹爲台木之事，由于未做過實驗，雖不能斷定其對否，總難免有無理之感，又用柳樹做爲胡桃之台木，更難有同感。

但古人依經驗地判斷事物，柳樹錯讀爲胡桃之台木，也未可知。

又最後教示吾人，台芽之摘去，爲接木後最重要之管理，此事，縱在今日，完全亦不能不如斯實施。

以上所述，均爲以前關于接木之事情，縱在貝原益軒之花譜一冊，本文所說明之接木技術的部分之基礎方法，均已言過了。

第三節　施行接木繁殖之理由

在現在，也許沒有特立此種項目說明的必要。

稻與麥及其他之蔬菜類，以播種子育苗，故均未用接木繁殖。但在西瓜、洋甜瓜等，雖爲一年生之草本植物，爲防止病害蟲之爲害，亦用接木繁殖。縱爲果樹，種子若成熟時，此等品種，若在遺傳學的因素上爲固定之品種時，用播種以育苗，甚爲可能。但果樹原爲野生之種，成爲今日之品種，雖無異于蔬菜，但其一時代甚長，世代交替少，而且常用營養繁殖，故果樹之品種，因子極爲複雜，多爲一種雜種，若用種子繁殖時，則不能獲得與母株同樣形質之植物。僅在柑橘類，能形成被稱爲無性胚實生（apogamy）之特殊種子，依此繁殖時，故能獲得與母株品種近似之品種，在歐洲地方，到近年爲止，亦行種子繁殖。但嚴密檢查時，與母品種不同之形質，亦有發生之可能。因此，在今日，亦常用接木繁殖。又葡萄依插木容易生根繁殖，但常用根蚜蟲冤疫砧接木。

花木類亦與此同，多數之園藝花木，依插木而繁殖，但如櫻桃，品種甚多，依插木則不易繁殖，而其種子，由于復爲雜種，依實生不能獲得與母株同樣之株，故亦採用接木法繁殖。其他如山茶，牡丹等亦同。像仙人掌之植物，爲促進生長，或增加觀賞的價值，故亦行接木繁殖。

因此，接木繁殖之目的，大體可分爲如次之種類。

1. 無種子者，不能用插木繁殖者或不易插者則用此繁殖。

2. 用種子繁殖時，不能維持品種之特性者，常用此繁殖。

3. 枝條衰弱者，或缺乏枝條時，需以接木補足或使勢力恢復時，需行接木。

4. 利用台木之特性。

　a．調節樹性。

　　b. 使樹增加抵抗病害蟲之力。

　　c. 附與對于環境之適應力。

一、不生種子之植物，不能插木或近于不能插木之植物

　　在果樹中，有溫州蜜柑卽是，無種子插木亦不容易，在花木中，有前記之櫻花各品種、茶花、牡丹等多數種類。此等植物，由于上記之理由，必然地則不能不用接木繁殖。

二、依種子繁殖時，不能維持品種之特性者

　　除了無花果以外，全部果樹均是，現在栽培之果樹品種，均是重覆改良而成的，形成品種之遺傳因子甚多，此爲複雜組合異型接合體，到底沒有生成同樣種子之希望。花木中之多數，亦是如此，多年生蔓性植物之鐵線蓮，種子雖容易獲得，但由種子則不能生出與母株品種同樣之新植物。薔薇等，採種雖甚容易，實生亦易獲得，但用此維持母本之特性，則不可能。此等植物，必然地，除了依接木繁殖外，別無他法。

三、恢復缺乏枝或樹勢衰弱之樹

　　果樹某部缺損枝條時，爲補添枝條爲目的，實施接木之事不少，但在缺枝之部分，補接枝條，爲盆栽界盛行之事。例如利用梅之老樹幹，在幹之下部接枝，做成見有老幹之梅盆栽。此種接木，爲採用被稱爲箱接之特殊技術。

　　爲使衰弱之樹，恢復其勢力，有時雖有實施的，但甚少。反之積極地爲使樹勢旺盛，常行根接，並不足奇。其中應用最廣的，爲溫州蜜柑。溫州蜜柑之苗木，差不多均用枳殼接木養成的，但枳殼爲淺根性，隨樹齡之增加，樹形則不易擴大。因此定植後，經過 10～20 年時，伸長則緩慢，故常用深根性之橪（C. junos）苗爲砧，施行根接。

四、使台木發揮其特性

1. 調節樹性

台木之樹性，對于穗木，有強烈之影響。例如古來在歐洲諸國，對于桃之台木，使用李樹，認爲李砧有使桃樹矮化之效。此種組合，常被採用了。又一般異種間之接木及異屬間之接木，甚易矮化之事，被研究過了。例如關于胡桃台木之影響，高馬氏等，曾報告鬼胡桃砧上之鬼胡桃，伸長及肥大，均甚旺盛，其次爲鬼胡桃砧上之點心胡桃，第三位爲點心胡桃砧上之點心胡桃，生育最劣者，爲點心胡桃砧上之鬼胡桃。

又英國在東馬林（east Malling）試驗場，費了20年之年月，縱被使用爲台木之拍拉太衣斯（paradise）及奪山（Doucin）中，選出對于地上部影響甚強而且安定之台木十數種，行無性繁殖，舉行做爲台木之試驗。

例如被命名爲EM 9號之台木，爲最矮性，比較結果早，EM 7號，EM 6號，爲半矮性砧。兩者在幼樹時代，雖均爲喬木性，但不久旺盛之營養生長，則停止，結果則多。EM 2號爲使用最多之喬性砧，但達結果年齡，則爲比較早之實用的砧木。EM 1號，亦爲喬性砧，但對于環境及品種間，均甚敏感，有時有逸脫目的之事。EM 5號，EM 2號，雖爲喬性砧，但並未爲果樹家所採用。EM 2號，EM 1號，在肥土中，能發揮喬木性之特性，但不適于瘠地之栽培。

此等砧木，已輸入于美國，就各品種5年試作之結果，則如圖6·1。

由此圖亦可推察各台木之情形，但依被接木（穗木）之品種，認爲有相當之差異。在美國亦認爲依環境不同，有採用適當台木的必要。縱在日本，已輸入採用EM養成之台木，但不一定與英國之環境影響相同，故在日本，亦有育成適于日本環境之台木枝條系的必要。

雖非台木專用，在日本曾有將柑橘互相組成台木與穗木之試驗。在地上部，全部使用華盛頓臍橙，其結果則如表6-1,2。

　　用酸橙砧接木者，樹體特別大，但比較地，一株之結果樹，並不多。台木之影響，固不待說，縱能增加樹體之大小，並不是即刻能增加結果之量。又樹體之長大，與幹之肥大，雖沒有關係，但幹之肥大與結果數，被認爲有幾分之關係。

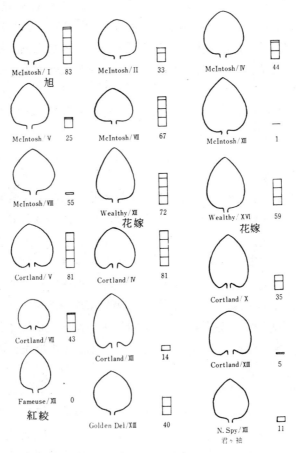

圖6‧1　接于E M台後5年後之樹形與樹大之比較
　　　　及5年後收量之比較（正方形1個爲20磅）
　　　　（Tukey, Carlson）

表6-1　台木對于華盛頓臍橙之生育及收量之影響

(Bitter)

台　　　　　木	大　（ m^3 ）	一株平均個數	幹之斷面(cm^2)
甜　　橙	44.1	918	297
酸　　橙	62.1	831	244
葡 萄 柚	45.4	698	262
蜜柑（mandarin）	39.4	853	291
檸　　檬	21.1	603	217
粗 檸 檬	50.9	731	218

表6-2　葉中水分含量（Wallace 等）

台　　　　　木	穗				木
	葡萄柚	粗檸檬	酸　橙	晚侖夏	平　　均
粗 檸 檬	64.1	66.4	59.7	62.1	63.1
甜　　橙	63.3	63.8	61.1	64.2	63.1
葡 萄 柚	64.4	64.6	63.3	64.1	64.1
酸　　橙	62.7	62.3	61.0	61.7	61.9
平　　均	63.7	64.3	61.3	63.0	63.1

故選擇使幹增大之台木時，亦應不可不加以考慮。在此報告上，連果實之成分，亦被調查過，在可溶性之糖類，接于甜橙上者，最高，可知各種不同品種之全糖量，顯有變化。此外，對于葉中之水分及成分，顯示台木之影響亦強（表6-2，表6-3）。

表6-3　穗木品種（晚侖夏、華盛頓、里斯本）之平均葉中之無

機鹽分　　　　　　　　　　（據 Wallace 等）

台　木	K	Ca	Mg	N	P
粗檸檬	0.97	0.37	0.13	1.19	0.123
甜　橙	1.24	0.28	0.13	1.23	0.134
葡萄柚	1.36	0.30	0.11	1.23	0.140
酸　橙	1.06	0.38	0.12	1.19	0.113
枳　殼	1.30	0.30	0.13	1.22	0.140

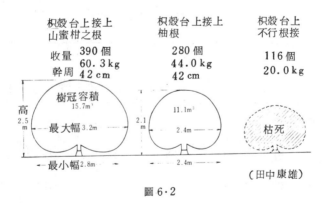

圖6·2

從台木之直接影響說，也許離譜了，也未可知，但對于枳殼之溫州蜜柑，根接山蜜柑及柚時，有 12 年間收量合計之報告（圖6·2）。據此觀察時，根接山蜜柑者，樹體與數量，均認為有相當大之差異。此圖示，並沒有指出株數，僅依此，做為一段的基礎，也許是無理

表6-4　台木之品種對于穗木17品種之收穫量及生長之影響（一株平均）（Harmon 等）

穗木品種＼台木品種項目	果實之收量（磅）			木部之生長量（乾物重）		
葡萄品種	Solonis Othello No. 1613	Rupestris St. George	Dog Ridge	Solonis Othello No. 1613	Rupestris St. George	Dog Ridge
Carignae Alexandria	25.86	7.40	30.74	2.34	0.76	4.95
Alicante Bouschet	20.47	11.38	19.83	1.37	0.62	1.99
Feher Szagos	20.02	7.02	17.23	2.94	0.78	5.15
Sauvignon Vert	16.56	3.48	11.39	2.35	0.41	2.43
Mantuo di pilo	16.25	5.67	10.34	2.90	1.62	3.53
Sylvaner	14.92	4.10	8.16	2.39	0.32	3.42
Ginsaut	12.85	6.76	14.05	1.16	1.26	2.98
Petite Syrah	11.99	4.53	14.56	0.82	0.43	1.82
Palomino	10.81	3.15	8.47	2.08	0.72	3.14
Chabach	10.71	3.70	13.82	2.52	0.46	4.06
Semillon	10.31	4.13	12.54	1.49	0.79	3.18
Mission	9.37	5.44	10.15	1.94	1.32	2.89
Serektia	9.13	2.94	10.26	2.70	1.15	2.47
Zinfandel	7.61	2.86	10.11	0.61	0.27	1.47
Refosco	6.94	9.75	13.79	1.14	1.79	3.57
Muscat de Frontignan	5.40	1.98	3.59	1.95	0.41	1.09
Alicante Bauschet	2.76	5.95	8.93	0.43	0.81	2.02
17品種平均	12.45	5.31	12.82	1.83	0.82	2.95

的，但到現在爲止，根接橪（C. junos）之事，爲能成爲深根性，被稱爲能提高數量，但山蜜柑，更可稱爲優秀之台木。

不單柑橘類如斯，在葡萄，亦有台木之品種，能影響于地上部之生長量及數量之報告。表6-4，爲對于三種之台木，接上17品種之結果。

表 6-5　依台木之相異洋梨之數量與生長量之差異

台　　木	當初一年間之生長量 m	後5年之幹周cm		1946-50年之一株平均收量磅	根之樹皮之比率%
		1945	1950		
P. Calleryana	150	15.6	24.9	(3)　23.3	59
D$_3$	116	14.7	22.7	(1)　44.6	104
B$_1$	93	12.9	18.4	(5)　6.0	43
C$_7$	75	12.6	19.1	(2)　26.3	98
D$_4$	61	11.6	19.1	(4)　20.0	白根 root 43

將 17 品種之影響平均之事，雖無很大的意義，但依此能充分認識台木對于地上部有很大之影響。

又洋梨之影響，亦被報告過（表6-5）。

從以上之事觀察時，選擇台木，對于以後之栽培管理，不待說，對于數量，亦有很大之影響。換言之，選擇台木，在其上接上目的之品種，能使之發揮品種之特性，單從此點說，台木之選擇，亦甚重要。

又關于台木對于穗木之影響，鳥潟氏曾追加發表 Castanea Crenata（日本栗）砧上之 Castanea mollissima（中國栗），發育不良之原因。換言之，鳥潟氏曾將銀寄及傍士等之穗木，接于銀寄、柴栗及中國栗上，比較其四年後之成績了。銀寄不論台木之大小，在一年後，生育整齊，在四年後，仍無生育上之差異。傍士接于柴栗上時，生育劣，接于中國栗者，4年後，生育佳良，其他生育均甚劣。在葉之成分上，銀寄與傍士，用共砧及柴栗砧接者，比用中國栗砧，總

石灰含量多，在傍士栗，用中國栗砧接者，K之含量亦低，但認爲
接于中國栗砧者多，接于共砧者少。中國栗接于日本栗，顯示不親和
原因之一，爲由于依台木吸收鹽基有差異，同時顯示對于穗木之影響
與不親和性之故。

　　又在洋梨，亦如表6-5所示，受到台木之影響，故對于日本梨，
亦有研究台木之必要。細井氏，曾報告云：做爲二十世紀梨之台木，
滿州豆梨，比山梨優良。

2．附與病害蟲之抵抗力

　　從果樹開始，到栽培蔬菜、花卉類時，依選出一定之台木，施行
接木時，栽培管理，則容易，在經濟上，則能行安定之經營。此種最
有效而實施最廣之例，則爲葡萄利用根瘤蟲（phylloxera）　免疫砧木
之接木。根蚜蟲，如衆所知，爲1856年，在美國發見之害蟲。

　　本蟲爲害于葡萄之地上部，復爲害于地下部，寄生于根，做成蟲
瘤，妨害養水分吸收之害蟲，受到根瘤蟲之寄生時，樹勢則漸次衰弱
，終至于有枯死之慮。

　　此種害蟲，由美國輸入至歐洲，對于根瘤蟲完全沒有抵抗力之歐
洲種葡萄的栽培，一時被迫或爲全滅的狀態。以後，發見美國野生葡
萄，在經濟上，雖無價值，但對于根瘤蟲，具有免疫性之種類頗多，
故利用此等野生種，努力雜交，以育成歐洲葡萄之台木，現在依利用
此種免疫性砧木接木，已能完全防止根瘤蟲之爲害了。

　　根瘤蟲在多濕之地及低溫之地，發生則稍緩慢。此外在以栽培美
國種葡萄爲主之日本地方，雖不如歐洲那樣受害，但在現在，與歐
洲種同樣，亦用根瘤蟲免疫性砧木接木之事，對于經營多年栽培之農
家，甚爲安全。現在日本使用之台木一覽表，揭出之品種，則如表
6-6。

　　根瘤蟲之免疫率，用0～20表出，20　則爲完全免疫之台木。此
外盧密士氏（Loomis），曾調查對于萎縮病或毒素病（Virus）　之台
木，並云：育成台木B-45，甚佳。

表 6-6　日本使用之葡萄台木

品　　　　種　　　　名	略　稱	根瘤蟲免疫率	對于穗木之影響	耐乾性
Riparia Rupestris 3309	3309	18	亞矮	甚　強
Riparia Rupestris 3306	3306	18	〃	稍　弱
Riparia Rupestris 101–14	101–14	18	〃	弱
Berlandieri x Riparia 420A	420A	17	〃	甚　弱
Berlandieri Riperia Teleki 8B	8B	17	〃	稍　強
Berlandieri Riperia Telekig 5BB	5BB	17	〃	強

　　以上所述者，爲葡萄。但青木氏等曾報告云：依選擇台木，能避免苹果之粗皮病。卽述說組合國光／棠梨及新大王／棠梨之穗木／台木，接木時，在第三年，看到有 74％及 56％ 之發病率，但組合國光／丸葉海棠及新大王／丸葉海棠，接木時，則沒有看到有發病之徵兆。

　　此外在日本，多採用西瓜栽培之接木技術。接木技術前已敍過，主用近于割接之方法。

　　西瓜連作時，有蔓裂病及其他原因不明發生于主莖之病，做爲此病之對策，在採用接木法之當時，曾用扁瓠爲台木，此爲由于扁瓠莖之中空部分小，接木之操作，甚爲容易之故。最近則至于用南瓜做台木，但南瓜依品種，其罹病率及其他有影響之事，被硏究了。

　　又爲耐病栽培，採用接木之事甚多，收量、品質、採種等，有硏究之餘地亦多。綜合判斷之一覽表，則如表6-7。

3. 附與環境之適應性

　　根瘤蟲免疫性砧木，其原生地之形質，已留存下來，如表 6-6所示。適于乾燥地之物及對于土壤條件，具有品種特有之性質。

　　在日本地方，柑橘類之枳殼台，爲淺根性，檆（C. junos）台爲深根性。此等台木，對于環境有適應性。此外，做柿之砧木，在日本

表6-7　關于台木種類及品種問題1964 年園藝學會之討論要旨（丸三慎三）

品　　種　　名	做爲台木	接黃瓜時	接西瓜時	備　　　　考
梵金 (Pumpkin)	○	○	○	○…有望
Caselta	○	○	○	△…缺乏實用性
P. No. 5	○	○	△	×…無望
P. No. 2	○	×	×	*…金絲瓜與素
新土佐4	○			麵原爲同一之物
新土佐5	○			，但在此所用者
鐵甲7	○			多少有點差別
白菊座	△	○	△	**…接木者屬于
錦甘露	△	△	○	何種不明，故另列
鐵甲3	△			之。
M. No. 8	△	○	△	
P. No. 3	△	△	○	
新土佐2	△			
鐵甲6	△			
*金系瓜	×		○	
芳香青皮栗	×	△	×	
新土佐1	×			
猿島	×	△	×	
瓢箪	×		×	
素麵		×	○	
**新土佐		○	○	
P. No. 7			△	
P. No. 1			△	
C. ficifolia			×	

東北地方，主用抵抗低溫甚微之豆柿。

關于台木對于環境適應性之問題，有種種之議論，但濱口氏等，曾云：做爲柑橘類台木之枳殼，不論在何種土壤，常優于橰、薩摩枳殼，唐酢等台，在黑土栽培時，則劣于橰台，柚台在黑土，則優于其他台木，唐酢無論在何種土壤，其生均劣，薩摩枳殼，則位于其中間。

成分含量，P_2O_5，K_2O 在各種台木，均無大差，Ca 、Mg ，在枳殼中，含量低，在薩摩枳殼中，則比較高。

養分吸收量，N、P_2O_5，K_2O 之吸收量，與生育量成比例，Ca、Mg 之吸收量，在枳殼低，在薩摩枳殼，則比較高，枳殼之吸收量，則比植物體之生長量，有低變的傾向（黑土以外，曾比較安山岩土、結晶片岩土，玄武岩土）。

據小松氏等之研究，從地溫說，橰在13°C（ 7月下旬〜 12 月下旬），枳殼在14°C（ 4月上旬〜 12月下旬）生長云。據山本氏等，在根箱之實驗結果，在根之伸長終期，沒有發現台木間，有何種差異，但從橰台在深層部根多之事觀察時，認爲橰台，在晚秋期之活動，甚爲旺盛云。橰台、枳殼，根之生長，同時成爲終期者，可以想到穗木亦受到影響了。

做爲台木影響之例，尚有林木之實驗。據小野氏之研究，將在日本關東地方，生長不良之朝鮮唐松，接木于生長早之長野松上時，台木之影響，則未能顯出，反之，在生長不良之朝鮮唐松台上，接上長野松時，則能保持長野松之良好性狀云。此爲尚有不能說是穗木之影響，亦不能說是台木之影響的有趣的報告（據小野陽太郎著圖說接木繁殖法）。

第四節　中間台木與高接病

縱在發達到成樹園爲止之果樹園，由果園設立之時起，到成樹能充分收穫爲止之間，已經過20〜30年之年月，當此種經過期間中，，由于消費者之購買力或生活樣式之發達，所由來之食生活的嗜好或其他之原因，栽植當時之品種，不能達到初期之經濟目的之事，也許會發生。做爲事故之對策，則有更新成樹園之品種的必要。當然連根拔去，改植新品種，自甚容易，但用此法時，則不能不再忍受十數年間之收穫低下。極力排除此種收穫低下，施行品種更新之方法，即爲高接之法。即在成樹之各亞主枝上，接上新品種，仍留存原樹之主幹主枝，此亦需經過數年，始能更新爲新品種。當然在品種安定之時代，爲不常見之事。在終戰直後，已育成優良之早生桃了。故桃常被高接爲新的品種。以後苹果之祝、旭，亦被高接爲元帥系統之品種。

　　施行此種高接時，即在成爲成樹之上，再接上新品種，此種果樹之根，即爲所謂原來之台木，舊品種，位于新品種與台木之間，故舊品種則成爲一種中間砧木了。

　　依此種中間砧木之介入，已引起種種的問題了。例如古來更新柿之品種時，被稱爲能發生無核之柿，當然，關于此種柿之中間砧木，沒有看到有研究報告。此恐是自古以來之一種慣習。

　　關于此種中間台木，岩崎氏，曾調查枳殼台木／中間台木／溫州蜜柑之組合接木，得到如次之結果。從此種結果，在台木／中間台木／溫州之二重接木，以中間台木之幹周，爲 100，比較其上下之幹周時，幹之尖端細，甚爲明顯，接木在養水分上，似乎顯示有向下流動之生理的關係（表 6-8，9）。

表 6-8　以中間台木之幹周爲100之台木幹周（岩崎）

中間砧	1943	1944	1945	1946	1947	1948	1949
共一溫州	157	155	151	143	147	145	148
谷川溫州	157	159	152	146	154	142	148
野田溫州	148	167	159	146	154	151	150
橘	178	165	168	156	156	150	152
橘糸	138	138	125	142	128	139	135

表6-9　以中間台部之幹周爲100之穗部幹周（岩崎）

中　間　砧	1943	1944	1945	1946	1947	1948	1949
共一溫州	96	97	99	96	94	95	96
谷川溫州	100	94	95	93	94	92	94
野田溫州	98	98	97	92	92	98	95
橘	98	98	103	99	97	101	102
櫞	68	70	73	75	72	78	81

　　在中間台木之問題上，研究則稍早，但沙克士氏（Sax），已發表了一個有趣之報告（表6-10）。

　　沙克士氏，由于土質及其他環境之要求，認爲有中間砧木之必要，施行中間砧木之研究。

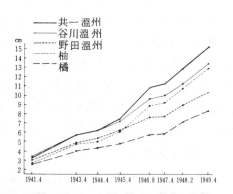

圖6‧3　穗部（中山溫州）之幹周（岩崎）

　　但在此種研究，中間台木爲台木之品種，台木爲近于野生種，對此，再有研究之餘地。但由于中間台木之介入，穗木之幹周，劣化之事，與前述岩崎氏之研究結果，頗爲一致，但僅在 Baldwin（赤龍）品種，中間台木之介入者，生育良好。對于此種傾向，沒有比較的成

表 6-10　　生育依台木、中間台木之差異（Sax）

台　　穗　　之　　組　　合	生存個體	二　　年平均幹徑	二　年　後平均幹長
McIntosh（　旭　）33340	6	1.8 cm	118 cm
McIntosh　　　　　　　33340 Sik	5	1.3	87
Cortland　　　　　　　33340	2	1.8	117
Cortland　　　　　　　33340 Sik	7	1.5	87
Baldwin（赤龍）　　　33340	9	0.6	35
Baldwin　　　　　　　33340 Sik	3	1.7	114
Stayman（大珊瑚）　　33340	0	—	—
Stayman　　　　　　　33340 Sik	5	1.6	105

　　註：　33340 = Malus Sargenti M. Astrucanico, Semidwarf

　　　　　Sik = Malus Sikkimensis

續，但 Stayman　（大珊瑚），亦是同樣的。

　　依中間台木之組合，生育有差異之事，暗示今後不單對于台木需要研究，對于中間台木，亦有研究之必要。

　　在關于中間台木之問題上，高接病之發生，亦成為不能不研究之問題。高接病為當苹果行品種更新時，將新品種高接于成樹時，在高接後，經 2 ～ 3 年，則開始衰弱，宛如有羽紋病侵害之感，此等高接後之樹，其根之組織，完全呈異狀，在樹皮上，生異狀之龜裂，主呈縱裂狀，故一見，卽可斷定為高接病。但從成為中間砧之品種，發生自根時，樹勢則恢復。飯森氏等曾云：就高接病與台木之關係說，三葉海棠，發生率低，丸葉海棠發生率極高。又從品種說，以國光為中間砧木之組合，Red Gold　，紅玉發生率高，元帥／新大王，紅王／西谷紅玉之組合，發生率亦多。又從高接品種之枝葉，縱不發生，由成為高接病之事實觀察時，高接病與萎縮病（Virus）及對此免疫性之如何而定。今喜氏等，曾施行實態的調查，報告其結果如次。

組　　　　　　　合	罹病率
三葉海棠／紅玉／新大王（Starking）	11.4%
圓葉海棠／紅玉／新大王	83.3
苹果共砧／紅玉／新大王	25.0
三葉海棠／國光／新大王	23.0
圓葉海棠／國光／新大王	81.0
三葉海棠／國光／着色系國光	6.6
圓葉海棠／國光／着色系國光	65.2
蝦夷苹果／國光／着色系國光	0
三葉海棠／紅玉／着色系紅玉	0
圓葉海棠／紅玉／着色系紅玉	100
圓葉海棠／國光／印度	20

　　又在此調查中，蝦夷苹果砧之發生率，為0%，故做為今後之台木，有加以考慮的必要。但定盛氏，則與此相反，並云：蝦夷苹果發生率高，又據定盛氏之報告時，從罹病樹，採集接穗，行高接時，發病率高，從健全樹採取穗木接木時，則不生病。中間砧之品種相異與高接病之間，沒有關係，在有趣之事中，有不行高接，直接接木，亦有生病的，做為一種病狀，台木之根上，生壞疽病（necrosis），木部生痘痕。在三葉海棠，病狀小而不明瞭，木部之痘痕，亦看不到，從此等結果，觀察時，高接病之發生，不是由于不親和性而被判斷為一種萎縮病（Virus）云。

　　萎縮病（Virus）若為原因時，選擇苹果之穗木，並合起來，選定中間砧木、台木時，高接病之問題，則與接木成為另外之問題了。

　　筆者在奧國與日本秋田縣，從沒有甚麼障害而實行了品種更新，由此考慮時，中間台木與高接病，若除去Virus時，我想是另外之問題。

圖 6·4

右：明瞭地爲中間砧木所夾之新大王
左：品種更新樹（在奧國所見）

第五節　接木親和性與活著過程

　　行接木時，爲表示與穗木活着之易否，常用接木親和性之語表示
之。

　　接木親和性，一般被認爲穗砧在植物分類學上，系統愈近者，兩
者之親和性則愈大。即在同種間，最高，隨異種異屬之次序，接木親
和性則漸低。但現在，在實際上，採用之穗砧，同屬異種者最多。又
如接于枳殻上之穗木，縱爲異屬間之接木，親和力大的亦有。現在將
一般採用穗砧之組合，列舉于本章最後之表內，以供參考。

　　在此種接木親和性中，尚有富于興趣之特例。例如苹果之台木，
一般多用圓葉海棠與三葉海棠，此兩種台木，對于任何之苹果品種，
均有很高之親和性，但僅有一個組合，如金冠（Galden Delicious）
與圓葉海棠，其親和性極低。又豆柿與柿之任何品種，均有高度之親

和性，但到了以後之生育時，對于如次郎，富有等甘柿之經濟品種，則不能維持其樹勢而衰弱。因此，在經濟栽培上，則不能不用共砧接木了。

此外，尚有活着雖甚容易，但以後之生育，台木比穗木容易肥大者，稱爲台勝，相反的時候，稱爲台負等現象。此種現象，足以說明接木親和性，頗爲複雜。又接木活着率之良否，受施行接木者之技術、環境及其他之條件等之影響亦大。

此外，關于與親和性有關係之台勝、台負、威柏氏（Webber），曾報告云：此種台勝台負之現象，在柑橘類之異種接木時，可以看到，並依其組合，將台勝、台負之程度，共分爲七個階段。卽將正常發育者，置于中央，將台勝者分爲三段階段，依次排于後面，將台負者，分爲三段階，依次排于前面。台勝最大者，爲以中國檸檬爲台木，接上甜橙類之時，現出云。

同樣之事，高橋氏亦云：枳殼砧上之早生溫州，雖能正常發育，但枳殼砧上之血橙（Blood orange），則呈極端的台勝現象。

然在日本東京教育大學農場之豆梨砧木上之長十郎園，台勝台負兩種現象均有，故縱在種間接木，可以想像均能發生台勝台負之現象。可知台勝台負之原因，亦有究明之必要。

搜集關于接木親和性之研究資料，觀察時，則如次。

接于豆柿砧之富有柿、次郎柿，似乎爲接木不親和，坂元氏等，就椪柑，亦曾報告過。一般椪柑之苗，均依枳殼砧養成，但在高牆椪柑，不單接木活着率低，而在接木後，漸次衰弱，數年內則至于枯死。而免于枯死之樹，矮化甚著，終至于或爲台勝，不單機械地，依衝擊容易脫離、果實之收量亦少而品質劣。

對于此種現象之對策，一般在生存中，施行接上橢根。此種椪柑，從樹之體積觀察時，與印度小蜜柑（Cleopatra）、橘，親和性高，從着花之點觀察時，與大紅蜜柑、橘親和性高，在一株平均收量上，與橢親和性高云。此爲在親和性之問題上，頗爲有趣之報告。

　　美國核桃（Pecan）　，亦依品種，其親和性不一，曾由大崎氏等
報告過。又大崎氏等曾云：三月行居接，四月行掘接，活着率佳。依
時期及操作之相異，在親和性上，亦有差異之事，亦曾報告過。

　　又大崎氏等曾報告云：使接木之部位，保持 20～30°C 之溫度
，甚爲必要，若較此溫低時，活着率則低下，將接木部，用尼龍帶包
覆時，活着率則增加甚著，又美國核桃之親和性，受環境及溫度之影
響甚大云。

　　三木氏與此相同，曾報告彼使用自造之軟膜包裝（Film packing
），能保持接木部之溫度，依此提高了活着率，但此事可視爲環境影
響于親和性之一例。

　　又關于西瓜台木之影響，飛高氏等，由于扁瓠抵抗炭疽病弱，故
研究南瓜砧木，並云：耐暑性強之品種，鶴首白菊、新土佐、Kentu-
cky Field　甚佳，但發育不整齊。

　　近藤氏，關于瓜類之親和性，曾有次記之報告。

瓜類台木之種類	生育普通之穗木種類	生育不良之穗木種類
Cucurubifa	C. maxima.	C. melo
Cucurubifa	C. Pepo	
Cucurubifa	雜種南瓜	
Cucurubifa	扁　　瓠	
Cucurubifa	西　　瓜	
Cucurubifa	黃　　瓜	
C. maxima	黃　　瓜	C. melo
C. maxima	南　　瓜	西　　瓜
C. maxima	扁　　瓠	
雜種南瓜 (C. max. X C. mosha.)	各類瓜類	—
C. Pepo	西　　瓜	C. melo
C. Pepo	南　　瓜	
C. Pepo	扁　　瓠	

　　並認爲在 C.melo 之台木中，有選擇瓜類植物之必要。此事在今後果菜類之接木栽培上，顯示台木之研究，不可不同時爲之。又門得爾氏（Mendle）等，曾企圖依澱粉含量之多少，測定台木穗木之親和性。

第六節　接木活著之過程

　　穗木與台木，經過何種過程，始活着而至于營一個體之生活，瞭解此事，在修得接木技術上，爲極爲有益之事。著者爲此種目的，將日本梨長十郎，接木于豆梨砧木上，施行組織的追踪觀察其活着過程了。其結果則如圖6·5。

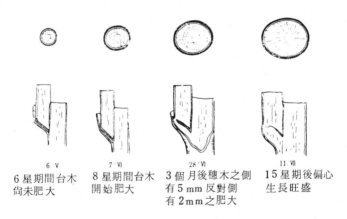

6·V	7·VI	28·VI	11·VII
6星期間台木尚未肥大	8星期間台木開始肥大	3個月後穗木之側有5mm反對側有2mm之肥大	15星期後偏心生長旺盛

圖6·5　台木之偏心生長之橫斷面及縱斷面

　　就此觀察時，穗木開始伸長，開始肥大時，換言之，新組織開始形成時，台木爲接受此種形成，僅穗木插入之側，行偏心的肥大生長，即新組織被形成，砧木則行連絡。接木之活着，先依癒合組織而癒着，新形成之導管及其他之組織，保持連絡後，始完成活着之現象。此種順利的經過，值得驚奇。

表 6-11　接木活着過程　　　　　　　　　　　　日本梨／豆梨

接木後之日數	接穗之芽之狀態	縱接着部之癒合組織	底部之癒合組織	穗木之肥大	台木之肥大	癒着之強度	組織發達之程度
一月 26./IV	與接木當時完全相同	＋	＋	無	無	用指尖極易離開	縱接着附近之皮部比其他部份肥厚
6星期 6/V	小型葉展開 2～3枚	＋＋	＋＋	無	無	與上記無大差	
8星期 20/V	新梢伸長葉數增至 4～5枚	＋＋	＋＋＋ ＋	有微小之發達	無	對于指尖有微小之抵抗力	以橫斷切片觀察時，木質部肥大同時相接但形成層尚未連接
2月 24/V	新梢約10cm長，完全大	＋＋	＋＋＋ ＋	有肥大	有肥大	少少之力不能離開	
11星期	新梢約12-15 cm長有葉 9～10枚	＋＋	＋＋＋ ＋＋	有200-300微米之肥大	有60-80微之肥大	在切片做成中，亦未離開	
3月 28/VI	新梢約25-30 cm長，葉數 15枚	＋＋	＋＋＋ ＋＋	12 mm之肥大	穗木側有5mm，反對側有2mm肥大		在橫斷切片上兩者之形成層連絡了，呈瓢箪狀之幹狀

其次著者當時將日本梨長十郎，接木于豆梨砧之作業時，以第一區，做爲標準區，用最普通之切接法，第二區，在適當切接法之縱接部份，夾入玻璃紙（Cellophane Paper），以阻害癒合組織之癒合，第三區，用同樣之切接法，接木，但以玻璃紙插入于穗木之底部與台木舌狀部之間，第四區，亦依普通之切接法接木，緊縛後，則在穗木底部，接觸

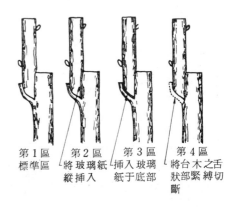

第1區　　第2區　　第3區　　第4區
標準區　　將玻璃紙　　插入玻璃　　將台木之舌
　　　　縱插入　　紙于底部　　狀部緊縛切
　　　　　　　　　　　　　　斷

圖6‧6　　將長十郎接木于豆梨砧插入玻璃紙，觀察其活著率

台木舌狀部切去（圖6‧6），其結果，則如表6-12。

表6-12　依接着部處理之活着率（4月2日接木，6月1日調查）

項 目 區	供試個體之數	芽展開之個體數	同　率	沒有展開芽之個體數	同　率	沒有展芽之個數	雖不發芽而能生存之個數	新梢之平均長	新梢之平均葉數	生長個體之瘉合量		
										多量	中量	少量
第一區	17 株	15 株	88.2%	1 株	6.6%	2	1	18.6	11.2枚	7株	7株	0 株
第二區	20	11	55.0	0	0	9	3	12.1	8.6	9	6	0
第三區	24	15	62.5	3	20.0	9	3	9.6	7.3	5	7	2
第四區	19	13	68.4	7	53.8	6	4	4.8	6.1	7	6	0

各區之供試株數少，故難做決定的意見，但第二區之芽，多沒有展開者，一般接木活着過程之第一段階，在接穗與台木之縱傷部露出，而且由合一之形成層形成癒合組織，而此種癒合組織，互相癒着，故能保持養水分之供給，防止穗木之乾燥。又接穗之芽，則開始伸長。但此現象，想爲玻璃紙阻害之故。

第三區之穗木底部與台木之舌狀部，夾有玻璃紙者，依縱行形成

層之癒着，與標準區相同，很快被保持了，而且能維持初期之生長，但由于底部被遮斷，從前記之實驗時，台木則由于穗木側之偏心生長，不能被許可，新生組織之連絡，則不可能，一時芽雖能生長，但卽

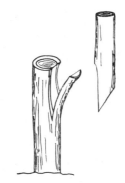

圖6‧7　台木穗木之切口縱削平滑，若成弓狀時兩者則難合一

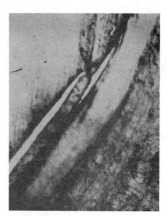

圖6‧8　切接之活著部位

正常者　　　　　座止者　　　　　不活著者

圖6‧9　活著狀況

刻則停止了。在此實驗，不用玻璃紙，若用錫箔或鉛箔時，則可獲得更明瞭的結果。

　　又 第四區，切斷舌狀部者，初期展芽之個體多者，由切斷舌狀部，穗木底部附近之癒合組織之形成被促進，再依由台木舌狀部之切斷面，形成之癒合組織，能完成包覆穗木之底部，依此養水份則能充分補給，故能防止穗木之乾燥，芽之展開個數，則能與標準區略同了。

　　由以上之事情，台木與穗木之關係，先依露出于縱傷之形成層形成癒合組織，依此癒合組織，使穗木維持生育，並隨春暖而開始生長，依此合成未知之生長素，再依此生長素，台木則行偏心生長，再依舌狀部之皮層肥大，則形成新組織。與此平行，在穗木上，亦形成新組織，兩者則至于合一。因此，則如圖6‧7所示，砧木向下縱切之斷面，縱削得平滑，但因成弓狀，對此，穗木垂直切時，兩者能充分合致者極少。況兩者之縱削面粗糙時，初期之癒着，則困難而不活着。

　　又若將穗木不充分插入時，穗木之底部與台木之舌狀部，形成之癒合組織，不待說，兩方之新組織，連絡亦不可能。

第七節　接木之分類與技術

　　接木法，依作業之技術的過程，可分爲四類。

　　第一　主爲果樹及花木類養成苗木時，所採用之枝接法。此爲基礎技術之重要接木技術。此種技術，多實施于冬季或早春，所用之接穗，爲保有深休眠芽之小枝。作業無論用何方法，均用銳利之小刀，將台木之一部皮部及木質部，削爲舌狀或近似于舌狀之形，然後將接穗削爲適合于台木傷部之形，插入于台木之傷部。所用之台木，有種種之形態，因此，接木之法，亦有種種之名稱，例如切接、割接、鞍接、皮下接等。

　　第二　爲稱爲芽接之接木方法。其中楯芽接法，爲採用最多之方法。所謂芽接法，即將生育期間中，略已完成翌年發芽之芽，貼入台木皮層之方法。換言之，爲將有芽之皮層，在台木上，施行植皮手術之方法。芽接之時期，多開始于芽完成之晚夏，卽適于植皮手術，樹液之上昇期間中。

　　第三　爲不是以繁殖爲目的，而是使現存之成樹，發育更旺，或對于受病害蟲之侵害，養水分被中斷之成樹，接枝之方法。圖6‧10所揭示者，爲歐美書籍中所稱之橋接，特此介紹。在日本，如斯維持成樹之存在，努力者尙未見過（雖有可能，但價値不高）。

　　如以上所述，接木在台木與穗木，或稱爲接芽，此外如根接，個體植物與台木之組合，不論如何，一方或兩方，均將不完全之物，接合起來。

　　第四　爲稱爲呼接之接木技術。呼接爲相當于台木之部分及相當于穗木之部分，均爲完全生育之個體，爲以兩者之肥大爲基盤之繁殖技術。

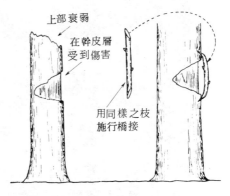

圖6‧10　橋接（Bridge grafting）
方法：下部行皮下接，或削爲 L 字形
指導書所指導的，並非不可能，而
極爲困難。以橋接爲目的之貴重植物
，苗木育成反易。又在 L 字形削去，
或其他作業極不容易。

（圖內文字：上部衰弱／在幹皮層受到傷害／用同樣之枝施行橋接）

　　著者，曾將呼接，除上記之三類外，特稱爲第四類。當然，切接、芽接、根接、呼接之中，依技術與作業方法等，特別加以分類或區別，也是當然的。

　　例如以上之作業（就中以切接爲主）但也許應編入作業之技術的部分，也未可知，將台木掘出接木者，稱爲揚接或掘接。任台木植栽于圃場，行接木者，稱爲居接或地接。因此，芽接與根接，差不多應歸入于居接之部類。

　　現在列名將接木分類法，做爲參考，舉例時，則如次。

圖6‧11　　依洪水泛濫，爲土砂
所埋沒，成爲深植狀態之成樹，
可用根接法以助之。
（日本長野縣下）

圖6‧12　柿之皮下接，開始膨芽　　　圖6‧13　柿之皮下接，同年之秋季
　　　　（切接之應用）　　　　　　　　　　　（落葉後）

　　小野氏，在其著書中，載有如次之方法。

　　切接法、割接法、剝接法、合接法、鞍接法、削接法、片削接法、舌接法、嵌接法、十字芽接法、橋接法、箱接法、腹接法、寄接法、根接法、丁字形芽接法、逆芽接法、鈎形芽接法、三日月芽接法、內山式芽接法、環狀芽接法、嵌芽接法、繼芽接木法等。

　　田中諭一郎氏，依接木作業之位置，分為居接與揚接。依時期分為發育期接與休眠期接，依台木之位置，分為高接、普通接、腹接及根接。依接木之方法，分為芽接、枝接、寄接、橋接。再將枝接分為

圖 6·14　柿之皮下接（第三年春）

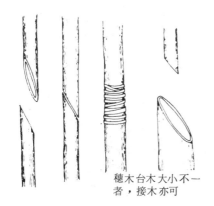

穗木台木大小不一
者，接木亦可

圖 6·15　合接
如葡萄台木穗木大小相同者可接

台木

圖 6·16　鞍接
（Sadle grafting）

切接、削接、合接、鞍接、片削接、割接、半割接、舌接、皮下接、寄接 等種。

　　據「接木插木之新技術」（誠文堂新光社刊行），舉有次記之方法：切接、搭接、合接、嵌接、鞍接、片搭接、割接、舌接、皮下接、寄接、橋接、腹接、呼接、芽接、芽接再分為楯芽接、逆芽接、鈎形芽接、管芽接、三日月接。以上為日本人接木法之分類。

　　外國人之分類方法，舉1～2例觀察時，則如次。

　　1.由法文翻譯之 "The art of grafting and budding 1923. London

　　　　　　Grafting by Approach.

　　Group 1. — Method by veneering.

　　　　　　　"　　by inlaying.

　　　　　English method.

　　Group 2. — Inarching with an eye.

　　　　　　　"　　with a branch.

　　　　　Grafting with Detached Scions.

　　Group 1. — Side-grafting under the bark.

　　　　　　　"　　　　"　　　with a simple branch.

　　　　　　　"　　　　"　　　with a heeled branch.

　　　　　　　"　　　　"　　　in the alburnum.

　　　　　　　"　　　　"　　　with a straight cleft.

　　　　　　　"　　　　"　　　with an oblique cleft.

　　Group 2. — Crown-grafting.

　　　　　Ordinary method.

　　　　　Improved method.

　　Group 3. — Grafting de précision.

　　　　　Veneering, common method.

　　　　　　　"　　　in crown-grafting.

　　　　　　　"　　　with strips of bark.

　　　　　Crown-grafting by inlaying.

　　　　　Side-grafting by inlaying.

　　Group 4. — Cleft-grafting, common single.

Cleft-grafting, common double.

       "　　　　　oblique.

       "　　　　　terminal.

       "　　　　　"　　　woody.

       "　　　　　"　　　herbaceous.

Group 5. — Whip-grafting, simple.

       "　　　　complex.

Saddle-grafting.

Group 6. — Mixed grafting.

Gafting with cutting.

When the scion is a cuttings.

When the stock is a cutting.

When both are cuttings.

Root-Grafting.

Of a plant on its own root.

    "　　on the root of another plant.

Grafting with fruit-buds.

Bud-Grafting (Budding).

Group 1. — Grafting with shield-buds.

Bud-grafting under the bark, or by inoculation.

      "　　　　ordinary method.

      "　　　　with a cross-shaped incision.

      "　　　　with the incision reversed.

      "　　　　by veneering.

      "　　　　the combined or double method.

Group 2. — Flrute-grafting.

      "　　　　　　common method.

      "　　　　　　with strips of bark.

2. 據 J. P. Mahlstede and E. S. Haber 著之 Plant Propagation 1957. New York. John wiley & sons ins. 則分類如次：

Approach Grafting. （呼接）

Spliced approach graft. 合呼接

Tongue approach graft. 舌合呼接

Inarching. 寄接

Bridge Grafting. 橋接

Apical Grafting. 添接

Splice graft. 頂接

Whip-and-tongue graft. 舌接

Saddle graft. 鞍接

Wedge graft. 變形鞍接

Lateral Grafting. （腹接）

Side graft. （腹接）

Veneer graft. （變形腹接）

Bench Grafting. （呼接）

Cutting Grafts. （插接）

Bud Grafting. （芽接類）

Shield or T-bud. （楯芽接）

Nicolieren method of budding.

Chip bud. （削型芽接）

Patch bud. （嵌入芽接）

Flute bud. （輪狀芽接）

Top-Working. （大樹台木割接類）

Cleft graft. （割接）

Modified veneer graft. （腹接）

Frameworking.

Stub graft. （變型皮下接）

Oblique side graft. （皮下接）

第八節　關于切接

構成接木技術之基礎者，爲切接法，若不能實施此種切接法時，則以切接法爲基本之其他所有之接木法，均不能實施之語，並非過言。

現在花卉、花木、果樹等之苗木養成上，無不採用此種切接法。此種切接法，特別在養成台木植物之一年生枝上，多接上有二芽之一年生枝。已在接木項之必要性下，敍過了。但切接時，穗木之問題與關于台木處理之問題，甚為重要。

又切接時，使用之器具，有剪枝剪、銳利之切接刀、緊縛材料（如藺草、椰子纖維Raphia　，軟藁、橡膠帶 gom tape　、塑膠帶等，甚為必要。

以切接為基本之種種應用法內，其他如小鋸及其他之器具，有時亦甚必要。

又在接木作業後，為防止穗木之乾燥，有時尚需使用接蠟。著者當薔薇接木時，單用55℃之石蠟，但沒有甚麼害，而頗有效果。

接木之緊縛材料，以前常用軟藁（打軟之稻草），或椰子葉纖維等，但現在如圖6‧17所示，多用玻璃紙或塑膠帶，但薔薇苗木及其他苗木養成者，多使用橡膠帶。又由美國輸入之橡膠帶上，塗佈有接着劑，在各商店有販賣的，但使用者甚少。

一、切接之技術

1. 關于穗木之問題

a. 穗木之選擇

從實施接木繁殖之目的說，採集穗木之母樹，選擇能完全發揮希望繁殖之品種形質者，乃當然之事，但此外，選擇不受病害蟲之侵害，而樹勢中庸之事，亦甚重要。

又母株選定後，在此種母樹之中，如在活着過程之項所述，為使活着率優良，選擇保有充足之貯藏養分之充實枝條，更為重要。

b. 穗木之採集時期

一般接木時，在台木之樹汁開始上昇直前，接上休眠狀態深之穗木時，活着率則高。即在接木時期，採集穗木時，休眠淺者，頗不理

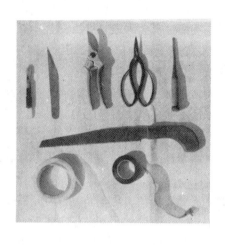

圖 6·17　接木之用具說明：
　　　　　右下爲有色帶，即三木氏所說之 Green film
　　　　　如三木氏所發表，有調節溫度之可能。伸度性
　　　　　及其他條件，均甚優良。

想。因此，在休眠深之 12 ～ 1 月之間，採集者最佳，又爲防止穗木
之乾燥，則不可不行貯藏。一般在常綠樹之根基，或在建築物之北側
，選擇日光不直射之處，埋藏之。關于此種穗木之採集期與活着之關
係，高馬氏，曾就從 11 月起，到翌年 4 月爲止，採集之胡桃接穗，
加以實驗，並報告年內採集者，成績佳（如表 6-13 ）。

表 6-13　　依穗木採集期之不同與胡桃接木之活着率

（高馬氏　1953）

穗木採集期	供 試 個 數	活 着 個 數	活 着 率 ％
11 月 3 日	20 個	19 個	95
12 月 3 日	20	18	90
1 月 4 日	20	15	75
2 月 5 日	20	17	85
3 月 5 日	20	17	85
4 月 15 日	20	15	75

　　多數之植物，在此期間，採集者佳，但梅，若貯藏期間長時，活着率則低下，故多在接木時期採集。

　　又常綠樹之柑橘類與枇杷，多在 3 月下旬採集，在 4 月上旬接木，約行 2 星期之貯藏。此等穗木之貯藏，多放水于木桶或水桶，挿入穗木于其中，貯藏之。

2.　關于台木

　　a. 台木應具之條件

　　從果樹起，到花木爲止，在依接木育成苗木之作物，育成健全之台木，爲育成優良苗木之第一段階。台木應具之條件，首需接木親和性大，對于穗木保有優良影響之事，乃當然之條件。此外，做爲一般之條件，如樹勢健全，沒有受到病害蟲之侵害。台木苗木之養成，一般多用挿木或實生繁殖。

　　b. 台木之預措

　　在一般之植物，接木前，對于台木多不施行甚麼預措，但胡桃接木時，由于台木樹液上昇晚，到 4 月下旬，始行接木，在另一方面，在此時期，穗木之休眠，已開始打破，故活着率低。因此，高馬氏曾勸告農民將台木伏埋于 20°～ 25 °C 之溫床內，以促進樹液之上昇，

表 6-14　　利用電熱溫床胡桃之接木活着率（高馬氏 1952 ）

接木月日	穗木採集 月　日	台木種類	穗木種類	接木數	活着率	活着率	備　　考
3月10日	2月23日	鬼 核 桃	信濃核桃	35	28	80％	輸送穗木
〃　〃	〃	〃	點心核桃	43	38	88	附近貯藏
3月17日	〃	〃	〃	70	63	90	〃
〃　〃	〃	點心核桃	〃	15	14	93	〃
3月21日	〃	鬼 核 桃	鬼 核 桃	40	34	93	輸送穗木
4月6日	4月4日	〃	點心核桃	33	33	100	附近之穗
合　　　計				236	213	90	

3. 切接法之作業過程

a. 接穗之調製

剪去充實枝條之尖部與基部，用中央部，一般剪爲 6 ～ 7 Cm 長，有時較此長者亦可，但短者宜具二芽剪斷之。

一般使用台木植物與標準接木時期，如次。

（以東京附近爲中心，在南部則較此稍早，在北部則較此宜稍遲）。

果樹及花木名　使 用 台 木 植 物　　接 木 時 期

　　杏　　　　　共砧或桃　　　　2月下旬～3月上旬

（註：以下所謂之桃，爲花桃，非果樹之桃，爲在日本長野縣等
　　　　地採集之半野生狀態之桃樹）

　　柿　　　　　共砧，豆柿　　　　3月下旬～4月上旬

　柑橘類　　　　橘、橙　　　　　　4月中旬～下旬

　　栗　　　共砧，用柴栗有問題　　4月中旬

　櫻　桃　　　靑膚櫻，大島櫻　　　3月上中旬
　　　　　　　馬哈賴布櫻，或馬雜得櫻

　　李　　　　　共砧或桃　　　　　3月上中旬

梨	台梨、共砧	3月中旬
枇 杷	共 砧	4月中下旬
葡 萄	根瘤蟲抵抗性台木	3月上中旬
苹 果	圓葉海棠、三葉海棠	3月上中旬
楓 類	野生楓	從3月上旬寄接
泰山木	辛 夷	4月上中旬
山 茶	山茶、茶梅	3月下旬～4月上旬
薔 薇	野薔薇	2月上旬
牡 丹	共砧、芍藥	9月中旬
松 類	黑 松	1月下旬～2月中旬
木 蓮	辛 夷	3月中下旬
紫丁香	水臘樹	3月上、中旬

此外，現在慣用之台木，均爲共砧。

b. 台木之削法

切接爲育成台木或供試品種更新之作業，所用之台木，主爲一年生之植物。縱當高接時，亦常用一年生之枝。2年生以上之大枝，並不是不能行切接，但有用其他接木法之必要。

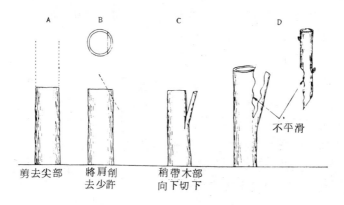

圖 6·18　台木之削法與切接法

　　現在以養成苗木的時候爲主題，說明作業之順序。養成苗木時，使用實生砧，或用插木繁殖之台木，先在地上５～７公分處，將台木之上部剪去。此種工作，需用銳利之剪枝剪爲之。傷口面，以盡量使之平滑爲可。

　　被剪去尖部之台木，選其周圍凹凸最少，筆直肥大部分，將尖部削去少許。（此種必要，並不需重視，其理由，據業者說，將肩部削去少許時，則容易看到形成層之位置，但容易看到的爲皮層，在確認形成層之位置上，並不十分有用）（圖６‧18）。

　　其次，從削去肩部之處，稍帶木質部向下縱切，長約２～３公分。台木切下之傷面與穗木之削面，均須削爲平滑，使兩方之形成層之一邊，充分密合。此種作業之良否，支配活着甚大。

　　現在假定如圖６‧18　，右側之斷面，穗木及台木若被削成爲不平滑之狀態時，縱將兩者觸接，而其相接觸，不是面而是點，因此等到癒合組織，填滿此空隙，能補給養水分爲止，穗木則已乾燥枯死，自難活着了。

　　c.穗木之削法

　　選充實之枝之中央部，做爲接穗，上部留一芽，中央部稍下處留一芽，一穗上共留二芽，切斷之。育成上部之芽，爲接木之目的，但

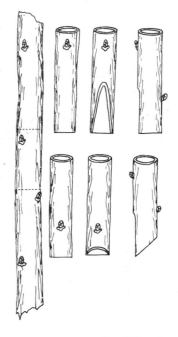

圖６‧19　接穗削法之順序

依某種理由，上部之芽，若不展芽時，則使下部之芽，伸長，並不需要二芽均能伸長。

留二芽被剪斷之短枝（接穗），將下側向基部稍帶木質部，削去2～3公分長，而需要削為平滑，再將削面之反對側，用銳利之小刀，削成鈍角，如圖6‧19。

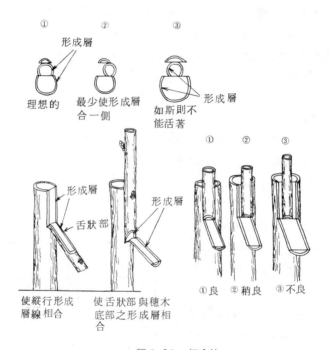

圖6‧20　相合法

d. 接穗插入法

插入之法，無論用何法均同，但若能將穗木台木縱行露出之形成層，完全合致時，自為最良之法，但削為平滑兩者傷面之寬度，若完全一致時，則兩形成層則易接近，依初期之癒合組織，極易保持連絡。又兩方縱行之形成層合致時，台木舌狀部之形成層，與穗木底部之形成層，亦能完全合致，故新組織極易保持連絡而活着了。

e. 穗砧合着法

在台木切下縱行露出之形成層上，將穗木同樣削成平滑露出之形成層，宛如二個之軌道，上下相重，使穗砧相合，而且穗木底部之形成層，密着于台木舌狀部之形成層，如圖6·20，用力插入。若台木穗木之大小相同時，如上所說，兩者之縱行形成層，左右則均能相合，但台木太深，接上細小之穗木時，兩者之形成層，則不能使之均能相接。遇到此種場合時，可如圖6·20之②，則不能不使之一側合着。在圖6·20之③之狀態時，兩方之形成層，則不合致，故難活着。

　　f．捆縛法

　　穗木插入砧木傷口部完了時，在以前多用軟藁或椰子葉纖維捆縛之。但現在用細小之台木接木時，多用橡膠帶或塑膠帶束縛之。用三木氏推賞之玻璃布帶捆縛時，則極爲便利，但活着率，受台穗之削法及捆縛技術之影響，此捆縛材料更大，並不如三木氏所說之敏感。

　　結縛之目的，爲使由台木及穗木形成之癒合組織，容易迅速取得連絡，不可太緊，不可太鬆，而且使砧穗相合之形成層，不相離開。因此，先開始捲縛2～3回，其次爲使穗木不向上脫去，再在穗上捲縛1～2回，爲使之固定，再繼縛2～3回後，再在穗上捲縛一回。（在穗木上，束縛一次也可，束縛二次亦可）。此種

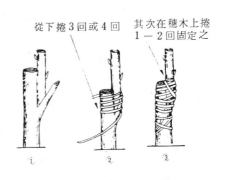

從下捲3回或4回　　其次在穗木上捲1－2回固定之

圖6·21　細縛法之要領

操作，不是技術，而是作業者之習慣的問題，對于活着，並無影響。

　　雖非束縛法，但三木氏，曾數次在學會上報告軟膜包覆法（film packing），對于栗之周年接木法，用綠色軟膜（Green film）保持之溫度，甚爲有效云云。余想技術之巧拙，比軟膜之色的相異，更爲重要。

　　g．接蠟之使用

　　接木之活着率，接木技術操作之巧拙，爲決定的條件，**不待贅說**。但依環境狀態之如何，就中在天氣不良之條件下，依使用接蠟，能提高活着率之事，亦不少。如行高接時，穗木常有受到乾燥之害的危險，此時，使用**接蠟**，自可提高活着之率。又薔薇接木時，常用**接木箱**，或用電熱溫床時，以促進活着時，由于床溫高之故，使穗木乾燥之危險頗多，當這種時候，接蠟之效果，極爲顯著。

　　接蠟中，有加熱溶解使用的，有在常溫下能使用的。前者中，最簡單的，爲單用融解點 50～60 °C 之石蠟法。此外，如圖 6·22 所示，用二重鍋 加溫使用的，有現成販賣品發售，又有將松脂 40 ，密蠟 20 ，豬油20（均爲重量比），混合製成的，稱爲接蠟，亦有市販賣品。後者爲在常溫下，能使用的，即用松脂20 ，豬油15 、酒精45 、松節油（ oil of terebinth ） 7.5（均爲重量比）等製成的。此種接蠟，雖被推獎過，但常溫用者，由于製成困難，少有被使用。此種在常溫下使用可能之接蠟，最近有市販品發售。

圖 6·22　溶解接蠟之二重鍋

　　此種 接蠟，主以合成石蠟製成的，故到100 °C 上下爲止，其粘性不會變化，故能容易被 覆接木部。不單如斯，此種 接蠟，不粘手指，而最易粘附接木部。

　　此外，對于玻璃紙（ cellophane ）、匯皮紙，不粘着，但對于合成樹脂紙（ polyethylene paper ） ，極易粘着。此種特性，若考慮接木之緊縛 材料與組合時，甚爲便利，而處理容易，且在不良條件下，能提高接木活着率。

　　接蠟之使用，筆者在一月中旬，實驗薔薇接木時，其後之管埋，則將接好之苗，埋伏于溫床，因床溫高，穗木有乾燥之虞，故如前所述，曾推獎使用石蠟，但在以產量為目的之花農，多不大使用。然行品種更新高接時，接蠟之效力大，在此種高處，接木時，使用合成石蠟，極為便利。

　h．接木後之管理

接木作業終了後，即應採取之管理作業，即為在穗木與台木能取得連絡以前，需要防止穗木乾燥而免于枯死。

因此，用濕水苔包捲之，其上再用塑膠布包之亦佳，但若假植于苗圃時，穗木

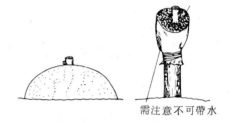

需注意不可帶水

圖6‧23　為防止穗木乾燥用水苔包之

上最上之芽，以稍露于外面為度，施行覆土，到現在為止之作業（居接時），依順序所照之像片，則如圖6‧24（1～6）。

大崎氏等，曾如前所述，曾報告云：美國核桃，接木後之作業，使接木部位，保持20～30℃之溫度，甚為必要，若溫度較此為低時，活着率則低。

薔薇之接木，一般從1月中旬起開始，由于氣溫低，活着率亦低。

著者曾在日本崎玉縣川口市安行地區，在專門育成薔薇苗之業者處，看到此種育苗之事實，但此種業者，由于勞力不足，專門施行育成切接苗，將此種地接之薔薇苗，與水苔埋伏于淺木箱中，將此貯藏于地下倉庫，一星期以上，其後到了某種程度癒合時，將此植入于冷床。即將切接與栽植集中起來，施行的工作。此種集合栽植薔薇之接木苗，在一星期前後之期間內，已發現依癒合組織而癒合了。

著者看到置于此種地下倉庫之最高最低寒暖計，顯示為9℃，依調節此種溫度，認為有促進癒合組織發生之效，曾設立10℃，15℃

1.分業之居接全影

2.台木之削切

3.將予先調製之穗木
　挿入台木

圖6·24　業者之苹果居接次序（1－6）
　　（第4－6圖見續頁）

4.削好之穗木

5.接木後捆縛作業

6.將縛藥用覆土壓之。澆肥覆土
（左：覆土完畢。中央施肥終了
，下：捆縛）

，20℃ 等三區，施行實驗，認爲維持17～20℃溫度之間，效果最大。此實驗，三區之實驗裝置，極爲粗雜，故製爲17～20℃之裝置，在實用上，頗堪使用。著者供此種實驗之箱，以後稱此爲薔薇之接木箱，常使用者，則如圖6·25。

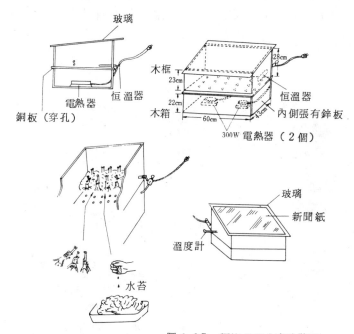

圖 6·25　調節溫度之實驗裝置

二、其他接木之諸技術

在日本，一般所稱之接木，爲指切接，已如前述，應用此種切接之理念的接木，有好幾種之多。

由其中擧出比較採用多之2～3個接木技術說時，則有如下記數種：

1. 割接或劈接

　　將台木劈裂爲二半，在其間挿入削爲楔形之接穗的接木方法。使形成層相合之事，與切接，並無很大之差異。但台木與穗木之削法，則不一樣。

　　常見到迷惑于割接之語，將台木用斧劈開，然後將穗木挿入其中，如斯接法，似無活着之理。將穗木削爲楔形之形成層，與台木之形成層合致時，台木與穗木，其木質部，均需在相當硬化以前，施行較爲有利。

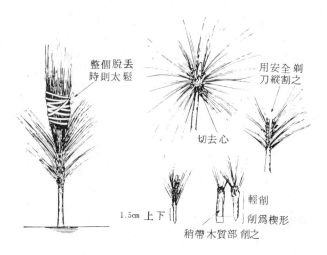

圖6・26　　在黑松台上，割接挿入五葉松之穗木
（髓部粗大者多被採用西瓜之接木亦準此）

　　西瓜之接木，專用此法，但在木本植物，如在黑松砧、赤松砧上，接上五葉松或多行松，此外有不少之園藝品種之接木，多採用此法。但此等植物，均在新梢上，接上新梢（如圖6・26）。台木硬化時，台木與穗木之間，則易生空間而難活着，外行之人，往往將穗木挿入台木之中央，忘却形成層之密着。

2.腹接

　　腹接亦爲在大樹之台木上，施行接木之技術。在日本栗接木時，

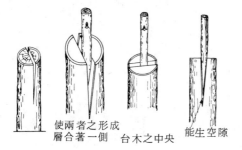

使兩者之形成
層合著一側　　台木之中央　　能生空隙

圖 6·27　不活著之割接

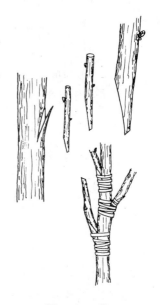

圖 6·28　腹接法

有時亦採用此法。腹接之時期，爲九月，故可視爲芽接應用之方法。

　　腹接之方法，與後述之削接（Whittle Grafting）　之要領，完全相同，僅以有芽之短枝，代替接芽，做爲接穗而已。又視爲沒有將台木之上部切去之皮下接亦可。

　　現在稱爲腹接法者，則如圖 6·28 所示。

3. 皮下接

　　亦稱爲皮接，即在粗大之台木上，施行接木之方法，在技術上，有好幾種之方法，但筆者，擬介紹實施時，作業容易，而活着率高之方法，如次。

a. 台木之削法

　　接木時，需要準備双寬 6～8 公厘之鑿與接木刀。先將台木于希望之高處，剪斷或鋸斷。其次用接木刀，從台木之斷面向下方，以鑿双之寬，切傷二個平行線，達到稍傷及木質爲止，然後用上記之鑿，在平行線之間，稍帶木質部，切下 2～3 公分之長。舌狀部與切接時略同。

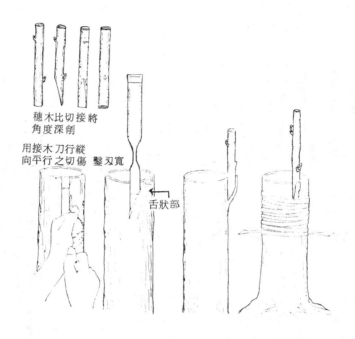

穗木比切接將
角度深削

用接木刀行縱
向平行之切傷　鑿双寬

舌狀部

圖6·29　　皮下接。在粗大之台木上用此法最爲容易。

b. 接穗之削法

與切接時之接穗完全相同，但詳細觀察時，則如次。

需選外觀上不大不細，生育中庸，而內容充實之枝之中央部，做爲接穗，切爲具有二芽，約 10 公分長。其次將上方有芽之側之下部，稍帶木質部，削下 3〜4 公分長。此時，切下之傷面，需與鑿双之寬同，若將穗木削入太深時，則不能插入鑿双寬之間，若將細小之穗木，淺削時，則不能達鑿双之寬，兩側則生空隙，形成層則不能合着，故不能接活。此種皮下接之活着與否，在于台木穗木之削法，並非過言。削面之反面，削爲鈍角，完全無異于切

圖 6·30

接。

　　c. 插入與捆縛

　　削爲鑿刃寬之台穗後，將穗木嵌入于台木傷線內，稍用力壓緊插入，無異于切接，插入完後，用適宜之緊縛材料，縛之。筆者常用塑膠帶捆縛，但此等緊縛材料，稍有伸長性，故稍稍緊縛，甚爲適宜。

　　又爲防止接木後穗木之乾燥等，完全與切接時同。此種皮下接，完全與割接相同，沒有受到無故之傷害，故病害蟲之侵入少，縱然接木失敗了，翌年其台木，再可使用。

　　d. 接木 插木

　　此爲在插穗上，施行接木後，插植之方法。在日本，差不多，沒有用這種方法，但在葡萄之根瘤蟲免疫性砧上（無根之枝條）上，接上園藝品種（主用�爲舌接法之特殊接木法），將此插植于苗床，並需防止由接木部生根。又爲防止接木後接穗之乾燥，將此拔出于床土之上，用穀皮或鋸末埋沒之。

　　4. 呼接

　　楓樹（紅葉）之接穗，容易乾燥，用一般之接木法接木時，頗難活着。現在用綠枝接時，很有施行接木之可能，但一般業者，專用呼接接木。

　　在接近于希望繁殖之母株附近，栽植台木，或將台木栽植于花盆內，放置于母樹之近傍，使二者之枝合接，依兩者之肥大，癒着後，將穗木基部，切斷之方法。

　　此種合接法及其削法，有種種之方法。在歐美，稱爲 inlaying 技術，概指此法（參照分類之項）。

將皮層削成同形
同大平滑之傷口

圖 6·31　寄接法（紅葉）

此種呼接法，少有失敗的，故能採用接木方法中多數形狀之接木法。

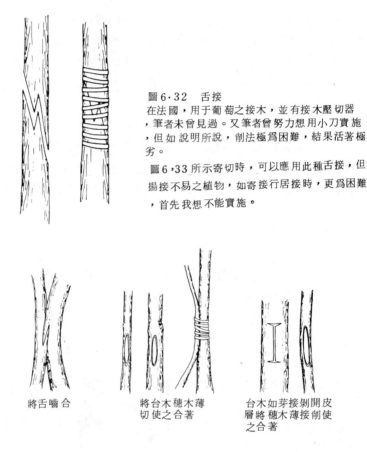

圖6·32　舌接
在法國，用于葡萄之接木，並有接木壓切器，筆者未曾見過。又筆者曾努力想用小刀實施，但如說明所說，削法極爲困難，結果活著極劣。

圖6,33所示寄切時，可以應用此種舌接，但揚接不易之植物，如寄接行居接時，更爲困難，首先我想不能實施。

將舌嚙合　　　　　　　將台木穗木薄　　　　台木如芽接剝開皮
　　　　　　　　　　　切使之合著　　　　層將穗木薄接削使
　　　　　　　　　　　　　　　　　　　　之合著

圖6·33　呼接之各法

5. 芽接

接枝雖爲手術靈巧之亞洲技術，但芽接技術，則被稱爲起源于歐洲。由于芽接技術容易，初學之人，只要依指導實施時，差不多則無

個人技術之優劣可言，均能有相當高之活着率。又對于初學之人，甚
爲有利之事，爲其實施期間，較之普通接木，不單遙長，普通接木，
在寒冷之時期實施，但芽接，則在從夏末到秋初之間，即在作業上，
爲氣候良好之時期。此外，判定是否活着？在手術一星期後，即可判
定，故在同一台木上，一年可以繼續芽接 2～3 次，少有浪費台木之
事，而且在計劃年間，能達到目的。就中，與普通接木異，從手術部
，沒有剪去台木尖部的必要，故從此點說，亦不致浪費台木。而且做
爲接穗，只需要一芽即可。故從一株母株，一時可採集多數之接芽，
換言之，很少之母株，一時能養成很多之苗。又在台木穗木之接着面
，沒有舊枝，能全面癒着，故在灌木類，能獲得旺盛之苗。又無論在
粗大之台木上，或細小之台木上，同樣能接木之事，亦無異于一般之
接木。

　　具有這樣優點而無缺點之芽接，不爲日本繁殖業者所採用之原因
，雖多由于業者太保守，但第一原因，不能用切接刀（日本特有之切
接刀），施行芽接。第二，在日本養成苗木苗圃之使用年限，不過一
年而已。此二點爲日本不用芽接接木之致命的條件。

　　芽接之作業期，對于切接在休眠期實施，相對的在營養生長旺盛
之晚夏到初秋之間實施。被接上越多之芽，到了翌春始發育，適用此
種狀態之芽，即使用本年生育充實之當年生之中央部之芽。換言之，
用充分成熟之芽，甚爲重要。但活着後，被接之芽，一般能發育到越
多的程度，故不能說，非到完全越多狀態之芽則不可。因此，從晚夏
到初秋之期間頗長。

　　在另一方面，台木之手術，雖有多種之方法，要之，對于形成層
，不可傷害，需要細心剝開，以在樹液旺盛上昇之時期，剝皮爲佳。
從此點說，在盛夏之時，剝皮最良，但此時，芽太嫩，不適于做芽接
，結果由兩者時期之配合，以 8～9 月之兩個月，爲芽接之適期了。
當然，選擇良好之芽，台木剝皮容易時，芽接之時期縱從兩端延長，
亦有可能，例如到了 10 月上旬，能芽接的，亦不少。

　　以上爲一般之說法，但著者，曾在野薔薇台上，行周年薔薇芽接，其結果則如表6-15。

　　從其結果判斷時，可知氣溫對于薔薇之接木有相當之影響。卽由于供試材料少，也許不能做決定的判定，在15°C以下之氣溫時，活着率則極端低下，甚爲明顯。一般之植物，不如薔薇，氣溫縱許可，亦不能周年伸長，故雖不能與薔薇做同樣之判斷，但氣溫之關係，亦不能說對于活着無關。

表6-15　薔薇芽接之適期試驗

適　　期	實施年次（西曆）	芽接實施期	活　着	枯　芽	加上接木當日四日間最　高　氣　溫　度
	1955 年	6月26日	3	7	28.7°C
0	〃 年	7月11日	7	3	33.0
0	〃 年	7月26日	5	5	34.6
0	〃 年	8月10 日	6	4	28.2
0	〃 年	8月25日	5	4	26.6
0	〃 年	9 月 9日	5	5	25.9
0	〃 年	9月24日	7	3	21.7
0	〃 年	10 月 9日	5	5	19.9
	〃 年	10月24日	4	6	17.1
0	〃 年	11 月 8日	7	3	15.0
	〃 年	11月23日	4	6	15.0
	〃 年	12 月 8日	2	8	14.2
	〃 年	12月23日	0	10	13.5
	1956	1月 7日	2	8	8.5
	〃 年	1月22日	3	7	8.5
	〃 年	2 月 6日	5	5	9.6
	〃 年	2月21日	4	6	10.2

	1956 年	3月 7日	2	8	9.3
*	〃 年	3月22日	*3	3	15.4
	〃 年	4月 6日	5	5	16.0
*	〃 年	4月21日	*3	4	22.3
	〃 年	5月 2日	4	6	22.2
	〃 年	5月21日	4	6	22.3
0	〃 年	6月 2日	6	4	22.8
0	〃 年	6月20日	6	4	29.1
0	〃 年	7月 5日	5	5	26.5
0	〃 年	7月20日	9	2	29.9
0	〃 年	8月 4日	9	1	32.8
0	〃 年	8月19日	8	2	32.3

註：均行 10 個芽後

　　*號…實數較少　　○號…爲半數以上活着者

a．芽接之活着過程

芽接爲在台木被剝開皮層之下，露出木質部之上面，將有芽之另外皮層，貼附其上之作業，與人體植皮，有同樣之感。行芽接時，一定需要剝開台木之皮層，形成層一定附着于皮層剝開，決不可殘留于木質部之上。

皮層剝開後，受傷之皮層之形成層，即刻旺盛分裂癒合組織。在另一方面，縱接芽之形成層，亦分裂癒合組織，最後兩者之癒合組織，終至于合一，對于接芽養水分之補給連絡，

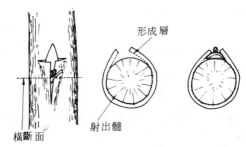

圖 6・34　芽接之要領

則至于被保持了。此外，無論從量說，從時期說，雖不能比，但從露出于木質部之射出髓，亦能形成癒合組織。

從台木癒合組織之分裂，極爲旺盛，縱接木技術拙劣，斷面有相當之空隙，約經 5 ～ 6 日，此種空隙，亦可爲癒合組織所充塡而至于活着。

要之，此空隙，被充塡，穗砧能取得連絡，接芽能生存時，卽可活着了。又作業時期，爲高溫時期，此事對于促進癒合組織之發達，極爲有利，而可提高活着之率。

被芽接之接芽，以周圍爲主，僅在稍背面，介于癒合組織而癒合。癒合後之接芽，則依台木之根補給養水分，能完全發育成爲越多之芽而越多。

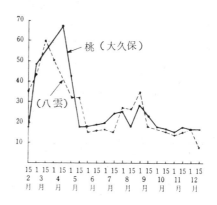

圖 6·35　桃、梨枝條形成層之活動周期
（藤井氏，1959）

到了翌春，較之其他之芽，膨芽遲，而展芽亦遲。若許可台木上其他之芽，自由伸時，接芽則不能伸長。伸長之接芽，縱稍遲，經過形成層而肥大，與肥大之新生木質部，取得連絡後，則完成接木之目的了。

普通接木與芽接，最初依癒合組織癒着時，均在形成層分裂旺盛之時期，普通接木與芽接之時期，與形成層之肥大時期，是一致的。

筆者曾就梨及桃形成層之活動周期，調查過，其結果，則如圖 6-35 。縱在其他之植物，若調查此種形成層之肥大時期時，大概均可推察其接木之適期了。

　b。芽接之方法與技術

　　在芽接法中，則以正統的（orthodox）之楯芽接（Shield Buding）爲基礎型，依種種之剝皮及嵌入接芽之形態，有各種各樣之芽接名稱。

　　例如有時楯芽接上下相反者，有將楯芽接之丁字狀剝皮，將台木刻傷爲十字形者，或剝皮爲洋鋤形（Spade），將洋鋤形之接芽，嵌入的，又有剝皮爲正方形或矩形，將同形同大之接芽嵌入的。此外尚有將台木行輪狀剝皮，將剝成環狀之接芽，套上的等種。無論爲何法，均不外在剝皮之台木上，施行植皮之一種手術而已。

6．楯芽接

　　a．台木之削法

　　在台木之皮層，用芽接刀刻傷爲丁字形，刻傷之深度，以將皮部切斷爲理想，但稍微傷及木質部，亦難避免的。丁字形之寬，約1cm上下，縱長約 2 cm 上下爲適。當然依芽接植物之種類，台木之粗細，自可伸縮。

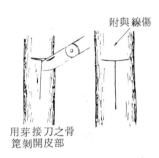

附與線傷

用芽接刀之骨箆剝開皮部

圖 6·36　芽接
台木皮層剝開法

　　將皮部用芽接刀之骨箆，如圖9·36 ，剝開，此種作業，若骨箆不平滑時，則徒使傷口增大，骨箆平而尖銳時，則難作業。

圖 6·37　芽接刀

　　b．接芽之削法

　　留下葉柄，將葉身剪去，穗枝則將尖部及基部不用，專用中央部之芽，做爲接芽。削時用左手拿着穗木之基部，右手拿着芽接刀，從芽上 1 公分處，向手前之方向剝取之。此種剝取之接芽形態，類似于中世紀之騎士所持之楯，故被命名爲楯芽接法。此種芽之削取方法，以芽接刀之双，稍剝到木質部爲度，剝取之接芽，以薄帶木質部爲可。一般此種木質部，沒有被削去，施行芽接作業，但若木部需要除去時，以分數次將木質部取除爲宜。

　　一次取去時，對于芽相連之維管束，則易受傷，有使活着不良之虞。

　　接芽與台木之準備，宜早細心實施，兩者癒傷面，宜努力使之不受到乾燥。用兩指尖持着葉柄，充分將接芽插入于台木上剝皮之部，爲使芽順利伸長，在芽着生處，有保持相當間隙之必要。

圖 6·38　楯芽接木之方法

　　c. 活着判定

　　芽接後，約經一星期，留存于接芽處之葉柄，若如葉落時之葉落，順利落下時，或縱不落下，若僅用指尖觸動，容易落下時，即爲依癒合組織，能保持連絡已活着之證據。此種理由，爲失去葉芽之葉柄，若能繼續正常生活時，在葉柄之基部，則能正常發生離層而脫落了。若不經過癒合組織保持連絡時，接芽則枯死，離層則不發達，葉柄則緊附于離層而不易落。此時，則有再接之必要。芽接與切接異，能早行活着之判斷，再行改接，此爲芽接之一大特徵。

　　活着之判定完了後，接芽則可使之保持現狀，到落葉期爲止，放置之，到了落葉後，在芽接之直上部，剪去台木之上部，到了翌春，台木上其他之芽，常先接芽而伸長，此種台木之芽，若不早日除去時，則費心接活之芽，常有不能伸長之事發生。

　　又接芽之伸長，多如側枝狀之生長，故養成苗木時，需設立支柱，有使接芽直立生長之必要。芽接之技術，在導入當時之指導書上，記有在芽接之接芽上，留 20 公分剪去上部，以此爲誘引接芽向上伸

長，代替支柱之用，但在小竹生產多，容易獲得支柱之地方，則無留
存 20 公分長之必要。

　　d．芽接後之管理

　　到了秋天，台木落葉終了時，在接芽活着部之直上，將台木上部
剪去，任其越冬，到了春暖時，台木上之芽，常較接芽，先行伸長展
葉，此時若任其自然生長時，接芽則有不能伸長之虞，因此，不可忘
了繼續除去台芽。

　　7．削芽接法

　　芽接施行作業，並不全
用特製之芽接刀，而且削取
芽時，在日本多不用方便之
向胸前削法，而用向外之削
法。

　　在切接技術熟練之繁殖
業者，多不易習慣用向胸前
削法，為補足此種缺點者，
則為削芽接法。

　　削芽接，用切接刀，施
行作業之事，各種處理，由
于相似于切接法，故此種技
術，為急速成為大眾喜用之
技術了。

　　就中，用切接，活着率
不良之桃繁殖時，此種削芽
接，已代替切接法了。

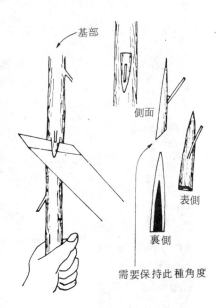

圖 6·39　　削芽接之接芽削法

　　a．接芽之削法

　　使用本年生枝之中央部，將葉剪去，完全無異于楯芽接法，用左
手拿着枝條尖部，右手拿着切接刀（用芽接刀亦可），從芽之上部 1

公分，如削鉛筆狀，向外側削下，在芽之下方，成楔形削斷。

　　b．台木之削法

　　在想行芽接之位置，從上向下，以削取接芽之要領切下，與接芽

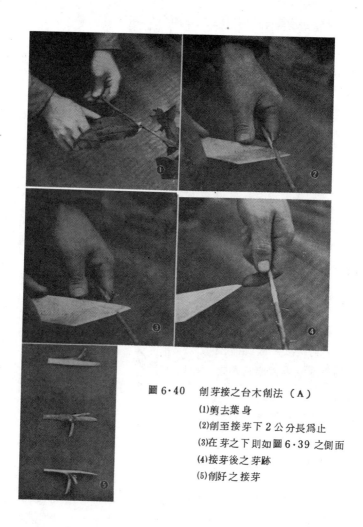

　　圖 6・40　　削芽接之台木削法（A）

　　　　(1)剪去葉身

　　　　(2)削至接芽下 2 公分長爲止

　　　　(3)在芽之下則如圖 6・39 之側面

　　　　(4)接芽後之芽跡

　　　　(5)削好之接芽

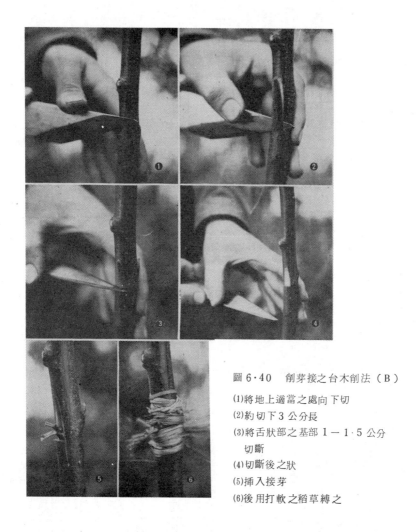

圖6·40　削芽接之台木削法（B）

(1)將地上適當之處向下切

(2)約切下3公分長

(3)將舌狀部之基部 1 ─ 1·5公分 切斷

(4)切斷後之狀

(5)插入接芽

(6)後用打軟之稻草縛之

之寬同樣時，則易活着。削切之深度，亦與芽接同，稍帶木質部削之，其長約以2〜3公分爲適。其次在台木舌狀部之上部，切去1〜1.5公分上下。此爲防止爲舌狀部所蓋覆，故其長短，並沒有特殊之意義

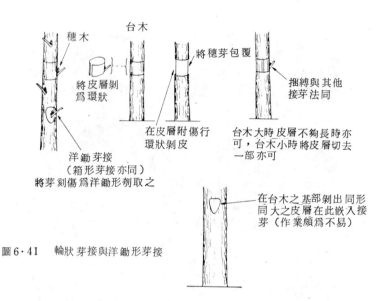

穗木

台木

將皮層剝爲環狀

將穗芽包覆

綑縛與其他接芽法同

在皮層附傷行環狀剝皮

洋鋤芽接（箱形芽接亦同）將芽刻傷爲洋鋤形刳取之

台木大時皮層不夠長時亦可，台木小時將皮層切去一部亦可

在台木之基部剝出同形同大之皮層在此嵌入接芽（作業頗爲不易）

圖6·41　輪狀芽接與洋鋤形芽接

附有刀刄

圖6·42　押印式（Stamp）

削取押印式芽接之芽，用郵局之押印狀之物，削取接芽及台木上嵌芽處，剝出皮層筆者尚未見過，故不能述意見縱附與四角形之傷，恐需另外之刀剝之，削爲同形同大時，且可完全嵌入。

。

c. 插入與捆縛法

在切斷上部之舌狀部之內側，將準備之接芽，插入于被削部之底部，用纏縛材料等物捆縛之。芽接後之管理，與楯芽接，完全相同。

8. 芽接與樹勢

芽接恐怕與切接相同，活着過程之第一階段，依癒合組織而營行，曾已述過，但爲使癒合組織旺盛，可以想到台木之樹勢之旺之事，甚爲必要。松野等，曾報告云：依施肥于台木，能提高活着之率，卽將N及 NPK 于6月21日，施用時，在9月23 ～ 25日芽接，已獲得效果了。但P.K 之效果少之事，亦被報告過。

對于芽接用之台木，依施肥維持樹勢，縱在切接時，亦爲應當考慮之問題，但此種研究報告少，未能充分檢討，深以爲憾。

9. 其他之芽接法

前面曾稍爲提到過，但芽接爲植皮技術之應用，故接芽之削法，台木之刻傷法，被命名爲種種之方法，曾被列名爲特別之方法。

芽接後之管理

從施行芽接後起，被芽接之台木，亦能繼續肥大，故若用堅靭之捆縛材料，緊縛時，芽接部，則易被縊小而不發育，成爲蜂腰狀，遇到此種情形時，則有再縛之必要。到了落葉時，可在芽接部之直上，將台木之上部剪去之。

有人將活着後之台木，掘出，將接芽向南改植，此時可確認接木是否活着，並施以基肥，以促進苗之生育，能育成優良之苗，故可稱爲良法。

圖 6.43

10. 根接

接木之目的，爲繁殖或

品種更新，但根接之目的，則為維持既存個體或恢復其勢力。在不能增加個體之點上，與一般接木，其目的則大異，而方法亦完全相反。

　　枳殼砧上之柑橘，由于枳殼為淺根性，成為成樹後，其生育則緩慢，對于乾燥之抵抗力復弱。因此成為大樹之柑橘，常用欒根施行根接，以補足其缺點。

　　又苹果與其他落葉果樹比較時，達到成樹之年限長，因此，達到成樹之苹果樹，頗為貴重，但若受到病害蟲之侵害，主幹上發生故障時，常用別的台木，行添接之法，此時，亦用根接之法。

　　根接，此外用于恢復老衰貴重樹木之樹勢，復用于育成盆栽樹木。

圖6·44　依病害之被害，維管束被遮斷之苹果樹勢之恢復與依洪水被害成為深根狀態之苹果，施行根接之狀態

　　根接之方法，與接木于大台木之方法，完全相反，爲名爲嵌入接者，此外，尚有各人隨意命名之根接法，但不論爲何法，可視爲與腹接法相反之法。

　　在根接法中，此外尚有依呼接式，使兩者合着之方法，已如前所述了。

接木之活着促進

　　接木活着促進之方法，有物理的加溫法，穗木之乾燥防止法及化學的處理法等。關于物理的處理法，已如前述，在此不再敍述。

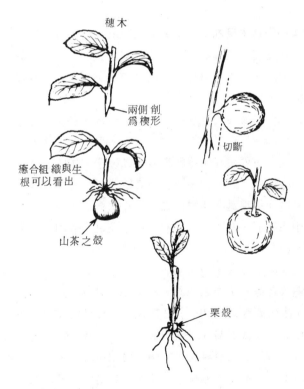

穗木

兩側削
爲楔形

癒合組織與生
根可以看出

山茶之殼

切斷

栗殼

圖6·45　莫爾氏（Moor）
種子台木之接木（Nurse seed grafting）

化學的處理法之中，不管其效果之有無如何，在此擬敍 2～3，如次，以供參考。

當柿、栗接木時，兩者之傷面，則形成單寧之薄膜，有礙養水分之供給。因此將台木、穗木之創面，用濃度 15 ％之蔗糖液，洗滌時，單寧之薄膜則被除去，可以促進活着。又依塗布生長調節劑，說能促進活着之人亦有。

接木之活着促進及接木技術之巧拙，影響于活着率甚大，縱希望如何用化學藥品促進，技術若幼稚時，說其促進效果，則等于零，亦非過言。

1. 保育種子台木接木法（Nurse seed grafting）

使用于此種接木技術之台木，從以前之接木概念說，眞是沒有想到之法，而使用法，大有變化，依此種方法，接木時，在以前視爲接木困難之山茶，亦可有光明之前途。

做爲台木者，據雅內氏就栗之接木的結果，將栗之種子，種植于泥炭沼（peat moss）與水苔混合物中，使之保持 21～27 ℃之溫度時，經過一星期，即可發芽。將此種發芽之種子，如圖6‧46 所示，在胚軸之部，切斷之。對于頂端被切斷之種子，用薄双之小刀，從上切入，附以傷口。接穗選擇休眠中之枝，不太大的，與切接法同，剪短，將基部削爲楔形，將此插入保有尖端子葉之栗殼內。接木之方法，如上所述，極爲簡單。

插入完了後之形狀，宛如元宵上，插入芽簽之形。將此定植于定植床內，埋入之深，離殼之切面，約 2.5 公分深。定植床，用泥炭（peat）5、眞珠砂粒（perlite）2 之比例，混合製成的。爲保持床溫 23 ℃，床下設有底溫裝置。據報告上之照片觀察時，接木之木部與胚軸之部分，看到有新根發生了。將此種生根之苗，定植于紙盆內，床土是以壤土 2，砂土 4，泥炭沼 4，眞珠砂粒 1 之比例，混合製成的。依此種方法，接木時，栗之各系統平均約 38 ％之活着率云。

此種種子台木接木法（Nurse seed grafting）爲莫阿氏（J. C.

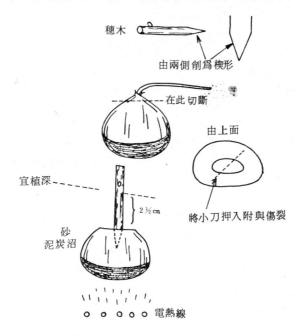

穗木

由兩側削爲楔形

在此切斷

由上面

宜植深

2½ cm

將小刀押入附與傷裂

砂
泥炭沼

○ ○ ○ ○ ○ 電熱線

圖 6·46　Jayuese 之方法
（Nurse seed grafting）

Moor）首先用山茶實施的。關于此種山茶之接木，爲在 Garden life 雜誌上發表的，若加以介紹時，則如圖6·45所示。

　　山茶與栗不同之點，爲發芽初期之形態，但切斷後之形態則同。管理之方法亦同。

　　雅內氏（Jaynes）曾列舉此種種子台木接木之特徵，一爲台木之養成期間，極短，二爲接木作業，不論在何種地方，均可實行，三爲接木時期，並沒有受到甚麼束縛，四爲緊縛之手續，不必要，此外並列有數種特徵。

　　此種 Nurse seed grafting ，爲一種新技術，用此種方法，沒有看到實際接木過，而成活率也不能報告。筆者，曾計劃用此接木技術，實施山茶之繁殖，但究能獲得何種程度之成功？深在期待中。

參考文獻

1) 高馬進，北沢昌明，園學研發表要旨。1954.10.
2) 鳥潟博高，園學研發表要旨。1961.4.
3) 細井寅三，園學研發表要旨。1952.10.
4) 靑木二郎、菊地卓郎，弘前大學農學部學術報告第 8 號，1962.3.
5) 沢口克己・松村久雄・池田丈助・矢崎邦康・園學研發表要旨，1961.4.
6) 小松鎭夫・河崎佳壽夫，園學研發表要旨，1961.4.
7) 山本彌榮・森岡節夫，園學研發表要旨，1965.4.
8) 小野陽太郎，圖說接木繁殖法，朝倉書店
9) 岩崎藤助・園學雜　　Vol. 10. No. 12. 1950.
10) 飯森三男・後沢憲志・竹前四郎，園學研發表要旨，1954.10.
11) 今喜代治・山田美智穗・木村長藏，園學研發表要旨，1956.4.
12) 定盛昌助・地上兵衞・吉田義雄・石塚昭吾，園學研發表要旨，1958.
13) 定盛昌助・吉田義雄・羽生田忠敬・土屋四郎，園學研發表要旨，1965.4.
14) 島善鄰，園學雜　　Vol. 16. 1935.
15) Webber, H. J. Variation in Citras seedling and relation to rootstock reaction. Hilgardia. 1933.
16) 高橋郁郎，柑橘，1950.
17) 坂元三好・室迫一郎，園學研發表要旨，1961.4.
18) 大崎守・松屋平・河瀨憲次，園學研發表要旨，1961.4.
19) 三木末武・園學研發表要旨，1967.4.
20) 飛高義雄・龍頭繁，學研發表要旨，1953.8.
21) 近藤雄次・難波宏之，園學研發表要旨，1964.4.
22) 小野陽太郎・圖說接木繁殖法，1953.5.
23) 田中諭一郎・園藝植物繁殖法，1949.7.
24) 高馬進，園學研發表要旨，1950.4, 1953.8.
25) 松野正明・林克彦，園學研發表要旨，1957.4.

26) Batcheler, L. D. & Bitter, W. P. Calif, Agri, Sept. 1952.

27) Wallace, A., Haude, C. J. and Muller, R. T., and Zindan, Z. T.: Proc. Amer, Soc. Hort. Sci. Vol. 59, 1952.

28) Harmon, F. N., and Snyder, E.: Proc. Amer. Soc. Hort. Sci. Vol. 59, 1952.

29) Sax, K.: Proc, Amer, Soc, Hort. Sci, Vol. 62, 1953.

30) Tukey, H. B. and Carlson, R. F. Proc, Amer, Soc, Hort, Sci, Vol. 54, 1949.

31) Tomas, L. A. Jour, Hort, Sci, Vol. 34, 1953.

32) R. A. Jaynes. Proc. Amer. Soc. Hort. Sci. Vol. 86. 1965.

33) J. C. ムーア 平尾秀一沢　ガーランライフ　1966. 春 No. 17 (Moor. J. C. Proc. of the Intern. Plant. Prop. Soc. Meeting 13, 1964)

34) Loomis, H. H. Proc. Amer. Soc. Hort. Sci. Vol 86. p. 326-328. 1965

35) Mendel, K. and Colen, A. Jour. Hort. Sci. Vol 42. No. 3. 1967

第七章 分株法與壓條法

第一節 分株法 (*division*)

分株法，爲育成宿根性草木植物、花木及觀葉植物等營養系品種，與挿木法及接木法等，同爲重要之繁殖方法，但在栽培管理上，爲行老株更新，促進生育時，亦常用之。

球根類之繁殖法中，有分球之方法，但在原理上，與分株法，並無何種差異。例如百合爲持有鱗莖之球根植物，但其子球（所謂木子），在莖部之節上，發生數個。用此繁殖者，爲分球法，但在宿根性草本植物，如以後所述，可用根莖或地下莖之節上發生之新個體繁殖。在此所不同者，球根植物（此亦爲宿根性草之一種形態，但在栽培上，處理方法不同，故爲一種便宜之之分株）之新個體，肥大成球狀，從沒有生根，並不那樣成爲問題，不過稱爲分球而已。

分株法，極爲簡單，在技術上，並不甚困難，但有瞭解植物之生育習性的必要。依習性，將分株法之型態，大別之，可分爲如次之種類。

一、分株法之型態

1. 由側芽分枝分株之型態

此等型態，可分爲二種。一爲由莖或枝之地下部之節或側芽，發生新梢，俟其在地中之部，生根後，將此分出、栽植，使之成爲獨立植物之法。二爲由地下莖之節，生出新根莖者，將此分株、栽植，使之成爲獨立植物之法等。

舉一例說，有很多之花木，均是如此。如木瓜圖 7‧1，洋八仙花（Hydrangea）圖 7‧2，所見到的，從母枝之側芽，發生側枝，或由根頸部（Crown）束生新梢而生根。又在雪柳等之繡線菊屬之植物，從根之不定芽，發生之新梢，將此分株的亦有。在花木行分株繁殖的

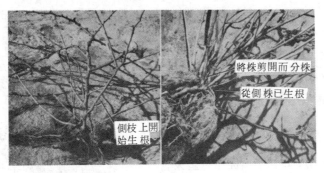

圖7·1 木瓜之根部　　圖7·2 Hydrangea（洋八仙花）之根部

，除此以外，有麻葉繡球、繡線菊、南天、紫丁香、千兩、萬兩、牡丹、草黃楊、八手、滿天星等。在宿根性草中，有石竹類，蔓性野鷄冠（Telanthera）如圖7·3等，由地下莖之節部，伸出側枝，生根後，成爲大株。

圖7·3 Telanthera
之側枝生根法

第二例，爲分株繁殖法之大部分宿根性草（包含觀葉植物）、洋蘭類、竹類所行之繁殖法。

非洲菊，從地下之根莖基部，繼續發生新根莖，株漸成長，但株太大時，生育則衰，花則變爲極小。成爲這樣之株時，爲施行株之更新，則用分株法繁殖。

非洲菊之根，雖大，但數少，故宜將剪刀插入株中，不傷根，將株分開。若爲增殖之目的時，可將根基一個一個切離之，連老根埋伏于砂中亦可利用，但行切花栽培，以花爲目的的栽培時，一般以一株留 3〜4 芽，施行分株爲宜。圖 7·4 之株，根莖尙小而且着生疏，容易施行分株，但依品種不同，根莖綿密着生，分株不易者亦有。

花菖蒲與宿根性鳶尾花，在根莖之尖端，生出兩個新根莖，Y 字形狀之根莖相連則成大株（圖 7·4 ）。花後，將開花根莖尖端之根莖，切離一個，不傷根，施行分株。

又從多到春，施行更新之分株時，則一株留三個根莖，施行分株。宿根之櫻草，如圖 7·6，

圖 7·4　非洲菊之根莖著生狀態
（此株爲第二回之分株）

，從短小根莖之側芽，順次密生根莖，發生叢狀之葉，根與此纏絡而生，故分株不易，需注意分之。

萱草屬 Hemerocallis（圖 7·7 ）、委陵菜屬 Potentilla 、濱簪（ Armeria 磯松科植物）、多數之觀葉植物、安士流牟（ Anthurium ）（圖 7·9 ）等植物，不論

圖 7·5　花昌蒲之根莖

爲何種，將束生之根莖，細分之，繁殖卽可。

洋蘭類亦可編入此類，卡多麗亞（ Cattleya ），由葡萄莖之節（偽球莖（ pseudu-bulb ），以下簡稱 bulb ）生出莖來，春蘭 Cymbidium ，由球形之球莖，石斛蘭屬（ dendrobium ）由棒狀之偽球莖，互相接

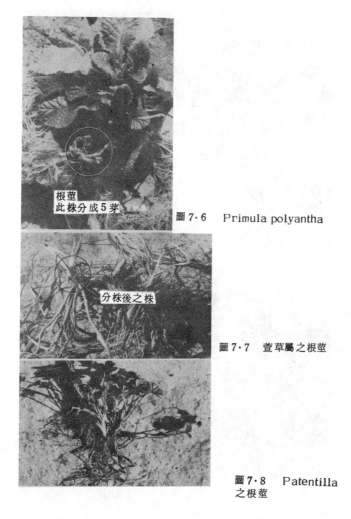

根莖
此株分成 5 芽

圖 7·6　Primula polyantha

分株後之株

圖 7·7　萱草屬之根莖

圖 7·8　Patentilla
之根莖

着，此等偽球莖，每一株留 3～4 個，切離之，或分開。此為洋蘭之
分株方法（圖 7·10，圖 7·11 ）。

圖 7・9 Anthurium之分株狀況　　圖 7・10　春蘭 Cymbidium 之擬球莖

圖 7・11　卡多麗亞 Cattle'ya 之擬球莖

　　竹類之繁殖，亦依此種分株法，施行。

　　鳳凰竹（圖7.12），持有圖7.13之連軸型之根莖，使之保有數個之根莖，做爲一株，施行分株。孟宗竹，爲單軸型根莖，像野竹之小竹等，具有如單軸性連軸形之狀，橫走于地中之地下莖，由其節生出竹稈，此等竹類分株時，可將稈帶數節之地下莖，切離之，施行分株（圖7.15）。

圖7.12　鳳凰竹之分球狀況

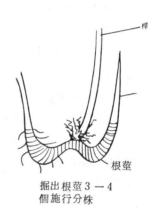

掘出根莖3—4
個施行分株

圖7.13　蓬萊竹之根莖（連軸形）

圖7.14　野竹之生育狀況

圖7.15　野竹之根莖

2. 分芽之型態

a 將根頸部之芽分株者

屬于此類者，有大理花、芍藥（如圖7·16，在舊莖之根冠處（Crown），發生數個之芽，將舊莖縱切，一塊根帶着2～3芽，或一個芽，施行分株。塊根為貯藏養分最重要之部，故不可不注意分株，不可失去其芽。

圖7·16　芍藥之根部（先年分株者）

b 切離有芽之地下莖分株者

如白及（Shiran）、萎蕤（polygonatum officinale All.）等植物，白及如圖7·17，為如被壓垮之球狀鱗莖相連伸長。將此切成一個或數個，施行分株。

株分者

圖7·17　白及之鱗莖　　　　圖7·18　萎蕤之根莖與分株

　　蓑蓮如圖 7·18，有細長之根莖，向地下橫走。將此切斷，施行分株，又在根莖之尖端，亦能生芽，分株時，可利用**兩**種方法，行之。

　　c　將地下莖之芽施行分株

　　如鈴蘭（圖 7·20）之作物，將橫匐于地中之地下莖所生之芽，剪下施行**分株**。

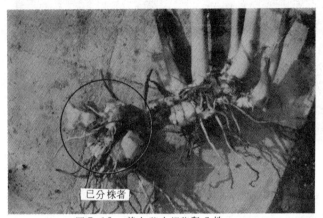

已分株者

圖 7·19　　美人蕉之根莖與分株

3.　利用匍匐枝（Runner）、吸芽（Sucker）、短匍匐枝（offset）分株之型態

　　生出匍匐枝，吸芽繁殖之植物，根株所占之面積，能任意擴展，又從每年生出之匍匐枝，或吸芽所生之個體，由于生育狀態不一，管理甚爲困難，故多將此分株，另外栽植。

　　草莓之育苗，是從匍匐枝之節生出之新個體，養成之苗木，在觀賞植物，委陵菜屬（potentilla）、虎耳草屬之植物，常用此法繁殖。又吊枝蘭（圖 7·21），此種匍匐枝與發生小植物，均爲供觀賞之用，但繁殖時，可利用此繁殖。又高麗草、結縷草、松葉菊屬（mesembryanthemum）等，用匍匐枝繁殖者，均可用此增殖。此亦可以包含于一種分株法中。

圖7·20　鈴蘭之地下莖　　圖7·21　吊枝蘭之匍匐枝與分株

圖7·22　菊之吸芽　　　　圖7·23　海濱野薔薇之吸芽發生狀況

　　生出吸芽植物之例，爲菊，在秋季、春季分株時，即採取此種吸芽繁殖（圖7·22）。

　　又在花木上，越橘（圖7·23）等，可以看到此種繁殖法。

　　所謂短匍枝（offset），爲指從根冠發生似短枝之側枝，在其尖端上，發生之鱗芽或輪生葉之枝，此亦可以列入分株法中。在觀葉植物之類中，行分株法繁殖者甚多，如棒虎尾蘭屬（Sensevieria）　圖

圖 7.24　　Sansevierid
之吸芽分株

7.24，龍舌蘭（Agave），松葉菊屬（Mesembryanthemum），埃克別利阿（Echeveria）等；能看到此例。

二、分株法之時期

分株法，不是非在甚麼時期，施行不可的，但爲使分株後之個體，順利生育，到翌春能開花時，則有選擇適當時期分株的必要。而且選擇分株之時期時，預先瞭解植物之生育習性，甚爲重要。

分株之時期，依分株之目的，亦不能不加以考慮，即如在最初所說，分株時，有二種目的，一爲更新，一爲增殖。

分株以更新爲目的之時期，在從夏到秋開花之植物，以在春天分株爲可，在從春到初夏開花之植物，以在開花直後，在秋季分株爲有利。

此與花芽分化之時期有關，依此想像時，自可明白其理由。

在花芽分化時期分株時，分化則受影響而停止，就不能期望翌春開良花之花了。

分株在花芽分化前施行時，到花芽分化期爲止，不可不使之充分營養生長，故需在開花直後分株，使株到花芽分化期爲止，充分生長。否則，花芽分化，使母株分化終了後，即刻施行分株，到開花爲止，需使之完成營養生長。

從夏到秋開花之植物，一般花芽分化期，在春季以後，故此種種類，能使之在早春分化最好。

又從春季到初夏，開花之種類之花芽分化期，在從盛夏到秋季之間，故宜在春季開花後，施行分株，以養成花株，使之花芽分化，或使母株分化。在分化後之秋季，施行分株，使之在春季開花亦可。但一般就從花後到夏季，與從晚秋到春季說，從營養生長觀察時，以前者爲佳，在花後，施行分株的多。

例如美人蕉，花芽分化之時期，在9月終了，若在6月後分株時，翌春之花，則比較能獲優良之花，但從秋到春季之間，分株時，則不能期待開花。又芍藥從9月下旬起到10月上旬爲止，分株，但從8月起，到9月上旬，行花芽分化，到了10月，則發生新根，故若將着生花芽之株分株，而且對于營養生長，沒有妨碍，能使之生育，最爲合理。然分株後，氣溫亦低，到開花爲止之營養生長，並沒能順利進行，故此時之分株，翌年之花，則不太好。

若以增殖爲目的分株時，爲使營養生長早日開始，選擇適宜之時期即可，不需要十分考慮花芽之分化期。此時成爲問題者，爲作業管理上之方便，圃場之安排等，將此兩種問題，合起來考慮後，選定適宜之時即可。

此外，當選定分株之時期時，植物之耐寒性、耐暑性等，亦有關係。

如非洲菊、百子蓮屬（Agapanthus）、濱簪屬（Armeria）、櫻草屬（Primula）等宿根性耐暑力弱小之植物，母株抵抗夏熱之力弱，縱在秋季分株，亦不能順利生長。此種植物，以在春季開花後分株，在酷熱之前，使之恢復生育，近接于夏天時，則無蒸死之虞，而能安全渡過夏季了。

花木之分株時，其移植適期，即可視爲分株之適期。雪柳、木瓜，可在早春，常綠之八角金盤、梔子、滿天星（Serissa foetida）等，以在梅雨期前後，分株爲宜。紫薇花、石榴等之落葉樹木，生根時，需要稍高之溫度，故以在地溫充分高之6～7月，分株爲宜。

牡丹爲木本花木，但與芍藥有同樣之生育習性，故以在從9月下旬到10月，施行分株爲可。

三、施行分株之期間間隔

關于分株，以幾年行一次爲最好之問題，則依分株之目的，植物之生育等而異，很難一般言定，但一般在類別爲分芽型之植物，營養生長旺盛之植物，例如大理花、美人蕉、生薑（ginger）等，每年施行分株，菊花在栽培上，每年若不施行分株時，則不能成爲盆栽或花壇用之苗。宿根性之花卉，其株若不成長到某種程度時，則不開花，芍藥、非洲菊分株後，至翌花季，其花數、花大，亦比平常之花數及花大爲劣。但至第三年，始能達開花盛期，切花個數亦多。此種花卉，非在過了盛期一年後，即非在分株後第3～4年上下，爲標準，反覆施行分株不可。

生出匍匐枝之植物，如在菊之例下所述，放置不管時，株姿則亂，故以每年施行分株爲可。

分株之目的，若爲增殖時，依增殖之規模，再將間隔縮短，亦可反覆施行分株。

第二節　壓　　條（*layering，layerage*）

一、壓條是甚麼？

在此擬舉二例，加以說明。

在匍匐杜松之枝上，覆土時，則易生根。俟根量充分後，從母株切斷，培養之，即可成爲一個之新植物，此種繁殖法，即爲壓條法。

將匍匐杜松之枝之尖部剪下，插于生長之處，生根了。此種繁殖之法，即爲插木法。插木與壓條之差異，在于生根前，是否從母株切離，或不切離，僅將原枝壓于地中而已。

又在紫陽花（Hydorangea）之根基，覆土時，在覆土下則生根，將此帶根剪下，另植之，此爲壓條法。但紫陽花之根基，雖不覆土，而能從地下之根生根了，將此帶根剪下，培養之，此爲分株法。換言之，分株法爲利用自然生根之植物繁殖。壓條法，則爲人工使之生根後，切離之繁殖新植物之法。壓條亦具有分株之性格。

　　壓條法，爲在植物之增殖時，所行之方法中，與分株法同，均爲最容易之繁殖方法，但增殖之能率劣，故一般少有採用此法繁殖。但在溫室植物之增殖上及育成盆栽之種樹上，爲非常有效之方法，故在此方面，用之甚多。又行插木時，插穗之管理不易者，例如生根不易之木蘭屬（magnolia）植物，石南、羊躑躅、皐月（Azalea）等，常用壓條繁殖。

二、壓條之方法

1. 普通法（Common layering or Simple l.）

　　如圖 7‧25，將地上之枝彎曲，使枝之尖端，埋沒于地中 15〜20 公分深處，此時，將地下之部分，施行割傷，或輪狀剝皮，或用促進生根劑處處理時，生根則易。石榴、伽羅木、匍匐杜松、羅漢柏、木犀、棣棠花等，常用此法繁殖。用此種方法，從一個母株，在樹冠之周圍，一時可壓條數枝乃至七八個之枝，故亦稱爲傘狀壓條。

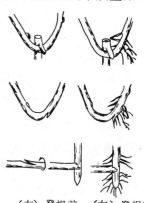

（左）發根前　（右）發根後

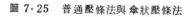

圖 7‧25　普通壓條法與傘狀壓條法

圖 7‧26　尖壓法之種種方法
（Mahlsled, Haber, 1957）

2. 尖端壓條法（tip layering）

本法爲前法之特殊方法，將枝尖 5 公分之處，施行壓條。此時有如圖 7.26　施行種種操作。迎春花，雲南素馨、連翹 Lambra 系薔薇等，常用此等方法繁殖。

圖7.27　橿木壓條法

圖7.28　掘溝壓條法
（Mahlslede, Haber, 1957）

圖7.29　波狀壓條法（Mahlstede, Haber, 1957）

3.　連續壓條法（continuous layering or trench l.）

將欲繁殖之枝，橫臥于地中，使之向地上生枝，向地下生根之法。又在歐美所行之 tench l.　（掘溝壓條法），有將樹傍掘一溝，由側枝之附根，或橫枝之芽，使之生根方法，以後隨新枝之伸長，則加深覆土之法。前用于蔓性薔薇之繁殖，後者用于葡萄、蔓性越橘之繁殖。

4.　波狀壓條法（compound layering or Serpentine l.）

將枝彎曲于地上，使位于地中之部生根，此法多用于蔓性植物之繁殖。

5.　堆壓法（Mound layering）

圖 7•30　堆壓法

圖 7•31　龍血樹屬之高壓法

　　如圖 7•30 在株之根基處堆土，使枝生根之壓條法。若欲使此種繁殖法，提高能率時，先年將地上部剪短，促進其側枝之發生，至次年，在各枝之基部，附以刻傷，堆土以覆蓋刻傷部，凡叢生之花木，繡線菊屬（Spiraea）之植物、木瓜、木蓮、宿根性等，多用此法繁殖。

　　6. 高壓法（air layering or chinese l.）

　　此種壓條法，為用得最多之壓條法，在欲繁殖之枝之基部，施行環狀剝皮或刻傷，用濕潤之水苔或培養土，包覆傷口，外側用切斷為兩半之花盆，包覆，在最近多用塑膠布包覆。用此法繁殖最多者，為橡樹、龍血樹屬（dracaena）之植物等（圖 7•31）。在盆栽方面，培養失敗，下部空虛之植物，或為栽植于岩石上之材料，凡相當大之樹，亦可行壓條繁殖。

三、壓條之適期

　　普通法、波狀壓條法、連續壓條法，在可春天施行，堆壓法、高堆法，以在晚春氣溫高之時起，施行爲佳。

　　壓條法，成功後，可在秋季剪下，栽植于花盆等物，防除霜害，培養之。

附 1　花木類插木一覽表

植　物　名	插　　　床	插木時期	插穗之採法	備　　考
Acalypha（人莧）	赤土、川砂、鹿沼土、perlite	4月下旬	頂芽 6 cm莖 6～7 cm	赤土為除去表土之無腐植質之赤土
藿香薊 Ageratum	〃	〃	〃	
躑躅 Azalea	鹿沼土內加入少量腐葉或水苔	6月	本年生枝	
紫陽花 Hydorangea	川砂、赤土	3月中下旬7月中下旬8月上旬	本年生枝	
羅漢柏 Thujopsis	圃土	4月上中旬	先年生枝	通常之土壤
美國刺楸	赤土或川砂		芽插	
美國鳳仙花	川砂、perlite	溫暖時何時均可	6～7 cm上下之芽	輕石粒、蛭石亦可，以下同
青木	赤土、圃土	7月中旬～8月上旬	本年生枝	
無花果	圃土	3月上中旬	先年生枝15～20 cm	
卷柏	圃土	4月5中旬	先年生枝	
犬黃楊	圃土或赤土	7月中～8月上旬	本年生半熟枝	
立柏槙	圃土或赤土	4月上中旬	先年生枝	
水蠟樹	圃土或赤土	3月		
岩繡線菊	圃土或赤土	2月下～3月中旬	先年生枝	

偃松	川砂與水苔	6 月中下旬	將葉剪爲 3 cm	
溲疏類	赤土或圃土	3 月中下旬	先年生枝	
梅台木	圃土	3 月上下旬	先年生枝	主用野梅
石南屬植物	鹿沼土與水苔	3 月中、6 月初、9 月中下	本年生之枝頂端 5～10 cm 長	
猿猴杉	圃上	3 月下～4 月上旬	先年生之枝	
大八仙花	赤土或圃土	3 月中下旬	先年生枝 15～20 cm 長	
阿列布	水苔	9 月前後，3 月前後	老枝直徑 2 cm 以上細枝 18～21 cm 一年生枝	
海紅豆	赤土或圃土	6 月上中旬	新芽 3～12 cm 長 在芽之基部帶少許之幹皮切下	
貝塚伊吹	赤土或圃土			
柿	川砂、水苔		切口直徑 5mm 上下之根	
要黐	圃土或赤土	7 月中～8 月中旬	本年生之半熟枝	
卡蘭可埃 (Kalanchoe)	川砂、輕石粒	5 月上旬～9 月下旬	葉柄插	
柑橘類		3 月		
康乃馨	川砂	1 月下旬，2 月	拔取側芽將葉剪去	

樹苗	川砂		根插，直徑10 mm 之根8～10 cm長
菊	大花種用土球插	5月10日（東京）促成用者在溫暖時（加溫）任何時期均可插	從母株選擇根遠處之大芽
夾竹桃	赤土	7月中～8月上旬	15～20 cm 本年生之枝
檉柳	圃土		先年生枝
金魚草	川砂	4～5月	6公分長
金絲梅	圃土或赤土	2月下～3月中旬	先年生枝
金葉麻葉繡球	圃土或赤土	2月下～3月中旬	先年生之枝
金桂	赤土、鹿沼土	7月中～9月上旬	先年生枝10～15 cm 3～5節
孔雀檜葉	圃土	3月下～4月上旬	先年生之枝
梔子	赤土、圃土	9月上旬、3月下～4月上旬、6～7中旬	先年生枝
久留米躑躅（杜鵑）	赤土、鹿沼土、輕土粒	六月前後	新芽10 cm 葉在下3 cm 處從葉柄剪下，

			先年生之枝附有新梢 2～3 個者在 12 cm 處剪下	
克賴馬地士 (Clamatis)	輕石粒、鹿沼土、川砂、水苔	六月	3～4 節帶葉	
源平木 (Clerodendron)	川砂、鹿沼土、輕石粒	若在 20°C 以上時 2～3 月，5～8 月	2～3 年生枝，5 月前用先年生枝，夏季 2 節除去下葉	
大岩桐	川砂、輕石粒	6 月	挿芽帶 2～葉剪下	
月桂樹	赤土	4 月上旬 7～8 月上旬	先年生枝，本年生枝 12～15 cm	
蔴葉繡球	赤土	3 月中下旬	〃	
側柏	圍土	〃	〃	
橡樹	川砂	5～8 月（氣溫高之時期	一芽挿 15～18 cm	
彩葉草	川砂、輕石粒	6 月～7 月	莖上附 3～4 節切斷，大葉切去½	
千年木屬 (Cordyline)	川砂、水苔	5 月中下旬	7～10 cm	
櫻台	圍土或赤土	3 月上旬下旬	先年生枝	靑膚櫻
櫻蘭 (Hoya)	川砂、鹿沼	4 月中～8	4 月挿木，	

	土、圃土	月	用先年出枝，夏季插木用新梢，本年生蔓6cm帶蔓
石榴	赤土或圃土	3月中旬	2、3年生枝
山茶花	赤土或圃土	6月中下旬、7月中～8月下旬、7～9月	本年生枝9～12cm
皐月類(Azalea)	鹿沼土	4月中～5月上旬、7月上～9月上旬	先年生枝，本年生半熟枝
紫薇花	赤土、圃土	3月中下旬	先年生枝
花柏		4月上中旬	先年生枝
珊瑚樹	川砂、赤土、圃土	2月～3月6月中旬	葉芽插12～15cm
千歲蘭屬(Sansevieria)	川砂、輕石粒	5月上旬～9月下旬	葉插7～8cm長
笑屬花(Spiraea)	赤土或圃土	2月下旬～3月中旬	先年生之枝
忍檜薬	赤土或圃土	4月上中旬	先年生枝
麻葉繡球	赤土或圃土	3月中下旬	先年生枝
石南	Peat, 水苔	9月中～10月下旬	當年生枝5～10cm
瑞香	赤土	8月下旬～9月中旬	10～13cm本年生枝，頂芽

杉	赤土	2月下旬～3月上旬	先年生枝15～18 cm
篠懸木	赤土	3月中下旬	先年生枝15～18 cm
石斛 (Dendrobium)	水苔	氣溫高時	有數節之枝
天竺葵	川砂	4月以後	有葉數枚9 cm
非洲菫	川砂、輕石粒	5月上旬～9月下旬	葉柄插
千兩	赤土、圃土	梅雨期	3月下旬～4月上旬發芽前充實之枝，本年生之半熟枝帶葉三個有三節之莖
橘	川砂		
波羅樹 (Ilex latifolia)		3月	葉芽插
大理花	川砂、赤土	6月前	葉插、帶芽之葉 4.5～6 cm
茶		3月	
朝鮮羅漢松	赤土	3月下旬～4月上旬	先年生枝21～24 cm
衝羽根溲疏	赤土	3月中旬，6月	先年生枝15～18 cm 本年生枝12～15 cm

地錦	赤土	3月上旬	先年生枝7～30cm
杜鵑類	鹿沼土加少量之水苔	6月中下旬4月中～5月上旬、7月上旬～9月上旬	先年生枝，本年生之半熟枝
山茶	鹿沼土	6月中下旬7月中旬～9月上旬	本年生枝9～12cm依品種生根有難易，乙女等極易生根
立鶴花(thun bergia)		5月～8月	蔓性種將尖端柔軟之部剪去，將其他剪爲二節長，除去下葉，在節下再剪去
石斛蘭屬(Dendrobium)	水苔	在溫室中，無論何時，均能插	將有數節之葉排列于水苔上
德國唐檜	圃土	4月中下旬	
滿天星（杜鵑）	川砂或鹿沼土	7月上旬～8月下旬	本年生半熟枝
蠟瓣花	赤土、圃土	3月中下旬	先年生枝15～18cm
龍血樹屬（Dracaena）	川砂、輕石粒	在20℃之溫室中，無論何時均可插木	老枝亦可3～4.5cm
紫鴨跖草(tradescantia)	川砂、水苔	溫暖時，隨時可插	

石竹類	川砂、輕石粒	溫暖時隨時可挿	選有根之莖
南天	赤土或圃土	3月中下旬	先年生枝15～18 cm
錦木	赤土或圃土	3月中下旬	先年生枝12～15 cm
豬籠草（Ne penthes）	水苔	6月下旬～8（需高溫）	先年生、本年生之枝均可，新梢亦可，留二節2～4葉
紫葳	赤土或圃土	3月中下旬	
萩	赤土	3月	先年生枝12～15 cm
白丁花（茜草科）	川砂、圃土	3月中下旬 7月中旬～8月上旬	先年生枝6～9 cm
黃櫨	〃	5月～6月	本年生枝6～9 cm
薔薇	川砂、輕石粒、赤土	從5月10日一個月	本年生枝，5枚葉（葉芽挿）又6葉之枝，葉一枚帶芽
蔓生薔薇		2月中下旬	20 cm之大枝
柊南天	圃土或赤土	3月下旬	老枝
偏柏	圃土或赤土	4月上中旬	
檜葉類	赤土	4月中旬～5月上旬	先年生枝

佛桑花（Hibiscus）	川砂、輕石粒	溫度在 20℃以上時，2～3 月	先年生枝 9～16 cm
喜馬拉耶杉	圃土、赤土	2～3 月上旬	老枝可能先年生枝 24 cm，將基部 9 cm 之葉除去
小木犀	赤土	3 月下～8 月下	
柏槙	赤土		先年生、本年生枝
日向水本	圃土層	3 月中～4 月上旬	
火棘（Pyracantha）	赤土	3 月下旬 7 月下～9 月上	先年生枝 15～18 cm
楓	赤土	5 月～6 月	本年生半熟枝
吊浮草（Fuchsia）	川砂	在木框內，9～10 月，溫度到 20℃時 2 月	老枝可能 9～12 cm
醉魚草（Buddeia）	赤土、川砂	5 月～8 月	新芽 12～15 cm 剪去頂莖過柔之部，節間短之部留二節，長者留一節，葉剪去 ⅔
葡萄	赤土或圃土	2 月中下旬	先年生枝

篠懸木 platanus	圃土	3月中下旬	先年生枝
布利奧飛留牟 (Bryophyllum)	川砂		葉插
紫茉莉花 (Bouquainvillea)		氣溫高時年平均可插（多在溫室）	室年熟枝10〜15cm
布覇爾夾 (Bowvardia)	川砂	3月〜4月〜7月（露地）	插芽、帶本葉二枚
賴克斯秋海棠 (Begonia Rex)			半開葉2枚長6cm，根插用3cm之插根
矮牽牛 (petunia)	川砂、輕石粒	6〜7月	切爲6cm上
黑得拉 (Hedera)	〃　〃	6〜9月，氣溫高時隨時可插	帶3枚葉7〜8cm長
紅肩骨木	赤土	7月中旬，8月下旬	本年生枝12〜15cm
紅紫檀	赤土、川砧	3月中旬〜4月中旬	5〜10cm
佩佩羅密阿 (Peperomia)		5月上旬〜9月下旬	葉柄插
里利奧特羅普 Heliotrope	川砂	10月上中旬	新芽3〜6cm
景天草	川砂	5月上旬〜9月下旬	金葉插
木瓜	圃土、赤土	3月上旬	當年生枝

		9月上旬～下下旬	
油點草 (Tricyrtis Hirta)	川砂	5月中旬， 6月下旬	留兩節長
白楊類	圃土或赤土	2月下旬～ 3月下旬	先年生枝
猩猩木 （聖誕紅）	川砂、輕石粒	5月中旬～ 6月上旬	本年生枝
木春菊	輕石粒，川砂	5月～6月	本年生枝 10 cm
羅漢松	赤土或圃土	6月中下旬	先年生枝15 ～18 cm
正木	赤土或圃土	7月中旬～ 8月上旬 9月～11月	本年生枝
松葉菊	砂、輕石粒	暖時，隨時可插	
木槿	赤土	6月中下旬	先年生枝12 ～15 cm
野木瓜 (hexaphylla, Dcne)	赤土	6月中旬	〃
買他衰利耶 (Metasequoia)	川砂	3月中～下旬	
毛氈苔	鹿沼土、水苔	4、5月～ 10月中旬 為止，葉插 絲葉，與非 洲長葉，帶 2、3葉插	
木犀	赤土	8月中旬	本年生枝

木蓮		3月中旬	先年生枝	
重瓣梔子	砂、赤土	2月、6月	葉插，本年生枝	
重瓣波斯菊	砂、赤土	夏季隨時	1～2節之芽頂芽側芽均可	
柳	赤土、圃土	3月上中旬 6月中下旬	先年生本年生枝	
紫金牛	赤土、圃土	6月中下旬	15～18cm	
山　吹 （棣棠花）	赤土、圃土	3月中下旬	先年生枝15 ～18cm	
雪柳	赤土、圃土	3月中下旬	先年生枝12 ～15cm	
連翹	赤土、圃土	3月中下旬	先年生枝15 ～18cm	

附2　花木類接木一覽表

植　物　名	台　　　　木	接　木　時　期	備　　考
靑木	靑木	4月上旬	
水流偏柏	水流偏柏	4月下旬～5月上旬	
油桐	油桐	4月中旬	
美國花瑞木	瑞木	3月上下旬	
銀杏	銀杏	3月上中旬	
漆樹	漆樹	4月下旬	
落霜紅	共根、雄落霜紅	3月上下旬	
黃梅(迎春花)	黃梅	3～5月	
天花女	辛夷、共根、厚朴	3月前後(根接)4月上旬下旬	
黃心樹	共砧、厚朴	3月中下旬	
海棠	榲桲、棠梨、共砧、圓葉海棠、三葉海棠	3月上下旬	
楓樹類	山楓實生之1～2年出苗,楓樹共砧、靑膚楓、中國楓	9月下旬、3月上旬、5月下旬～7月中旬	切接、芽接寄接、綠枝接
金目黐	金目黐	4月中旬	
唐橘	萬兩	3月上旬	
唐種黃心樹	共砧	6月中旬～7月中旬	
唐松	唐松	3月上旬	
夾竹桃	夾竹桃	3月下旬	綠枝接
銀香木	辛夷	3月下旬	
栀子	栀子	4月上旬	
深山半生葛	千日草、風車、	1～2月中旬,	

Clematis	鐵線	5～9月上旬	
咖啡	Rusta, libaria		
軟木塞樫	quercus variab-ilis	4月中下旬	
橡樹	橡樹	暖時，何時均可	
山茶花	山茶實生、茶、共砧	3月下旬～4月上旬	
紫薇	紫薇	下月下旬	
山櫨子	共根、共砧	3月下旬	
山茱萸	臘梅根、實生	3月中下旬	
石南	ponticum 之實生，或插木苗	5月下旬～6月上旬	
仙人掌	短毛丸、龍神木、袖之浦、黃大文字、三角柱、麒麟扇、杢麒麟、赫雲		
槇柏	扁柏、杜松、檜榁	3月中旬～4月上旬、4月上下旬	
蘇木	蘇木	3月中下旬	
杉	杉	4月上旬	
素心臘梅	共台	6月中旬～7月中旬	綠枝接
泰山木	辛夷實生之2～3年生、共砧、木蓮之插木苗	4月上下旬	
多行松	赤松	3月上旬	
橘	橘	4月上旬	
大理花	大理花塊根	4月上旬	
地錦	共根	3月上下旬	
杜鵑	杜鵑	5月～7月	

山茶	山茶、山樀花、共砧、叢生山茶山茶實生苗	3月上～中旬（呼接）3月～4月　劈接	
血藤	共根、雄木	3月上旬	
滿天星（杜鵑）	滿天星	3月上中旬	
竹柏	竹柏	4月上旬	
夏山茶	夏山茶	3月中下旬	
南天	南天	3月中下旬	
錦松	黑松	3月上旬	
白木蓮	共台、辛夷實生之2～3年苗	6月中旬～7月中旬、3月下旬～4月上旬（寄接）	綠枝
木蓮及更紗杜鵑	辛夷之一年生苗	9月25日～10月5日	芽接
黃櫨	黃櫨	4月中下旬	
花蘇枋	花蘇枋	3月中下旬	
薔薇	野薔薇	5月下～9月中（芽接）	
檜葉類	扁柏、或椹鎌倉檜葉	4月上旬	
木槿	共砧	6月上旬～8月上旬	綠枝接
姬辛夷	辛夷、共根	3月下旬～4月上旬	切接
藤	野藤、共根	3月上旬	
木瓜	草木瓜、山梨	3月上中旬	
牡丹	牡丹、芍藥之根	9月中旬～10月 8月上旬～5月上旬	在東京附近
坡漊（Papaw）	坡漊之實生苗	4月下旬～5月上旬	

槇	草槇	4月上旬	
柾	柾	3月中旬	
松類	黑松實生二年生苗	3月上旬	
金縷梅	金縷梅	3月中下旬	
萬兩	萬兩	4月上旬	
木犀（桂花）	柊、桂花、柊木	3月下旬前後	綠枝接、呼接
木蓮	辛夷、共根	3月下旬前後，9月上中旬	
四照花	燈台木、共砧	3月上下旬	
讓葉	讓葉	3月中下旬	
洋石南	共砧	4月中下旬	
紫丁香	水蠟樹、女貞、丁香	3月上下旬	
臘梅	臘梅根	3月下旬前後	
	實生苗	3月中下旬	

附3　果樹類接木一覽表

果　樹　名	台　　　　木	接　木　時　期	備　　　考
酪梨	墨西哥種之實生	4月～5月（切接）秋（芽接）	
杏（在美國）	桃、共砧、杏砧 myrobalan Julian,　　杏根	3月中下旬	切接
無花果	無花果	3月中旬	
梅	共台、桃、李	3月上下旬	
溫州蜜柑	枳殼、橪、夏柑	9月上中旬 4月下旬～5月上旬	
櫻桃	靑膚櫻	3月上下旬	在歐美多用 mazzard 做砧木
阿列布	阿列布	3月上中旬	
甜橙	酸橙、粗檸檬		
柿	共砧、共根、豆柿	4月上下旬（切接）9月中旬（芽接）	
檳榔	檳榔、橲梓	3月中下旬	
柑橘類	枳殼、實生2～3年苗	4月中旬～5月上旬、9月上旬	切接 芽接
胡頹子	野胡頹子	3月下旬	
栗	共台、柴栗	9月中下旬	腹接
桑	桑	3月上旬	
櫻	共台、靑膚櫻、大島櫻、櫻桃、mazzard,靑膚櫻	3月上旬～下旬 2月上旬～3月上旬	
櫻桃	morello 豆櫻、mahaleb.	3月上中旬	

石榴	石榴實生	3月中旬〜4月上旬	
醋栗	醋栗	3月中下旬	
李	共石、桃	3月上中旬	
歐洲李	myrobalan San Julian malina		
梨	山梨、豆梨、木瓜、共砧	3月上下旬、8月中下旬	
棗	實生砧	3月中下旬	切接
枇杷	山枇杷、實生	4月中下旬	
	榲桲	3月上旬〜4月上旬	
葡萄	根瘤蟲免疫砧		
美國核桃	共砧 hicoria	4月下旬〜5月上旬	
馬加達米亞栗 （Macadamia nut)	小粒種實生	春季發芽前	
榲桲	榲桲	3月中下旬	
芒果	共台	秋季寄接、楯芽接10月上中旬，皮下接	
桃	共砧、食用桃砧、山桃、杏	8月中旬〜9月下旬	芽接
	共台	6月中旬〜7月中旬	綠枝接
		3月下旬	切接
山桃	山桃	4月下旬〜5月上旬、9月下旬	
龍眼	共砧	春季發芽前	切接
苹果	山荊子、榲桲、丸葉海棠、三葉海棠、共砧		
荔枝	共砧	春季發芽前	切接

附4　蔬菜類接木一覽表

蔬　　菜　　名	台　木　植　物	接　木　時　期	備　　　　考
西瓜	扁瓠、乾瓢、瓠子、多瓜、南瓜	4月10日前後	
番茄	茄子	在溫室內	
洋甜瓜 (musk)　(melon)	扁瓠、南瓜	在溫室內	

園藝植物營養繁殖之最新技術／藤井利重編著
；諶克終譯. -- 初版. -- 臺北市：臺灣商務
，1976 [民65]
　　　面 ； 公分. --（大學叢書）
含參考書目
ISBN 957-05-1178-8（平裝）.

1. 園藝

435　　　　　　　　　　　　　　　84007255

大學叢書

園藝植物營養繁殖之最新技術
定價新臺幣 320 元

編 著 者	藤井利重
譯 述 者	諶 克 終
發 行 人	張 連 生
出 版 者 印 刷 所	臺灣商務印書館股份有限公司

臺北市 10036 重慶南路 1 段 37 號
電話：(02)3116118・3115538
傳眞：(02)3710274
郵政劃撥：0000165-1 號
出版事業
登 記 證：局版臺業字第 0836 號

• 1976 年 9 月初版第一次印刷
• 1995 年 10 月初版第五次印刷

ISBN　957-05-1178-8（平裝）　　　　　64429001